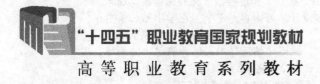

"十四五"职业教育国家规划教材

高等职业教育系列教材

Creo 三维建模与装配

何世松 贾颖莲 编著

机械工业出版社

本书以 Creo 3.0 M080 为平台，按照工作过程系统化的课程建设理念进行编写，以典型零部件为载体设计学习内容，使学生在学中做、做中学，实现知识与技能的同步并进。在编写过程中打破传统学科体系下以介绍 Creo 软件命令为主的编排方式，采用"情境导向、任务驱动"的编写方式，每个情境下包含若干任务，每个任务均以"任务下达→任务分析→任务实施→任务评价"四个步骤详细阐述建模思路与技巧。

本书涵盖了 Creo 软件的四大功能模块：二维草绘、三维建模、虚拟装配、工程图输出。考虑到企业中每一个产品的设计均要用到上述四大功能，所以本书并未以此为章节展开讲解，而是按照从易到难的顺序设计了六个学习情境，每个学习情境都是一个完整的工作过程，方便学习者反复体验企业工作实际，不断积累工作经验，最终达到企业岗位任职要求。

本书是国家"双高计划"院校重点建设课程和省级精品在线开放课程"Creo 三维建模与装配"的配套教材，可用于本科和专科层次高等职业教育装备制造大类专业"机械三维 CAD 设计"或"Creo 三维建模与装配"等课程的教材，也可供有关工程技术人员参考。

本书提供案例和习题讲解视频，可扫描书中二维码直接观看，并配有授课电子课件和案例源文件，需要的教师可登录机械工业出版社教育服务网 www.cmpedu.com 免费注册后下载，或联系编辑索取（微信：15910938545，电话：010-88379739）。

图书在版编目（CIP）数据

Creo 三维建模与装配/何世松，贾颖莲编著 .—北京：机械工业出版社，2018.1（2025.1 重印）
高等职业教育系列教材
ISBN 978-7-111-58274-8

Ⅰ. ①C⋯　Ⅱ. ①何⋯　②贾⋯　Ⅲ. ①计算机辅助设计-应用软件-高等职业教育-教材　Ⅳ. ①TP391.72

中国版本图书馆 CIP 数据核字（2017）第 253758 号

机械工业出版社（北京市百万庄大街 22 号　邮政编码 100037）
策划编辑：曹帅鹏　　责任编辑：曹帅鹏
责任校对：张艳霞　　责任印制：单爱军
北京虎彩文化传播有限公司印刷

2025 年 1 月第 1 版·第 9 次印刷
184mm×260mm·17.25 印张·421 千字
标准书号：ISBN 978-7-111-58274-8
定价：49.00 元

电话服务　　　　　　　　　　网络服务
客服电话：010-88361066　　机　工　官　网：www.cmpbook.com
　　　　　010-88379833　　机　工　官　博：weibo.com/cmp1952
　　　　　010-68326294　　金　书　网：www.golden-book.com
封底无防伪标均为盗版　　机工教育服务网：www.cmpedu.com

关于"十四五"职业教育
国家规划教材的出版说明

为贯彻落实《中共中央关于认真学习宣传贯彻党的二十大精神的决定》《习近平新时代中国特色社会主义思想进课程教材指南》《职业院校教材管理办法》等文件精神，机械工业出版社与教材编写团队一道，认真执行思政内容进教材、进课堂、进头脑要求，尊重教育规律，遵循学科特点，对教材内容进行了更新，着力落实以下要求：

1. 提升教材铸魂育人功能，培育、践行社会主义核心价值观，教育引导学生树立共产主义远大理想和中国特色社会主义共同理想，坚定"四个自信"，厚植爱国主义情怀，把爱国情、强国志、报国行自觉融入建设社会主义现代化强国、实现中华民族伟大复兴的奋斗之中。同时，弘扬中华优秀传统文化，深入开展宪法法治教育。

2. 注重科学思维方法训练和科学伦理教育，培养学生探索未知、追求真理、勇攀科学高峰的责任感和使命感；强化学生工程伦理教育，培养学生精益求精的大国工匠精神，激发学生科技报国的家国情怀和使命担当。加快构建中国特色哲学社会科学学科体系、学术体系、话语体系。帮助学生了解相关专业和行业领域的国家战略、法律法规和相关政策，引导学生深入社会实践、关注现实问题，培育学生经世济民、诚信服务、德法兼修的职业素养。

3. 教育引导学生深刻理解并自觉实践各行业的职业精神、职业规范，增强职业责任感，培养遵纪守法、爱岗敬业、无私奉献、诚实守信、公道办事、开拓创新的职业品格和行为习惯。

在此基础上，及时更新教材知识内容，体现产业发展的新技术、新工艺、新规范、新标准。加强教材数字化建设，丰富配套资源，形成可听、可视、可练、可互动的融媒体教材。

教材建设需要各方的共同努力，也欢迎相关教材使用院校的师生及时反馈意见和建议，我们将认真组织力量进行研究，在后续重印及再版时吸纳改进，不断推动高质量教材出版。

机械工业出版社

前　言

党的二十大报告提出，要"推动制造业高端化、智能化、绿色化发展"，"推进职普融通、产教融合、科教融汇，优化职业教育类型定位"，分别为制造业和职业教育的高质量发展指明了正确方向，提出了明确要求。为了培养装备制造大类学生适应企业三维建模与虚拟装配工作岗位要求，按照中共中央办公厅、国务院办公厅印发的《关于推动现代职业教育高质量发展的意见》等文件和国家教学标准有关要求，我们编写了这本书。

本书是国家"双高计划"院校重点建设课程和省级精品在线开放课程"Creo 三维建模与装配"的配套教材，是江西省高校省级教学成果一等奖"基于工作过程系统化的'2332'课程开发理论与实践——江西交通职业技术学院的十年探索"和"对接产业链的汽车制造专业群'四措并举、双擎驱动'人才培养体系构建与实施"的核心成果。

本书以 Creo 3.0 M080 为平台，按照工作过程系统化的课程建设理念并融入岗课赛证有关要求进行编写，以典型零部件为载体设计学习内容，使学生在学中做、做中学，实现知识、技能与素质的同步提升。在编写过程中打破传统学科体系下以介绍 Creo 软件命令为主的编排方式，采用"情境导向、任务驱动"的编写方式，每个学习情境下包含若干典型工作任务，每个任务均以"任务下达→任务分析→任务实施→任务评价"四个步骤详细阐述建模思路与技巧。

本书涵盖了 Creo 软件的四大功能模块：二维草绘、三维建模、虚拟装配、工程图输出，适用于 Creo 1.0、Creo 2.0、Creo 3.0 各版本的教学。考虑到企业中每一个产品的设计均要用到上述四大功能，所以本书并未以此为章节展开讲解，而是按照初学者的认知规律从易到难设计了六个学习情境，每个学习情境都是一个完整的工作过程，重复的是步骤，变化的是难度。这种编写体例可让读者学完第一个任务后便完整体验产品开发（三维建模）的主要流程，随着任务的不断增加，其积累的工作经验越来越多，会不断将知识和技能重现并内化为自己的工作能力。这样编排的目的是通过科学设计的典型学习任务，帮助读者反复体验企业工作实际，不断积累工作经验，最终达到企业岗位任职要求。

本书学习情境一至四为单个零件的建模，涵盖了实体建模、钣金建模、曲面建模等内容；学习情境五至六为装配体的建模，其中既有消费产品也有机械产品的虚拟装配；草绘和工程图并入建模任务的训练当中，不单独安排学习情境进行讲解。本书将职业道德、工匠精神等课程思政元素适时嵌入各任务的学习中。为便于教学，每个学习情境后均附有若干强化训练题，供读者巩固学习、复习检查所用。全书最后附有三维数字建模师考评大纲等内容。

本书的参考学时数为 64 学时，建议全部安排在机房进行理实一体化教学。本书可用于本科和专科层次高等职业教育装备制造大类专业"机械三维 CAD 设计"或"Creo 三维建模与装配"等课程的教材，也可供有关工程技术人员参考。

全书由江西交通职业技术学院何世松教授（课程学习导论、学习情境一至三、附录）、贾颖莲教授（学习情境四至六）编著。慈溪市明业通讯电子有限公司贾学斌工程师、中国石油集团东方地球物理勘探有限责任公司装备事业部焦立强工程师等提供了部分案例。

本书在编写过程中，参考了有关教材、专著等资料，在此一并对作者表示衷心的感谢！囿于编写水平，书中难免不少缺点甚至错误，恳请广大读者批评指正，以便再版时修正。

本书是以下项目的研究成果之一，在此对支持项目立项的单位表示真诚的谢意。

序号	项目类型	项目名称	项目编号或批文
1	江西省高等职业学校精品在线开放课程	Creo 三维建模与装配	赣教职成字〔2021〕54 号
2	江西省课程思政示范项目	Creo 三维建模与装配	赣教高字〔2023〕7 号
3	江西省教育厅科学技术研究项目	工业机器人本体关键零部件的优化设计与虚拟仿真	GJJ214612
4	江西省教育厅科学技术研究项目	盐雾环境下胶铆混合连接接头力学性能和失效机理研究	GJJ2205206
5	国家"双高计划"重点建设项目	江西交通职业技术学院高水平专业群机电设备技术专业"Creo 三维建模与装配"课程	教职成函〔2019〕14 号
6	江西省"双高计划"重点建设项目	江西交通职业技术学院高水平专业群汽车制造与试验技术专业"Creo 三维建模与装配"课程	赣教职成字〔2023〕11 号
7	江西省首批现代学徒制试点专业	机电设备技术专业重点建设教材《Creo 三维建模与装配》	2020-31
8	江西省首批教师教学创新团队	机电设备技术专业教学团队"Creo 三维建模与装配"课程建设项目	赣教职成字〔2021〕38 号
9	教育部人才培养基地项目	教育部智能制造领域中外人文交流人才培养基地项目	人文中心函〔2020〕9 号
10	江西省产教融合育人基地	江西省装备制造产业产教融合育人基地（江西交通职业技术学院）	赣府厅字〔2019〕12 号
11	教育部创新实践基地	教育部-瑞士乔治费歇尔智能制造创新实践基地（江西交通职业技术学院）	项目办〔2022〕1 号
12	教育部 SGAVE 项目	教育部中德先进职业教育合作项目首批试点院校重点专业（机电设备技术专业）	教外司欧〔2022〕67 号

编　者

目　录

课程学习导论

一、课程名称

本课程名称为《Creo 三维建模与装配》《Creo 机械设计》《Creo 工业产品数字化设计》或《机械三维 CAD 设计》。

二、课程性质

本课程是机械设计及制造、数控技术、模具设计与制造、机械制造与自动化、汽车制造与装配技术等专业的核心课程，是一门研究机械零件和产品三维建模和虚拟装配的专业课。

本课程主要面向机械装备、工业产品和消费品等行业，培养从事产品零部件的三维建模、曲面造型、实体虚拟装配和工程图输出等专业特定能力，具备相应实践技能及较强的实际工作能力的技术技能人才。在机械类专业人才培养方案中具有重要的地位，是一门技术性、实践性非常强的核心课程。

为了充分贯彻以能力培养为主的教学理念，本课程的教学转变传统的教学模式，通过企业调研、专家座谈等形式对学生毕业后从事的工作岗位进行了分析，在此基础上，确定了本课程的典型工作任务，开发了本课程的学习领域并最终形成了"任务驱动，学生主体"的行动导向教学模式。

三、教学目标

本课程通过六个学习情境组织教学，各学习情境基于工作过程系统化的理念，以典型工作任务为载体，综合理论知识、操作技能和职业素养为一体的思路进行设计，重点培养学生的 Creo 系统的安装和配置、二维图形的草绘、典型零件的三维建模、工程图的输出及三维实体零件的虚拟装配等专业能力，并注重培养学生的方法能力和社会能力。同时结合汽车制造与装配技术等装备制造类专业人才培养方案，制定了以企业岗位需求为导向的课程教学目标。

表 0-1　教学目标

1. 方法能力目标	A. 具有较好的学习新知识和技能的能力。 B. 具有较好的分析和解决问题的能力。 C. 具有查找资料、获取文献信息的能力。 D. 具有制订、实施工作计划的能力
2. 社会能力目标	A. 具有严谨的工作态度和较强的质量和成本意识。 B. 具有较强的敬业精神和良好的职业道德。 C. 具有较强的沟通能力及团队协作精神 D. 具有精益求精等工匠精神

3. 专业能力目标	A. 会使用 Creo 的拉伸、旋转等简单命令"堆积"生成组合体的三维模型。 B. 能根据客户图样要求，将二维工程图生成三维模型，并能根据任务要求进行多次设计变更。 C. 能根据轴测图完成三维模型的建构，并将 3D 模型转换为符合国标要求的 2D 工程图。 D. 会利用 Creo 的渲染功能完成三维模型的贴图和渲染工作。 E. 能完成钣金件和曲面类零件的建模。 F. 会修改编辑 Creo 中的零件、装配和工程图。 G. 会使用 Creo 的质量属性分析功能分析零部件的体积、质量、转动惯量等参数

四、与前后课程的联系

前修学习领域课程主要有《机械制图与识图》《计算机应用基础》《AutoCAD 图样绘制与输出》等，后续学习领域课程主要有《数控编程与仿真加工》《Creo 模具设计》《毕业顶岗实习》等专业课。对于自学者，为学好、学透 Creo 三维建模与装配的思路与技巧，需要先期熟练掌握计算机操作的基本技能以及机械制图的常识。

五、教学内容与学时分配

本课程总学时：64 学时。

在课程教学目标确定之后，授课教师与企业技术人员一起研讨，通过对本课程的典型工作任务进行分析，依据典型零部件设计工作中常见的工作任务归纳出具有普适性的六个学习情境，各情境学时分配建议如表 0-2 所示。

表 0-2 教学内容与学时分配

学习情境序号	学习情境名称	所用课时
学习情境一	组合体的三维建模	12
学习情境二	非标零件的三维建模	10
学习情境三	标准件的三维建模	10
学习情境四	异形件的三维建模与工程图输出	10
学习情境五	消费品的三维建模与装配	12
学习情境六	机械产品的三维建模与装配	10
合计（课时）		64

六、对教师的要求

教师首先要转变观念，在教学中落实最新职业教育理念，强调理实一体化教学方式的实施，全面提高学生的知识和技能的培养。

传统的教学模式是以教师的课堂讲解为主，学生被动地接受知识，学生的学习目标不明确，学习积极主动性和学习效果差；实行新的行动导向教学模式后教师和学生在教学中的地位发生了改变，学生成为教学过程的主体，教师的作用不再是知识灌输，而是转变为提出任务、进行引导、说明原理、提供示范、评估结果，学生的学习转变为在教师引导下，独立查询信息、制订计划、完成任务、进行评估。新的教学模式下，学生始终处于教学过程的主体地位，整个学习过程以实际的工作过程为基础，学生在工作任务的驱动下学习理论知识和操作技能，学习的主动性积极性高，学习效果好。

本课程教学过程中，教师始终要用图纸等任务载体引导学生的学习，帮助学生完整体验每一个零部件的三维建模、虚拟装配、工程图输出等全过程，帮助学生建立自信心，不断积累学生学习的成就感。

七、对实验实训场所及教学仪器设备的要求

本课程应配有机械零件陈列室（含必要的实物模型和挂图）、计算机机房等校内实验实训场所，以便能完全满足行动导向教学和学生职业岗位能力训练需要。本课程所需的实验实训设备如表 0-3 所示（各院校可根据实际情况进行调整）。

表 0-3　实训场所及教学仪器设备要求

序　号	设施设备名称	数　量	说　　明
1	机房（含多媒体教学功能）	1 间	理实一体化教学
2	计算机（教师机 1 台、学生机 40 台）	41 台	按 40 名学生的标准班（下同）
3	PTC Creo Parametric 3.0	41 节点	
4	测绘工具	40 套	用于实物测量
5	工程图图样	40 套	用于建模训练
6	实物模型	40 套	用于建模训练
7	3D 打印机	2 台	用于将虚拟三维模型打印成实物

八、考核方式与标准（表 0-4）

表 0-4　考核方式与标准

考核步骤	考核内容	知识（30%） 每部分所占分数	技能（70%） 每部分所占分数
过程考核	学习情境一　组合体的三维建模	4	12
	学习情境二　非标零件的三维建模	4	10
	学习情境三　标准件的三维建模	4	10
	学习情境四　异形件的三维建模与工程图输出	4	10
	学习情境五　消费品的三维建模与装配	4	6
	学习情境六　机械产品的三维建模与装配	4	6
综合考核	典型产品的建模、装配与工程图输出	6	16
	总分（百分制）	30	70

九、本课程的学习方法

本课程主要学习如何运用 PTC Creo Parametric 3.0 进行零件或产品的三维数字化建模、装配、工程图输出，所以学习过程中要对照下达的任务多上机练习，反复思考。同一个零件也许会有不同的建模思路，采用不同的建模命令也能完成最终模型的创建，所谓条条大路通

罗马，但在建模效率及是否方便后续设计变更等方面存在较大的差异。读者只有反复练习才能熟练掌握 Creo 三维建模与装配的各种技能。

十、本书编写约定用法

为了方便读者阅读和学习，本书编写时约定一些常见或常用的说法和用法，并将 Creo 中鼠标按键的使用一一列出。

1. 本书编写时说法和用法的约定

（1）大多数情况下，书中将 PTC Creo Parametric 3.0 简称为 Creo 3.0 或 Creo。

（2）书中将 Creo 或其他软件界面截图中的文字用【】框出。

（3）键盘上的按键用〈〉框出。

（4）本书在编写过程中，全面体现学习领域课程建设思路，将每个任务浓缩为"任务下达""任务分析""任务实施""任务评价"四个步骤。建议授课教师在实施教学时采用六步教学法完成教学：资讯、计划、决策、实施、检查、评价，以提高教学效果和教学质量。

2. Creo 中鼠标的使用（表 0-5）

表 0-5　鼠标的使用方法

序号	鼠标动作	鼠标所处工作区域及用法	完成的功能
1	单击	在绘图区、功能区、对话框等区域单击一次鼠标左键	选取图素或命令
2	右击	在绘图区、功能区单击一次鼠标右键（功能区需要按住右键约 1 s）	弹出快捷菜单
3	单击滚轮	在绘图区、功能区、对话框等区域单击一次鼠标的中键或滚轮	确定当前的命令、设置或修改
4	滚动滚轮	在绘图区滚动鼠标的中键或滚轮	缩放图形（二维图形或三维模型）
5	平移滚轮	在绘图区按住鼠标的中键（滚轮）并移动鼠标	旋转图形（二维图形或三维模型）
6	〈Ctrl+左键〉	按住键盘上的〈Ctrl〉键并在绘图区单击左键	可同时选取多个图素
		按住键盘上的〈Ctrl〉键并在模型树单击左键	可同时选取多个特征
7	〈Shift+滚轮〉	按住键盘上〈Shift〉键同时按住鼠标中键（或滚轮）不放并移动鼠标	平移图形
8	按住左键并移动鼠标	在草绘环境的绘图区按住鼠标左键并移动鼠标	可同时选取被框选的图素（含尺寸、约束等）

十一、Creo 有关术语

为了方便读者阅读和学习，表 0-6 中列出了 Creo 软件中的常用术语。

表 0-6　Creo 中常用术语

序　号	术　语	含　义	备　注
1	图元	草绘截面中的任何元素（如直线、中心线、圆、圆弧、样条、矩形、点或坐标系等）	
2	参照图元	当参照草绘截面以外的几何时，在 3D 草绘器中创建的截面图元。例如，对零件边创建一个尺寸时，也就在截面中创建了一个参照图元，该截面是这条零件边在草绘平面上的投影	

序　号	术　语	含　义	备　注
3	尺寸	图元或图元之间的长度或角度	
4	约束	定义图元几何或图元间关系的条件。约束符号出现在应用约束的图元旁边。例如，可以约束两条直线平行，这时会出现一个平行约束符号来表示	约束是体现设计人员设计意图的手段之一
5	弱尺寸或约束	由 Creo 自动创建的且可以删除的尺寸或约束就被称为弱尺寸或弱约束。增加尺寸或约束时，草绘器可以在没有任何确认的情况下删除多余的弱尺寸或弱约束。默认情况下，弱尺寸和弱约束以灰色出现	
6	强尺寸或约束	Creo 草绘器不能自动删除的尺寸或约束被称为强尺寸或强约束。由用户主动创建的尺寸和约束总是强尺寸和强约束。如果几个强尺寸或约束发生冲突，则草绘器要求删除其中一个。默认情况下，强尺寸和强约束以黄色出现	
7	冲突	两个或多个强尺寸或约束存在矛盾或多余的情况。出现这种情况时，必须通过删除一个不需要的约束或尺寸来立即解决	
8	草绘	用于生成三维实体或曲面的二维截面图形	
9	三维实体	有质量属性的虚拟立体模型	三维曲面无质量属性
10	虚拟装配	在 Creo 软件环境中将多个零件有机装配在一起的过程	
11	工程图	用于工程或产品的二维图样，用以指导生产和质量检测	
12	特征	用于生成实体模型的基本组成单元，如拉伸、旋转等。也有部分特征用于辅助三维建模，如基准点、基准平面等	
13	钣金	对金属薄板（通常在 6 mm 以下）的一种综合冷加工工艺，包括剪、冲、折、铆接、拼接、成形（如汽车车身）等，其显著的特点是同一零件厚度一致	
14	渲染	一种将三维模型的某个方位制作成高质量图像的手段，能使零部件模型以近乎照片的质量进行展现，可使所设计的虚拟产品立体分明，更具视觉效果，从而不必通过制作样机或实物模型来检查模型效果	
15	模型树	一种按先后顺序罗列特征命令的方法，形似树状，故称模型树	也可称为设计树
16	操控板	Creo 中一种以选项卡形式呈现的特征命令控制面板，根据不同的特征命令，操控板上的命令有所不同，因此操控板的出现，极大地提高了使用 Pro/Engineer 或 Creo 进行产品开发的效率	
17	菜单管理器	Pro/Engineer 及 Pro/Engineer Wildfire 时代提供的菜单命令管理方式，现在的 Creo 在逐步淘汰菜单管理器，仅在极少数场景还会自动弹出菜单管理器，也正因如此，Creo 的界面打开时默认情况下并不是全屏，所以使用者要习惯这种界面布局	
18	配置文件	Creo 安装目录下的 config. pro 文件，称为配置文件。用户可以通过此文件预设环境选项和各种参数，以定制自己的工作环境，主要包括显示设置、精度设置、单位设置、菜单设置、公差显示模式、映射键设置、输入输出设置等。config. pro 一般放在 Creo 默认的工作目录下，以确保启动 Creo 时能够加载此文件	一般在产品设计前均须先修改配置文件，以提高设计效率

本书首次出现的 Creo 特征/命令索引

本书在编写过程中打破传统学科体系下以介绍 Creo 软件命令为主的编排方式，采用"学习情境导向、任务驱动"的方式进行编写，对于不熟悉任务驱动教学模式的教师和学生来说，也许初期会不习惯甚至无法接受。出于这种考虑，我们将本书中首次出现的 Creo 特征/命令集中列在下表，供学习者快速索引。

类　　型	序　号	Creo 特征/命令	所在学习情境/任务	所在页码
三、零件（特征）建模	1	拉伸	学习情境一/任务二	24
	2	拉伸（切除）	学习情境一/任务二	25
	3	倒角	学习情境一/任务二	25
	4	倒圆角	学习情境一/任务三	30
	5	筋	学习情境一/任务三	32
	6	基准平面	学习情境一/任务三	33
	7	旋转	学习情境一/任务三	33
	8	镜像	学习情境一/任务三	33
	9	阵列	学习情境一/任务四	37
	10	孔	学习情境二/任务二	59
	11	混合	学习情境二/任务四	71
	12	壳	学习情境二/任务四	73
	13	扫描	学习情境二/任务四	74
	14	螺旋扫描	学习情境三/任务一	89
	15	环形折弯	学习情境四/任务二	130
	16	拔模	学习情境四/任务二	131
	17	基准点	学习情境四/任务三	139
	18	组特征	学习情境五/任务二	184
	19	基准曲线	学习情境五/任务二	189
四、装配建模	1	元件组装	学习情境五/任务一	162
	2	元件放置	学习情境五/任务一	162
	3	装配约束	学习情境五/任务一	162
	4	元件创建（自顶向下设计）	学习情境五/任务一	209
	5	分解图（爆炸图）	学习情境五/任务三	219
	6	装配体模型剖切	学习情境六/任务一	234
五、工程图	1	常规视图	学习情境四/任务三	142
	2	投影视图	学习情境四/任务三	143
	3	全剖视图	学习情境四/任务三	145
	4	工程图另存为 dwg 文件	学习情境四/任务三	146
	5	CAXA 电子图版绘图	学习情境四/任务三	146
	6	工程图打印	学习情境四/任务三	149
	7	CAXA 电子图版装配图绘图	学习情境六/任务一	239
六、钣金建模	1	钣金边扯裂	学习情境四/任务一	115
	2	钣金展平	学习情境四/任务一	122
	3	钣金折弯	学习情境四/任务一	122

类　型	序号	Creo 特征/命令	所在学习情境/任务	所在页码
七、曲面建模	1	曲面相交	学习情境三/任务二	97
	2	曲面复制	学习情境五/任务二	174
	3	曲线复制	学习情境五/任务二	181
	4	曲线修剪	学习情境五/任务二	181
	5	边界混合曲面	学习情境五/任务二	186
	6	造型曲线	学习情境五/任务二	188
	7	曲面合并	学习情境五/任务二	191
	8	曲面镜像	学习情境五/任务二	195
	9	曲面填充	学习情境五/任务二	196
	10	曲面加厚成实体	学习情境五/任务二	197
	11	曲面实体化	学习情境五/任务二	198
	12	曲面文件另存	学习情境五/任务二	202
八、渲染等其他	1	单位更改	学习情境一/任务一	20
	2	带边着色	学习情境一/任务二	26
	3	质量属性	学习情境一/任务四	38
	4	测量	学习情境二/任务一	51
	5	重新生成模型	学习情境二/任务一	52
	6	截面	学习情境二/任务二	61
	7	模型颜色修改	学习情境二/任务二	61
	8	参数建模	学习情境二/任务三	64
	9	关系式	学习情境二/任务三	65
	10	透明模型设置	学习情境二/任务三	68
	11	贴花渲染	学习情境二/任务四	75
	12	背景颜色	学习情境三/任务一	91
	13	隐含与隐藏	学习情境三/任务二	97
	14	方程式基准曲线	学习情境三/任务三	104
	15	模型转换为钣金件	学习情境四/任务一	114
	16	重定向模型方向	学习情境四/任务一	123

学习情境一　组合体的三维建模

在《机械制图》或《工程制图》课程中，已学习过组合体视图的画法，对三视图的投影关系有了初步认知。本学习情境主要学习使用 Creo 软件完成常见组合体的三维建模，以训练企业工作岗位需要的三维建模能力。在进行三维建模前，首先需要掌握 Creo 软件的安装与配置。

任务一　Creo 的安装与配置

为了快速、顺利、正确地安装和配置好 Creo 软件，需要做好确认安装环境、准备好 Creo 软件等工作。本书以 64 位 Windows 7 旗舰版操作系统为例进行说明，软件为 PTC Creo 3.0 M080，其他操作系统和软件版本的安装方法大致相同。

一、安装前的准备工作

1. 确认安装环境

在计算机桌面上右击【计算机】，选择【属性】命令，确认待安装 Creo 的计算机所用的是何种操作系统，如图 1-1 所示。然后根据本机安装环境购买或下载相应的 Creo 安装包。

Creo 安装与配置 1

图 1-1　确认操作系统

2. 修改许可协议文件

（1）将 PTC 公司的许可协议文件 ptc_licfile. dat 复制到本地硬盘上，建议和 Creo 安装目录一并设定在非系统盘（如操作系统安装在 C 盘，建议 Creo 安装在 D 盘。这样即使格式化

了 C 盘并重装了系统，Creo 也不需要重装，只需简单配置一次即可，即运行安装目录 PTC\
Creo 3.0\M080\Parametric\bin 下的 reconfigure.exe，按提示完成配置即可）。本书以复制到 D
盘下 PTC 目录中为例讲解。要注意，安装盘要有不少于 8GB 的剩余硬盘空间，否则无法完
整安装 Creo。

（2）通过按〈Win+R〉快捷键打开【运行】对话框，输入 cmd 命令并单击【确定】按
钮（图 1-2），打开命令行窗口。

图 1-2　【运行】对话框

在命令行窗口中输入 ipconfig/all 查看待安装 Creo 的计算机物理地址（图 1-3），右击鼠
标选择【标记】命令，按住鼠标左键并拖动鼠标选择好本机物理地址，按〈Enter〉键完成
复制。

图 1-3　查看物理地址

（3）用 Windows 7 自带的"记事本"（或任何文字编辑软件）打开 D 盘下 PTC 公司的
许可协议文件 ptc_licfile.dat（图 1-4）。

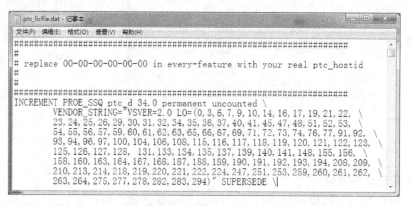

图 1-4　用记事本打开许可协议文件 ptc_licfile.dat

在记事本【编辑】菜单中选择【替换】命令，按图 1-5 所示步骤完成物理地址的全部替换。保存后关闭许可协议文件。

3. 创建系统环境变量

在计算机桌面上右击【计算机】，选择【属性】命令，弹出图 1-1 所示界面后在左上角单击【高级系统设置】，在弹出的【系统属性】对话框中分别单击【高级】选项卡和【环境变量】按钮（图 1-6）。

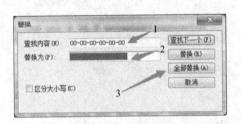

图 1-5　替换物理地址

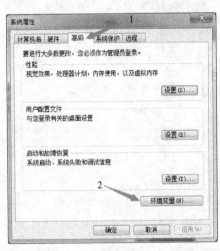

图 1-6　【系统属性】对话框

在弹出的【环境变量】对话框中单击【系统变量】选项组的【新建】按钮（图 1-7）。

按图 1-8 所示分别输入【变量名】及【变量值】后单击【确定】按钮，退出【新建系统变量】对话框，完成系统变量的新建。其中【变量值】文本框中输入的是上述步骤中将 ptc_licfile.dat 复制到本地硬盘上的完整路径。

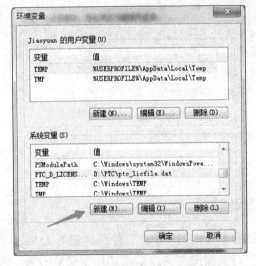

图 1-7　【环境变量】对话框

图 1-8　新建系统变量

二、安装 Creo 软件

接下来安装与本机操作系统相适应的 Creo 软件（本书以 Creo 3.0 M080 Win 64 为例讲解）。右击 Creo 软件中的安装程序 setup.exe，选择【以管理员身份运行】命令，打开【PTC 安装助手】（图1-9）。

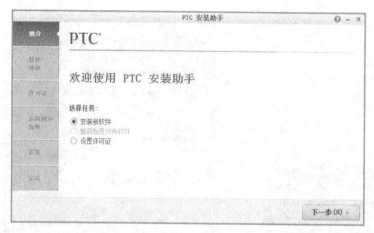

Creo 安装与配置 2

图 1-9 PTC 安装助手

单击图 1-9 中的【下一步】按钮，弹出图 1-10 所示对话框，完成图中步骤后进入下一步。

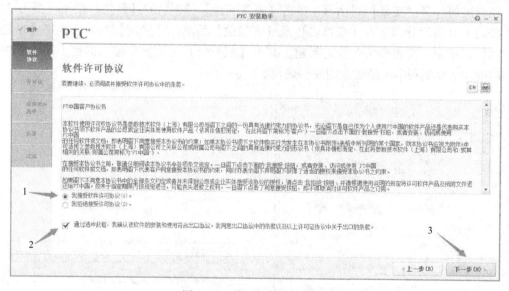

图 1-10 接受软件许可协议

因此前已完成了系统环境变量的设置，所以图 1-11【许可证汇总】区已自动添加了 PTC 公司的许可协议文件，并提示为"可用的"。若前面没有完成系统环境变量的设置，则在图 1-11【许可证汇总】下方单击【+】后，将本机硬盘上修改好了的许可协议文件通过鼠标拖拽到文本框中即可。

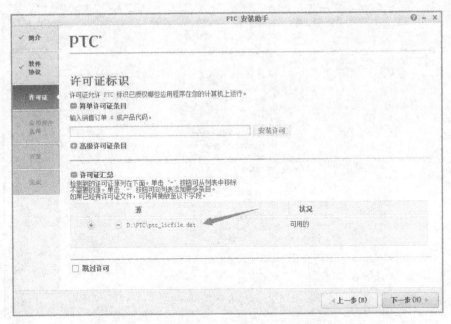

图 1-11　添加 PTC 公司的许可协议文件

下一步开始【应用程序选择】，通过单击【所有应用程序的安装路径】下方的实心三角形（图 1-12），更改安装路径为非系统盘（本书将 Creo 3.0 安装在 D:\PTC 文件夹下），并自定义想要安装的应用程序（功能模块），如图 1-13 所示。

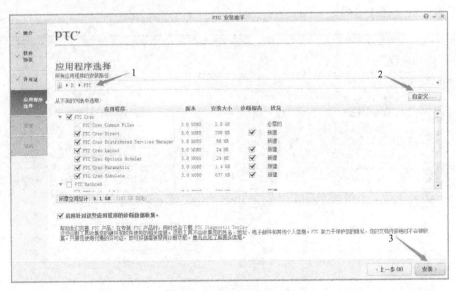

图 1-12　应用程序选择

对于今后希望用 Creo 进行模具设计和数控编程的用户来说，图 1-13 所示的【模具元件目录】、【PTC Creo Mold Analysis(CMA)】、【NC-GPOST】、【VERICUT】是必须安装的模块。【语言】模块是指 Creo 软件界面文字用何种语言显示，由 Creo 根据所处操作系统环境自动勾选（其他语言可不选），其他功能模块可按需勾选即可。

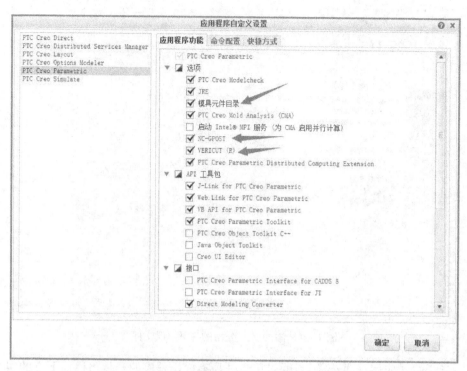

图 1-13　自定义需要安装的应用程序（功能模块）

单击图 1-13 中的【确定】按钮后回到图 1-12 界面，单击【安装】按钮即可开始所选应用程序的安装（图 1-14）。

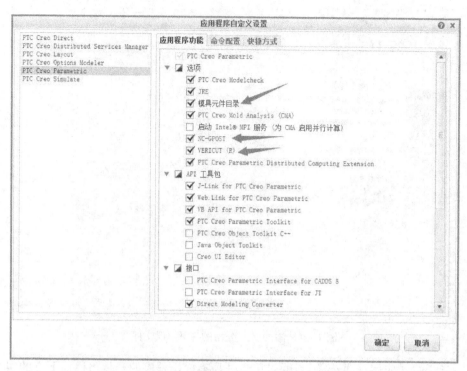

图 1-14　安装进程

直到图 1-14 中所有应用程序的"进程"均显示为 100%，表明已安装完成（但此时的 Creo 还无法正常运行）。单击 Windows 7 任务栏的【开始】按钮，打开【开始】菜单，选择【所有程序】-【PTC Creo】命令，可以看到如图 1-15 所示的安装程序。其中 PTC Creo Parametric 3.0 M080 是进行三维建模、模具设计、数控编程要用到的主体程序。

图 1-15　安装结果

三、配置 Creo 软件

为了正常运行 Creo 软件，还需要完成以下配置工作。

1. 激活 Creo 许可请求

根据上述步骤正确安装 Creo 3.0 后，在桌面上双击或在图 1-15 的开始菜单中单击【PTC Creo Parametric 3.0 M080】快捷方式，会弹出图 1-16 所示界面，提示 Creo 许可请求失败，无法正常运行 Creo 3.0。该提示表明指定的文件夹中无许可协议文件 ptc_licfile.dat，或此文件失效。

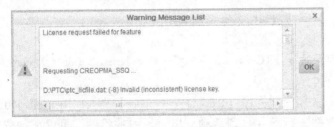

Creo 安装与配置 3

图 1-16　Creo 许可请求失败

接下来通过激活 Creo 3.0，使其能正常运行。

右击随 Creo 3.0 一同下载的 PTC_Creo_Patcher.exe，选择【以管理员身份运行】命令，打开激活程序 "PTC Creo Patcher"。

单击图1-17激活程序中的【Look For】按钮，通过双击依次找到 Creo 的安装目录，并再次单击【Look For】按钮后，单击【Start】按钮开始激活。

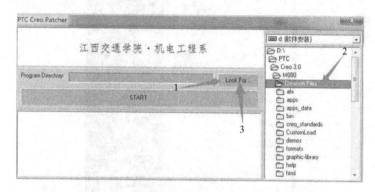

图1-17　Creo 激活程序

直到自动弹出【Creo Patcher】对话框（图1-18），提示所有文件已打完补丁，说明激活成功。

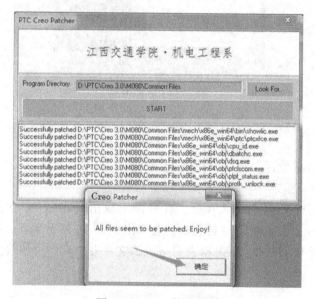

图1-18　Creo 激活成功

如果此前安装过程中选择安装了 PTC Creo 3.0 M080 Distributed Services Manager，用同样的方法进行激活（图1-19）。

至此，完成 Creo 的激活，关闭激活程序【PTC Creo Patcher】即可。在这里呼吁大家尊重知识产权，不使用非授权软件进行商业盈利活动。出于学习的目的，可以下载安装 PTC 公司官方网站提供的免费试用版 Creo 软件。

2. 初始化 Creo 使用环境

在桌面上双击【PTC Creo Parametric 3.0】快捷方式图标，打开 PTC Creo Parametric 3.0，启动画面如图1-20所示。

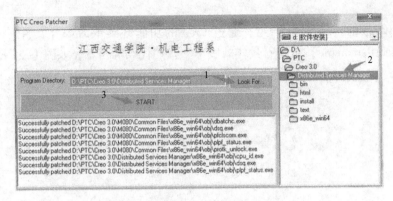

图 1-19 激活 Distributed Services Manager

图 1-20 PTC Creo Parametric 3.0 启动画面

随后打开 PTC Creo Parametric 3.0（图 1-21），Creo 3.0 与旧版本 Pro/Engineer 或 Pro/Engineer Wildfire 软件一样，打开时窗口并没有最大化，建议大家习惯 Creo 的这种界面布局方式，保持当前的窗口大小（右侧留空部分为在特定建模环境下放置【菜单管理器】所用）。

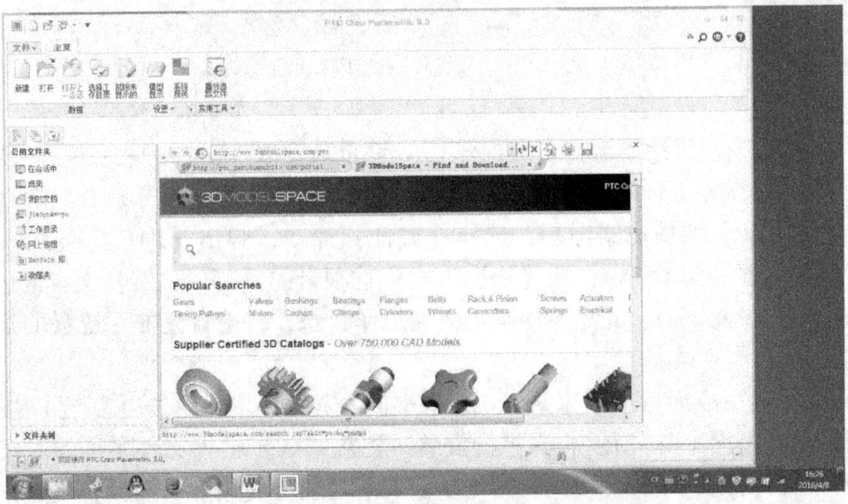

图 1-21 PTC Creo Parametric 3.0 界面

本书采用新版的 Creo 进行介绍，通过 Creo 的功能区菜单命令【文件】-【帮助】-【关于 PTC Creo Parametric】可查看具体的版本、日期代码等信息，如图 1-22 所示。

图 1-22　PTC Creo Parametric 3.0 版权信息

接下来设置工作目录，工作目录分临时性工作目录和永久性工作目录。工作目录至关重要，尤其是对于装配建模、模具设计、数控编程等工作更是不能忽略工作目录的设置（因 Creo 工作机制的原因，建模过程会自动查找工作目录中的文件，也会产生很多相关文件）。当然，单个零件的建模可以不关注工作目录的问题。

临时性工作目录每次打开 Creo 后都要设置一次，方法是：单击工具栏中的【选择工作目录】按钮（图 1-23），选择后续三维模型文件要放置的硬盘盘符和文件夹即可。

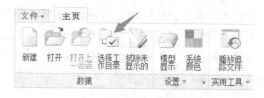

图 1-23　选择临时性工作目录

永久性工作目录设置后不需要每次打开 Creo 都重新设置一次。一般来说，装配体模型、模具文件、数控编程等工作都应设置永久性工作目录，方法是：右击桌面上的【PTC Creo Parametric 3.0 M080】快捷方式图标，选择【属性】命令，弹出【PTC Creo Parametric 3.0 M080 属性】对话框（图 1-24），在【快捷方式】选项卡的【起始位置】文本框中输入完整的文件夹路径（支持汉字），此路径即是永久性工作目录，一般设置非系统盘的某个自建的文件夹为永久性工作目录。

工作目录设置完成后，接下来进入 Creo 三维建模的环境：单击【新建】按钮，弹出【新建】对话框，按图 1-25 所示步骤进行设置。注意第 3 步输入文件名称的时候不能带汉字（Creo 暂不支持带汉字的文件名）；第 4 步要取消勾选【使用默认模板】复选框，以便于接下来可以选择在中国默认使用的公制模板（图1-26）。

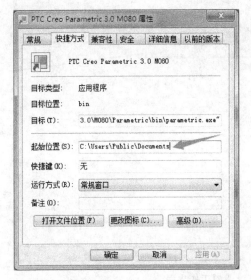

图1-24 设置永久性工作目录

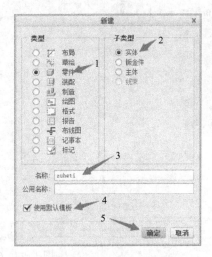

图1-25 【新建】对话框

图1-26 选择公制模板 mmns_part_solid

公制模板 mmns_part_solid 的含义是指：实体零件建模环境，长度、重量、时间的单位分别为 mm、N、s。对于三维建模来说，尤其要注意长度单位，Creo 默认使用的是英寸 in 作为长度单位，但我们中国默认长度单位是毫米 mm，两者之间差了 25.4 倍（1 in = 25.4 mm）。

选好公制模板后，进入 Creo 三维建模工作界面，如图1-27所示，在这里可以完成各种单个零件的三维建模工作（装配体的建模在【新建】对话框【装配】类型中完成）。

为了后续高效完成建模工作，首先要熟悉 Creo 三维建模工作界面，图1-27中各序号的名称及用途见表1-1。

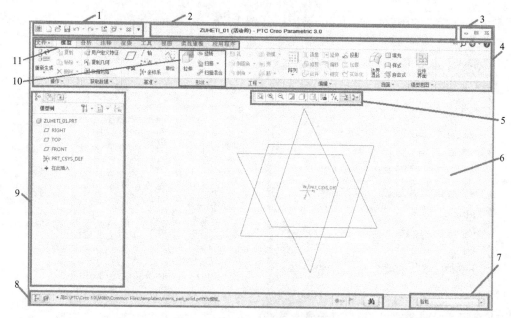

图 1-27　Creo 三维建模工作界面

表 1-1　Creo 软件界面各部分名称及用途

序号	名　　称	用　　途
1	快速访问工具栏	快速访问新建、打开、保存等常见命令
2	标题栏	显示文件名（是否当前活动）、软件名称及版本
3	窗口最小（大）化、关闭	用于控制 Creo 窗口的最小化、最大化、关闭
4	功能区	通过选项卡切换，以命令按钮形式集合了 Creo 大部分功能
5	"视图"工具栏	用于控制三维模型的缩放、显示形式等
6	"图形"窗口	即工作区（绘图区），背景颜色可随意更改
7	选择过滤器	方便选择点、线、面等各种对象的过滤器
8	状态栏	显示当前命令所处的状态，建模时有即时提醒
9	模型树	将建模过程以树状形式从上至下列出，方便后续设计变更
10	功能区组	按属性将类似命令放置为一组
11	功能区选项卡	通过选项卡切换不同大类的命令

Creo 3.0 的界面总体来说和 Microsoft Office 2010 及之后的版本类似，所以如果前期有 Microsoft Office 2010 的使用经验，那么大多数通用命令（如打开文件、保存文件等）的使用方法是相同的。

在 Creo【新建】对话框中如果确因疏忽，忘了选择公制模板而用的是默认的英制模板进行建模，且模型已设计完成，也不用再换公制模板重新建模，Creo 提供了一个简单的解决方案，方法是：在【文件】菜单中选择【准备】-【模型属性】命令（图 1-28）。

在弹出的【模型属性】对话框中单击【单位】右侧的【更改】按钮（图 1-29）。

图 1-28　设置模型属性

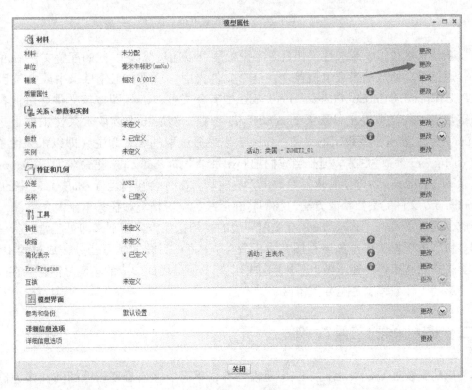

图 1-29　更改单位

　　接下来按图 1-30 中的步骤进行设置。注意第 3 步的选择依据：若是因本人疏忽没有选择公制模板，全部建模工作均在英制模板中完成，则选择【解释尺寸】；若是为了和使用英制单位的外企或合作企业交换数据，则选择【转换尺寸】。

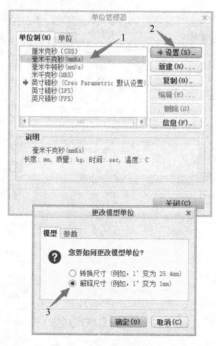

图 1-30　更改模型单位

其实默认长度单位、永久性工作目录等设置均可以通过修改 Creo 的配置文件 config. pro 来实现，通过手动修改的参数也被保存在这个文件夹中，只要在工作目录中或安装目录 x：\……\PTC\Creo 3.0\M080\Common Files\text 中有此文件，Creo 即按该文件配置的参数运行。Creo 启动时先读取 text 目录下的 config. pro 参数，然后再去读取永久性工作目录下的 config. pro 参数，若有重复设定的参数，Creo 会以最后读取的参数为主（即以永久性工作目录下的 config. pro 参数为主）。但是当我们把 text 目录下的 config. pro 重命名为 config. sup 时，工作目录下 config. pro 中即使有重复参数也无法改写，Creo 会强制运行 config. sup 中的参数。关于 config. pro 文件的参数修改方法，我们将在后续的学习情境和任务单元中介绍。

至此，完成了 Creo Parametric 3.0 使用环境的初始化工作，接下来即可正常进行三维建模工作。更多的配置工作（如工程图参数设置等），将在后续的学习任务完成过程中讲解。当然，上述初始化工作一律不做也不影响建模训练，但是因此形成的不良习惯将会在今后实际工作中影响工作效率，甚至导致错误。

任务二　圆柱体的三维建模

作为成功安装好 Creo 之后的第一个建模任务，下面以建模难度较低的圆柱体为例进行讲解，以让学习者更快更早地享受建模成功的喜悦，激发大家的学习热情和学习主动性。

一、任务下达

本任务通过二维工程图的方式下达（未给出图框及标题栏），要求按如图 1-31 中的尺寸完成圆柱体的三维建模。

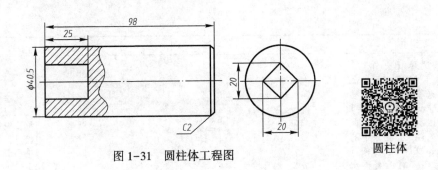

图 1-31　圆柱体工程图

二、任务分析

图中是一个总长为 98、外径为 φ40.5 的圆柱体，左端有一个深 25 的菱形盲孔，右端倒角 C2。对该零件进行三维建模时，可先完成圆柱体的实体建模（通过 Creo 的旋转或拉伸命令），然后分别完成倒角和菱形盲孔的切除（通过拉伸的方式去除材料）。

完成该模型的创建需用到 Creo 的【草绘】、【拉伸】、【倒角】、【拉伸】（移除材料）等特征命令。主要建模流程如图 1-32 所示。

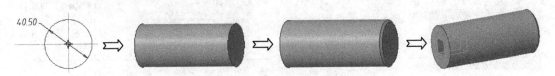

图 1-32　圆柱体建模流程

三、任务实施

表 1-2 详细描述了完成图 1-31 所示圆柱体的建模步骤及说明。

表 1-2　圆柱体建模步骤及说明

步骤	操作说明	图　例	备　注
1	按任务一的讲解完成 Creo 的安装与配置	（略）	进行三维建模前完成软件安装与配置
2	打开 Creo 软件，单击【快速访问工具栏】-【新建】按钮，新建一个文件名为"1-31"的实体文件（按右图步骤），选择公制模板 mmns_part_solid，即确保建模时长度单位为 mm		1）我国默认使用公制单位，所以学习者要学会新建公制模板的实体文件。 2）本书模型文件名称按书中图片的序号命名，企业一般有自身一套命名规则

步骤	操作说明	图　例	备　注
3	选择菜单【文件】-【选项】-【图元显示】命令，勾选基准平面、基准轴、基准点标记。【确定】后根据提示将修改情况保存到永久性工作目录下的config. pro 文件中，以便下次打开 Creo 时无需再次设置	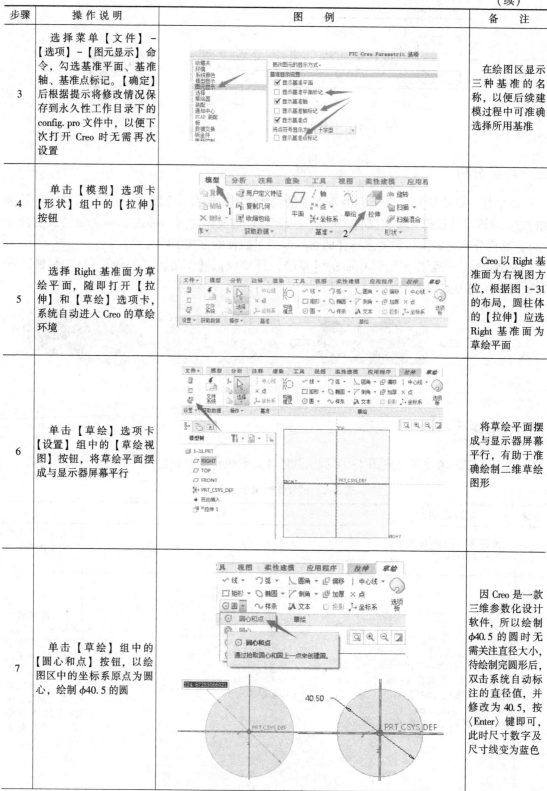	在绘图区显示三种基准的名称，以便后续建模过程中可准确选择所用基准
4	单击【模型】选项卡【形状】组中的【拉伸】按钮		
5	选择 Right 基准面为草绘平面，随即打开【拉伸】和【草绘】选项卡，系统自动进入 Creo 的草绘环境		Creo 以 Right 基准面为右视图方位，根据图 1-31 的布局，圆柱体的【拉伸】应选 Right 基准面为草绘平面
6	单击【草绘】选项卡【设置】组中的【草绘视图】按钮，将草绘平面摆成与显示器屏幕平行		将草绘平面摆成与显示器屏幕平行，有助于准确绘制二维草绘图形
7	单击【草绘】组中的【圆心和点】按钮，以绘图区中的坐标系原点为圆心，绘制φ40.5 的圆		因 Creo 是一款三维参数化设计软件，所以绘制φ40.5 的圆时无需关注直径大小，待绘制完圆形后，双击系统自动标注的直径值，并修改为 40.5，按〈Enter〉键即可，此时尺寸数字及尺寸线变为蓝色

步骤	操作说明	图　例	备　注
8	完成上述圆形的草绘后，单击【关闭】组中的【确定】按钮，保存并退出 Creo 的草绘环境	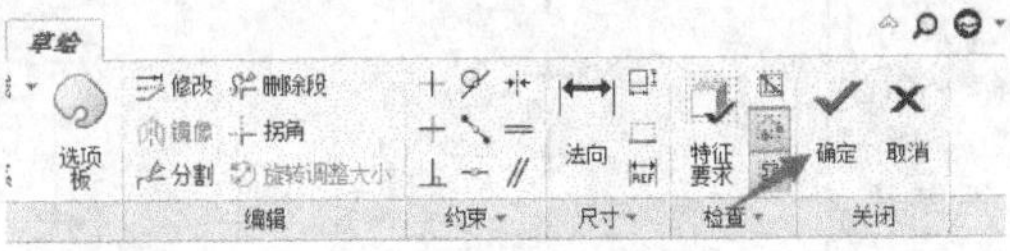	"草绘"的含义是指绘图时仅需按大概形状草草绘制图形即可，尺寸通过手动方式精确修改，Creo 会按修改的尺寸重新生成精准的图形
9	在【拉伸】选项卡 1 处输入圆柱体的总长 98 后按〈Enter〉键，单击绿色按钮✓或按鼠标中键确认刚才输入的尺寸，系统退出【拉伸】命令，并完成圆柱体三维模型的造型	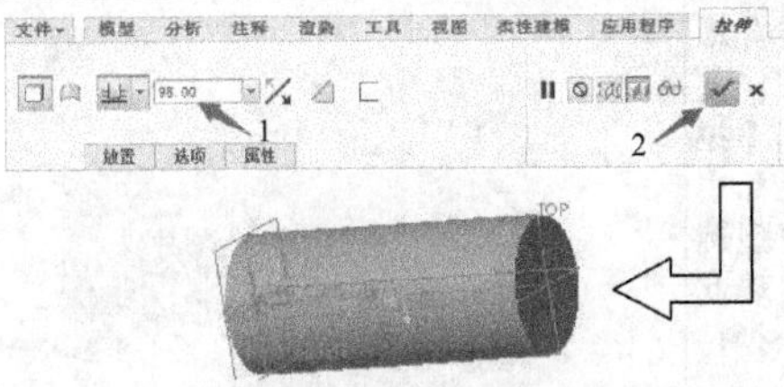	通过按住鼠标中键并移动鼠标，可查看刚刚做好的三维模型
10	接下来完成圆柱体右端倒角 C2：单击【模型】选项卡-【工程】组-【倒角】按钮 倒角，按右图步骤完成倒角	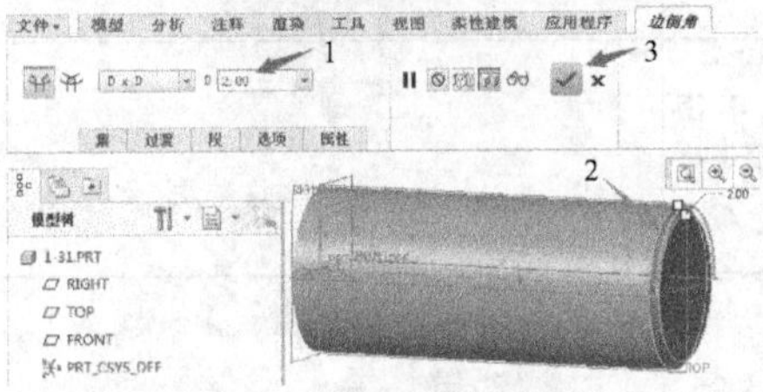	在选择倒角对象时，可利用右下角【选择过滤器】中的【边】快速选择圆柱体右端边线
11	最后完成圆柱体左端菱形盲孔的切除（通过拉伸的方式去除材料）：单击【模型】选项卡-【形状】组-【拉伸】按钮，根据状态栏的提示选择圆柱体左端面为草绘面	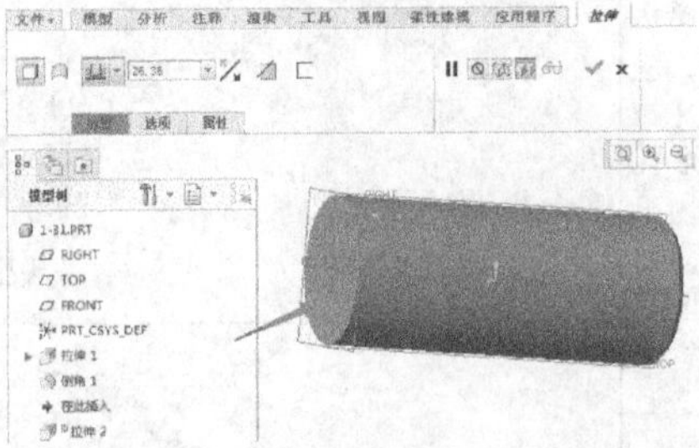	
12	在自动弹出的【草绘】选项卡-【设置】组中单击【草绘视图】按钮，使草绘平面与显示器屏幕平行	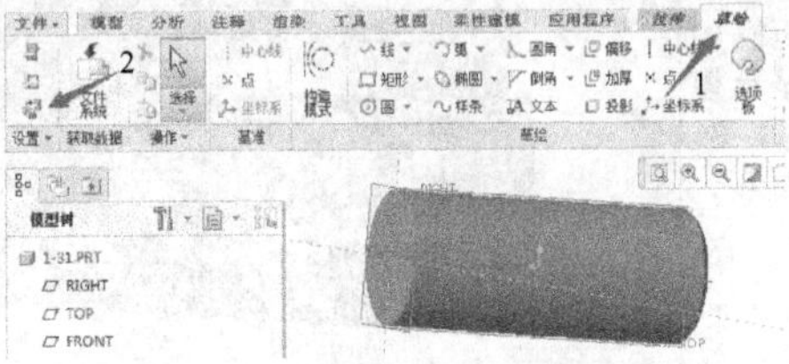	往后所有特征建模时，只要需要草绘，建议把草绘平面设置成与显示器屏幕平行
13	用 线命令完成右图所示草图的绘制（尺寸和角度随意），用鼠标中键结束【线链】命令	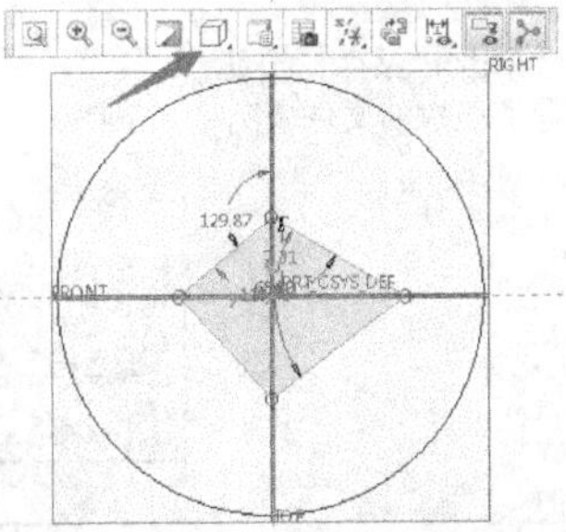	用【视图】工具栏的【消隐】命令 消隐 显示草绘

步骤	操 作 说 明	图 例	备 注
14	利用【约束】组中的【相等】命令分别约束 4 条边等长，利用【尺寸】组中的【法向】命令标注菱形的对角线长 20，所有命令均以单击中键结束。结果如右图所示	 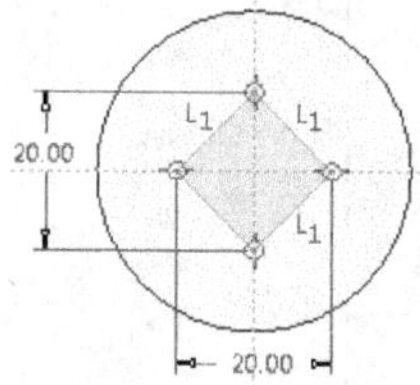	在 Creo 的草绘中，原则上先添加约束，后进行尺寸标注，所有尺寸标注均以中键结束
15	单击【关闭】组中的【确定】按钮，系统自动保存并退出草绘环境，此时 Creo 自动切换到【拉伸】选项卡。按住鼠标中键并移动鼠标，把模型旋转成轴测图方位，发现此时的拉伸是往外长出材料，如右图	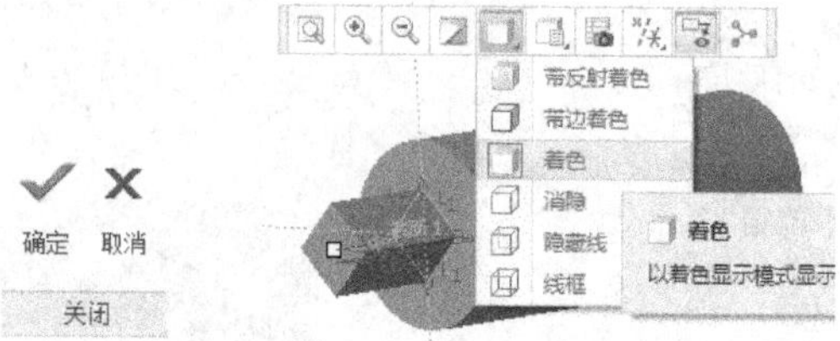	用【视图】工具栏的【着色】命令 显示模型
16	为了切除材料，单击【拉伸】选项卡中的【移除材料】按钮	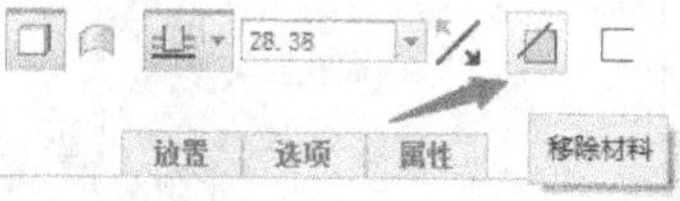	
17	输入菱形孔的深度 25，并改变拉伸的方向后单击右上方的绿色按钮，应用刚才的设置并退出【拉伸】选项卡，完成菱形孔的切除	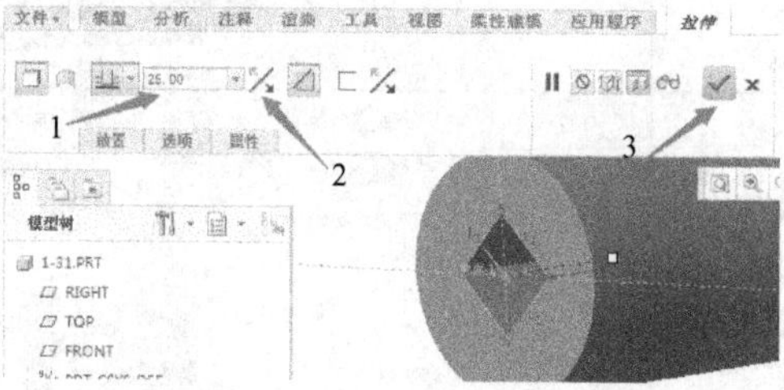	
18	用【视图】工具栏的【带边着色】命令显示模型。至此，完成了图 1-31 工程图对应的三维建模		
19	单击【快速访问工具栏】中的【保存】按钮（或按〈Ctrl+S〉），将三维模型保存至工作目录中。每保存一次文件，Creo 会自动生成同名的新版本文件（在扩展名后以数字区分），这样方便设计回退时用此前的版本	单击【保存】按钮 在资源管理器中查看保存了三次的文件情况，如下图： 名称 1-31.prt.1 1-31.prt.2 1-31.prt.3	若未保存就退出 Creo 时，Creo 不会提示用户保存，所以务必要养成定期保存的习惯

26

四、任务评价

图 1-31 所示的圆柱体是一个较为简单的零件，但其三维建模过程却涵盖了一个零件三维建模的全过程，作为第一个三维建模的案例来说，模型简单、容易上手是基本的要求，这样才能让初学者尝到成功的喜悦。本模型通过二维图形（圆）【拉伸】的方式得到主体模型（圆柱体），然后分别利用【倒角】和【拉伸】切除，完成后续形状的设计，初学者请严格按上述步骤完成建模，出错后的特征编辑与修改我们将在后续任务中讲解。

当然，仅从能否完成建模的角度考虑（不考虑是否方便后续设计变更），该圆柱体主体部分及倒角部分可用【旋转】特征完成（选择 Front 基准面为草绘平面），如图 1-33 所示。

图 1-33　圆柱体建模流程（第 2 种思路）

Creo 作为一款成熟的参数化设计软件，多特征叠加完成零件建模，有助于提高设计效率。对于复杂零件，更应该以搭积木的方式完成建模，也就是说特征数量可适当多一些，以方便后续设计变更时的编辑修改。

任务三　支承座的三维建模

完成上述圆柱体的三维建模后，我们对 Creo 三维建模的思路和步骤有了初步的认识和掌握，接下来继续以搭积木的方式完成一个稍难一点儿的组合体的三维建模。

一、任务下达

本任务通过二维工程图的方式下达（未给出图框及标题栏），要求按如图 1-34 中的尺寸完成支承座的三维建模。

二、任务分析

图中是一个总长为 90 的支承座，上部是一个外径为 $\phi 44$、内孔为 $\phi 30$ 的圆柱形支承孔，该支承孔用厚 12 的背板及加强筋支承，底部为高 13 的底板（底板下方切除了深 4 的梯形槽）。对该零件进行三维建模时，可先通过 Creo 的拉伸命令完成底板（含槽）的实体建模，倒圆角 $R16$，然后完成上部的圆柱形支承孔（含 $R2$ 圆角）的建模，接下来完成背板的建模，最后完成加强筋的建模。

完成该模型的创建需用到 Creo 的【草绘】、【拉伸】、【倒圆角】、【基准平面】、【筋】、【旋转】（移除材料）等特征命令。支承座主要建模流程如图 1-35 所示。

三、任务实施

表 1-3 详细描述了完成图 1-34 所示支承座的建模步骤及说明。

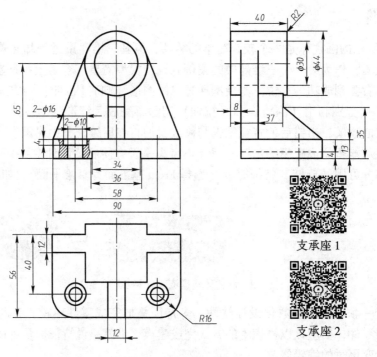

图 1-34　支承座工程图

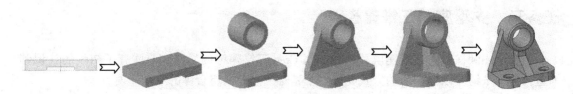

图 1-35　支承座建模流程

表 1-3　支承座建模步骤及说明

步　骤	操 作 说 明	图　　例	备　注
1	按任务一的讲解完成 Creo 的安装与配置	（略）	进行三维建模前完成软件安装与配置
2	打开 Creo 软件，单击【快速访问工具栏】-【新建】按钮，新建一个文件名为"1-34"的实体文件（按右图步骤），选择公制模板 mmns_part_solid，即确保建模时长度单位为 mm		学会新建公制模板的实体文件

步骤	操作说明	图　例	备　注
3	单击【模型】选项卡【形状】组中的【拉伸】按钮	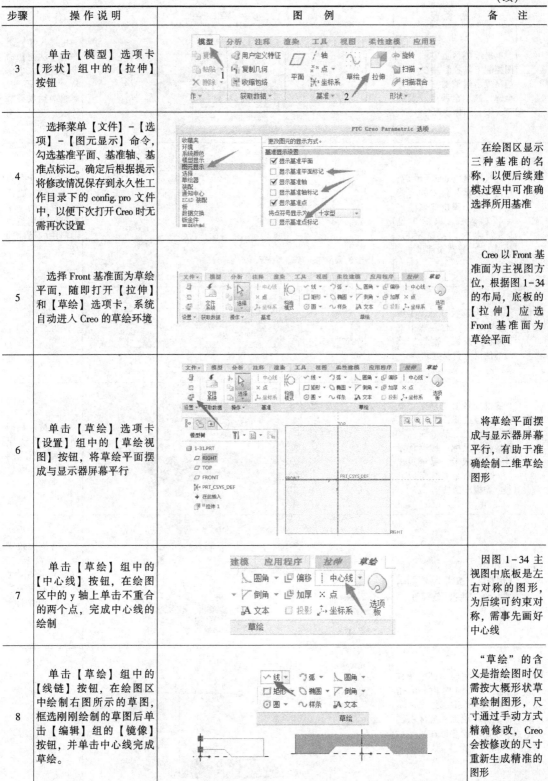	
4	选择菜单【文件】-【选项】-【图元显示】命令，勾选基准平面、基准轴、基准点标记。确定后根据提示将修改情况保存到永久性工作目录下的 config. pro 文件中，以便下次打开 Creo 时无需再次设置		在绘图区显示三种基准的名称，以便后续建模过程中可准确选择所用基准
5	选择 Front 基准面为草绘平面，随即打开【拉伸】和【草绘】选项卡，系统自动进入 Creo 的草绘环境		Creo 以 Front 基准面为主视图方位，根据图 1-34 的布局，底板的【拉伸】应选 Front 基准面为草绘平面
6	单击【草绘】选项卡【设置】组中的【草绘视图】按钮，将草绘平面摆成与显示器屏幕平行		将草绘平面摆成与显示器屏幕平行，有助于准确绘制二维草绘图形
7	单击【草绘】组中的【中心线】按钮，在绘图区中的 y 轴上单击不重合的两个点，完成中心线的绘制		因图 1-34 主视图中底板是左右对称的图形，为后续可约束对称，需事先画好中心线
8	单击【草绘】组中的【线链】按钮，在绘图区中绘制右图所示的草图，框选刚刚绘制的草图后单击【编辑】组的【镜像】按钮，并单击中心线完成草绘。		"草绘"的含义是指绘图时仅需按大概形状草草绘制图形，尺寸通过手动方式精确修改，Creo 会按修改的尺寸重新生成精准的图形

（续）

步骤	操作说明	图例	备注
9	单击绘图区上方的【视图控制工具栏】中的【草绘器显示过滤器】按钮并全选，显示全部尺寸及约束，按右图标注尺寸	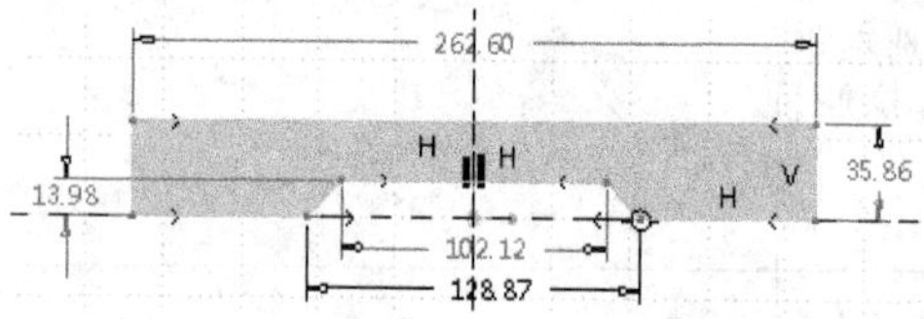	用【尺寸】组中的【法向】命令标注，大小保持默认值不变。草绘中约束符号 V 表示竖直，H 表示水平
10	用鼠标框选全部尺寸后，单击【编辑】组中的【修改】按钮，弹出【修改尺寸】对话框，取消勾选【重新生成】复选框后，按图1-34修改全部尺寸	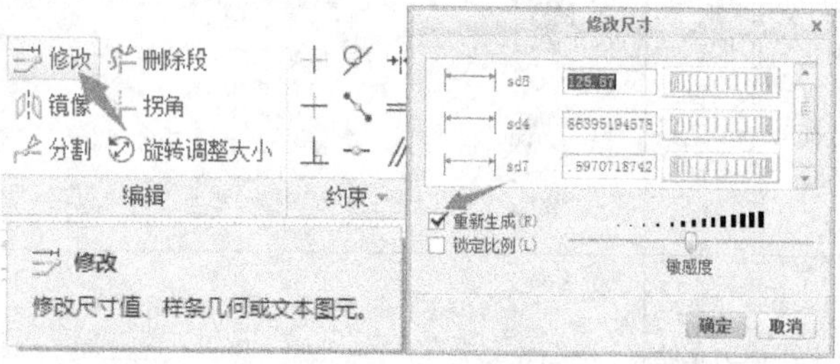	修改尺寸时要对照草绘，确认当前修改的是哪个尺寸（用长方形框住的尺寸即是）
11	修改全部尺寸后，单击【修改尺寸】对话框中的【确定】按钮，草绘按修改后的尺寸重新生成	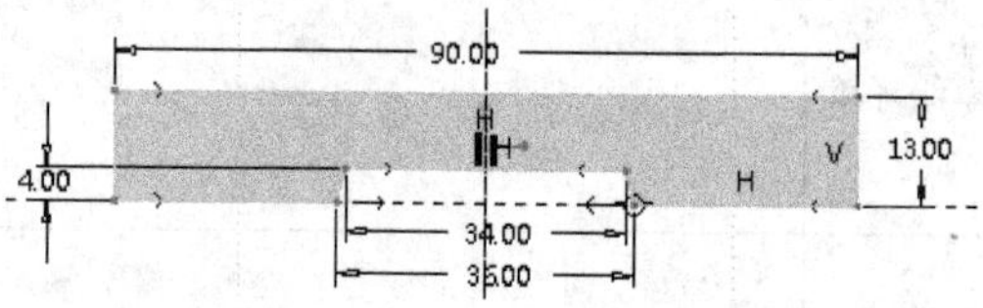	
12	在【拉伸】选项卡 1 处输入底板拉伸长度56后按〈Enter〉键，单击绿色按钮✓或按鼠标中键确认刚才输入的尺寸，系统退出【拉伸】命令，并完成底板三维模型的造型	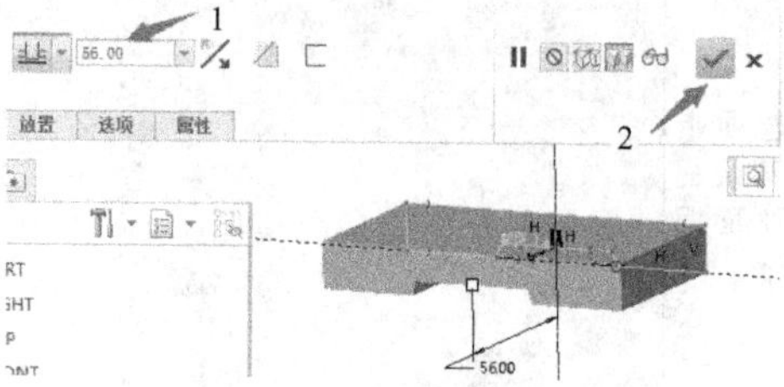	通过按住鼠标中键并移动鼠标，可查看刚刚建好的三维模型
13	单击【工程】组中的【倒圆角】按钮 倒圆角，按右图步骤完成倒圆角	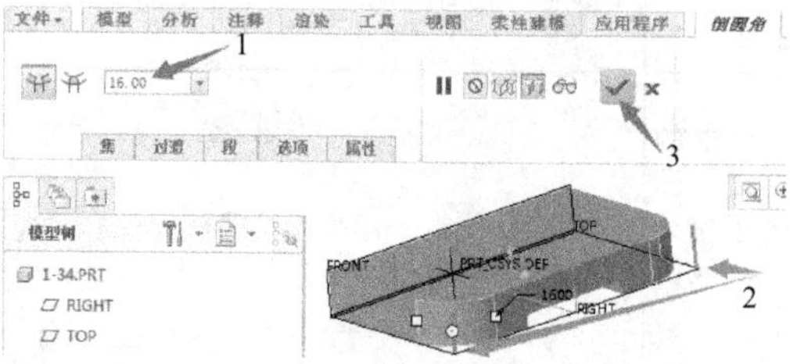	选择倒圆角对象时，需按住〈Ctrl〉键的同时依次单击两条边线才能同时选择多条线
14	接下来完成上部的圆柱形支承孔的建模：单击【拉伸】按钮，选 Front 基准面为草绘面，完成右图所示的草绘，标注尺寸后单击【确定】退出草绘环境	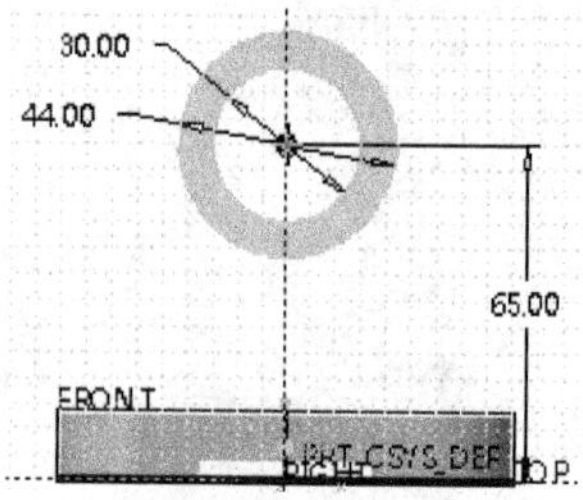	

30

步骤	操作说明	图　例	备　注
15	按右图所示步骤及尺寸完成【拉伸】特征	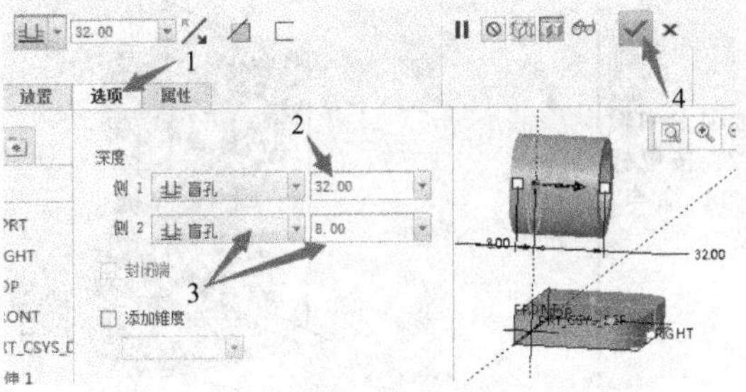	拉伸时需要设置向草绘平面两侧分别拉伸材料，图1-34标明后面是8，前面则是40-8＝32
16	用【倒圆角】命令完成圆柱形支承孔前端的倒圆角R2	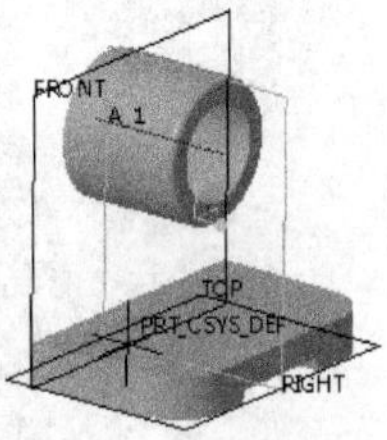	
17	接下来完成背板的建模：单击【拉伸】按钮，选Front基准面为草绘面，单击【设置】组中的【参考】按钮，添加右图中箭头所指的四条边为【参考】	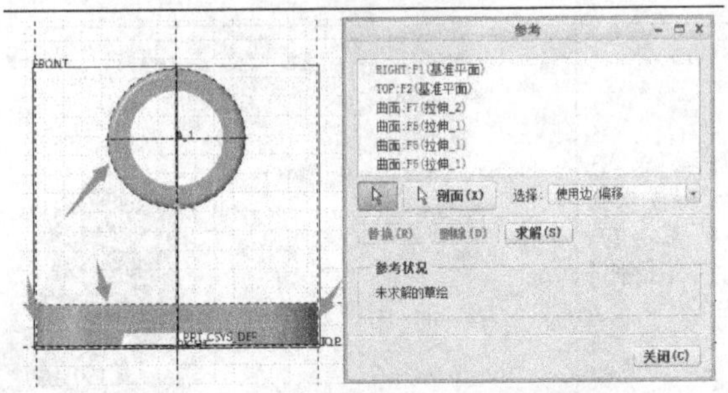	添加【参考】是为了便于后续添加【约束】或标注尺寸有必要的参考图元
18	单击【草绘】组中的【投影】按钮，分别选择2、3箭头所指的圆弧和边线，以提取模型中已有的线条。	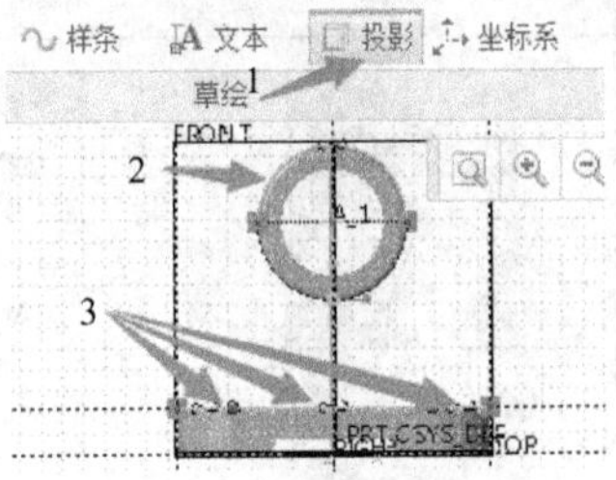	
19	画一条通过y轴的【中心线】，用【线链】命令画一条斜线，下端和底板左上角重合，上端与【投影】得到的圆弧重合，用【约束】组中的【相切】命令让斜线和圆弧相切，用【删除段】命令删除多出的圆弧，完成右图所示的封闭草绘，无需标注尺寸后单击【确定】退出草绘环境	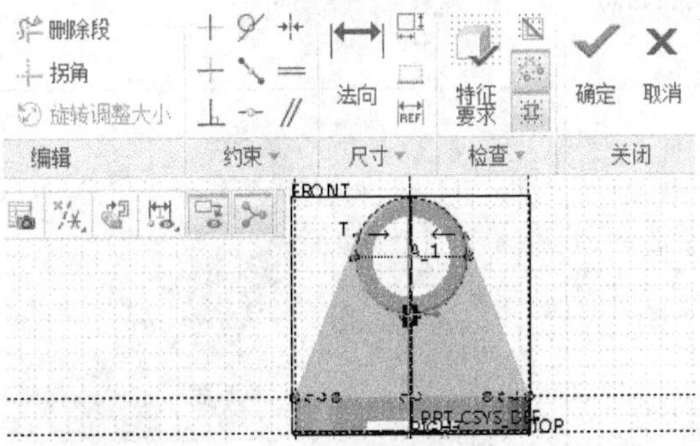	【约束】组中的9种约束经常在草绘中用到，一般先约束，后标尺寸。草绘中的约束符号T表示相切

步骤	操作说明	图 例	备 注
20	在【拉伸】选项卡中输入拉伸的距离12，按鼠标中键退出【拉伸】命令，结果如右图所示	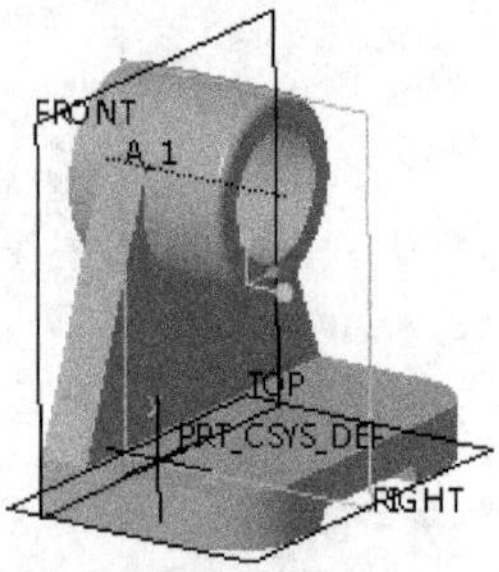	
21	单击【拉伸】按钮，选背板前侧平面为草绘面，绘制如图所示的草绘并标注尺寸。	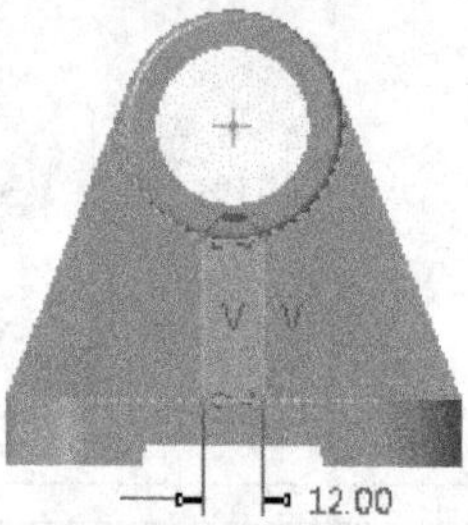	草绘绘制时用到了【投影】命令、【删除段】命令，绘制另一条线链时要注意让 Creo 自动创建对称约束
22	退出草绘环境后，在【拉伸】选项卡中输入拉伸长度为 37 - 8 - 12 = 17，按鼠标中键结束【拉伸】特征	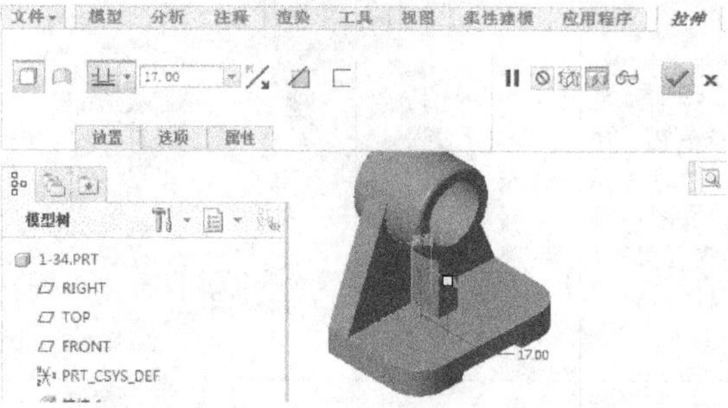	
23	下面完成加强筋的建模：单击【工程】组中的【轮廓筋】按钮，选择 Right 基准平面为草绘平面，单击【设置】组中的【草绘设置】按钮，按右图设置草绘方向，以便和图 1-34 右视图方位相同	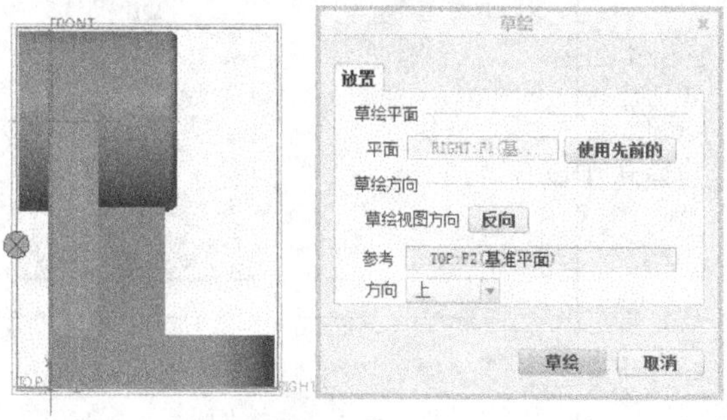	
24	单击【设置】组中的【参考】按钮，添加如图所示的三条边为参考		

（续）

步骤	操 作 说 明	图 例	备 注
25	单击【草绘】组中的【线链】按钮，绘制右图所示的草绘并标注尺寸35	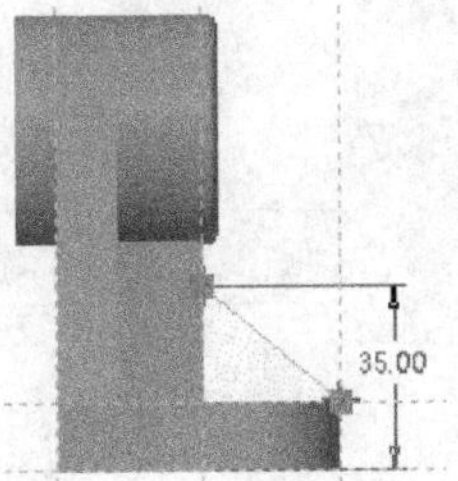 35.00	【筋】特征的截面草图不能封闭，但两端必须和材料接触
26	退出草绘后按右图步骤完成【筋】特征的创建	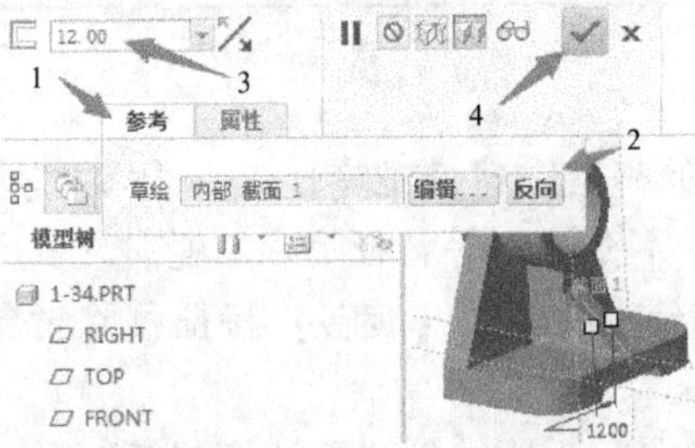	
27	接下来完成台阶圆柱孔的建模：首先创建草绘用的基准平面DTM1，单击【基准】组中的【平面】按钮，单击背板背面作为参考，输入偏移距离40，并改变偏移方向为向前	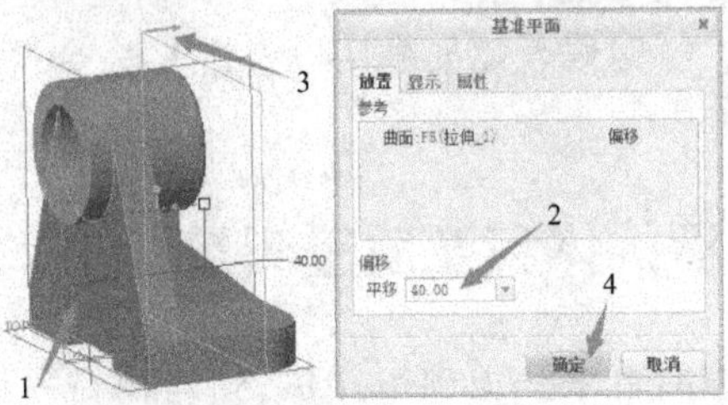	要注意基准平面是有正反面的方向性的
28	单击【形状】组中的【旋转】按钮，选择刚刚创建的基准平面DTM1为草绘面，创建如图所示的草绘	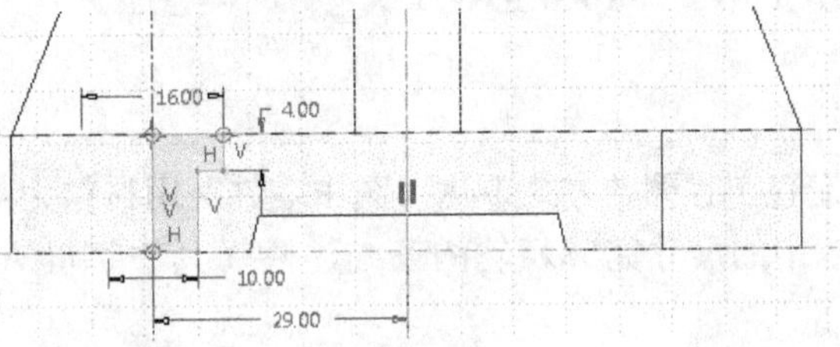	草绘时先画距离y轴向左29的中心线。直径16及10的标注方法：用【法向】命令依次单击线链、中心线、线链，按鼠标中键结束
29	退出草绘后，按右图步骤完成【旋转】移除材料的特征建模	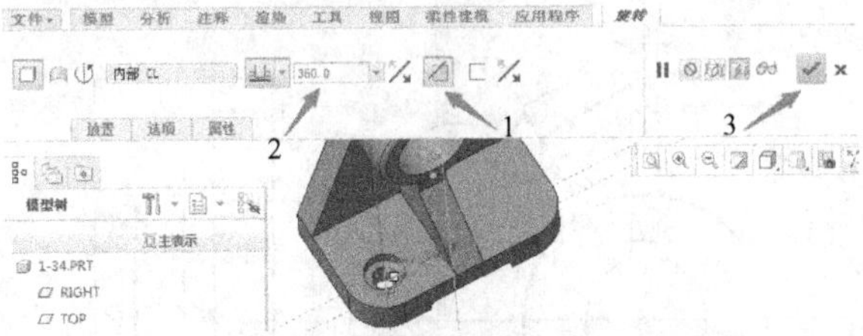	
30	选中刚刚创建的旋转特征，单击【编辑】组中的【镜像】按钮，根据提示选择Right基准平面为【镜像平面】，完成旋转特征的镜像		

33

步骤	操作说明	图 例	备 注
31	单击【快速访问工具栏】中的【保存】按钮（或按〈Ctrl+S〉），将三维模型保存至工作目录中。每保存一次文件，Creo会自动生成同名的新版本文件（在扩展名后以数字区分），这样方便设计回退时用此前的版本		若未保存就退出Creo时，Creo不会提示用户保存，所以务必要养成定期保存的习惯

四、任务评价

图1-34所示的支承座三维建模难度比上一个零件稍大，主要用到了【拉伸】、【倒圆角】、【筋】、【基准】、【旋转】等特征命令，总体上来说，还是一个特征的堆积过程。当然，两个台阶圆柱孔的建模除了用【旋转】特征移除材料外，也可以分两次用【拉伸】移除材料的方式建模。

本任务涉及的【基准平面】的创建要注意灵活运用，在很多建模场合是没有现成的草绘平面或参考平面的，这时候就需要先用【基准】命令自行创建【基准平面】，而后才能完成其他特征的创建。

任务四　三维模型的体积及质量测量

产品设计过程中有时需要知道虚拟样机（含单个零件）的体积、重量等参数，以便计算包装空间、核算成本，而Creo正好提供了分析测量工具。

一、任务下达

本任务通过着色工程图的方式下达（图中零件所用材料为45钢，密度为$0.0078\,\mathrm{g/mm^3}$），要求按如图1-36中的尺寸完成棘轮的三维建模（其中字母A深度为0.5），并给出该零件准确的体积及质量。

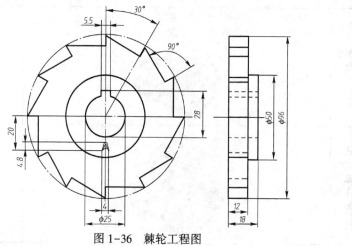

图1-36　棘轮工程图

棘轮1

棘轮2

棘轮3

二、任务分析

图中是一个典型的棘轮，ϕ96 的圆周上均匀分布了 12 个棘爪，中间为圆孔及键槽。图形本身很简单，先完成 ϕ96 圆柱体的建模，然后完成中间突出部分的建模并切除通孔（含键槽），接下来通过拉伸移除材料的方式完成 12 个棘爪的建模，最后完成深度为 0.5 的字母 A 的建模。

完成该模型的创建需用到 Creo 的【草绘】、【拉伸】、【拉伸】（移除材料）、【阵列】、【文本】等特征命令。棘轮主要建模流程如图 1-37 所示。

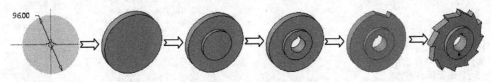

图 1-37　棘轮建模流程

建模完成后，利用 Creo 提供的【分析】选项卡-【模型报告】组-【质量属性】命令，可分析查询棘轮零件准确的体积及质量。

三、任务实施

表 1-4 详细描述了完成图 1-36 所示棘轮的建模步骤及说明。

表 1-4　棘轮建模步骤及说明

步骤	操作说明	图　例	备　注
1	按任务一的讲解完成 Creo 的安装与配置	（略）	进行三维建模前完成软件安装与配置
2	打开 Creo 软件，单击【快速访问工具栏】-【新建】按钮，新建一个文件名为"1-36"的实体文件（按右图步骤），选择公制模板 mmns_part_solid，即确保建模时长度单位为 mm		学会新建公制模板的实体文件
3	单击【模型】选项卡【形状】组中的【拉伸】按钮		

35

步骤	操作说明	图　例	备　注
4	选择 Front 基准面为草绘平面，随即打开【拉伸】和【草绘】选项卡，系统自动进入 Creo 的草绘环境	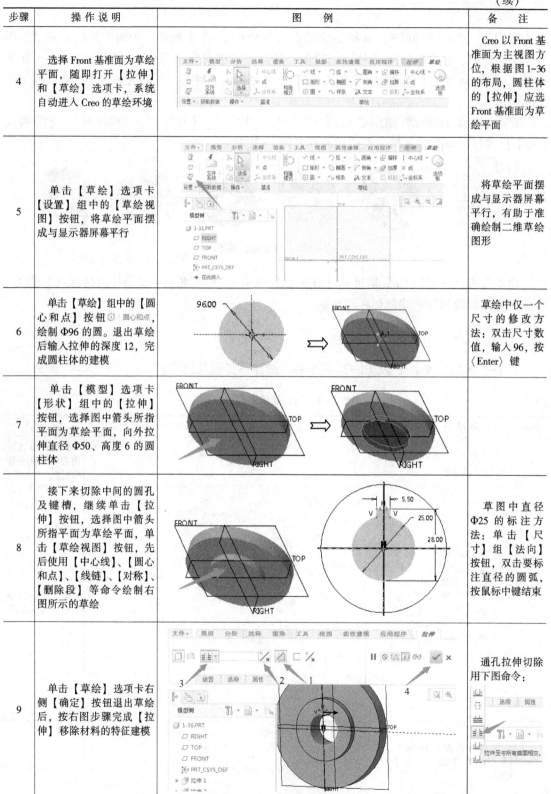	Creo 以 Front 基准面为主视图方位，根据图 1-36 的布局，圆柱体的【拉伸】应选 Front 基准面为草绘平面
5	单击【草绘】选项卡【设置】组中的【草绘视图】按钮，将草绘平面摆成与显示器屏幕平行		将草绘平面摆成与显示器屏幕平行，有助于准确绘制二维草绘图形
6	单击【草绘】组中的【圆心和点】按钮 ⊙ 圆心和点，绘制 Φ96 的圆。退出草绘后输入拉伸的深度 12，完成圆柱体的建模		草绘中仅一个尺寸的修改方法：双击尺寸数值，输入 96，按〈Enter〉键
7	单击【模型】选项卡【形状】组中的【拉伸】按钮，选择图中箭头所指平面为草绘平面，向外拉伸直径 Φ50、高度 6 的圆柱体		
8	接下来切除中间的圆孔及键槽，继续单击【拉伸】按钮，选择图中箭头所指平面为草绘平面，单击【草绘视图】按钮，先后使用【中心线】、【圆心和点】、【线链】、【对称】、【删除段】等命令绘制右图所示的草绘		草图中直径 Φ25 的标注方法：单击【尺寸】组【法向】按钮，双击要标注直径的圆弧，按鼠标中键结束
9	单击【草绘】选项卡右侧【确定】按钮退出草绘后，按右图步骤完成【拉伸】移除材料的特征建模		通孔拉伸切除用下图命令：拉伸至与所有曲面相交。

步骤	操作说明	图 例	备 注
10	接下来切除棘轮槽，由于12个槽呈圆周分布，所以切完一个槽后【阵列】即可。单击【拉伸】按钮，选择图中箭头所指平面为草绘平面，单击【草绘视图】按钮，单击【视图】工具栏【显示样式】下的【消隐】按钮🗌消隐，先后使用【投影】、【线链】、【删除段】等命令绘制右图所示的草绘，并标注角度30°	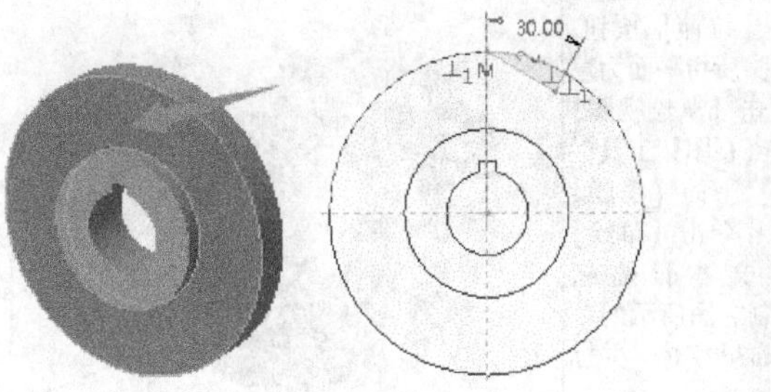	角度标注方法：单击【尺寸】组【法向】按钮，依次单击角度的两条边线，将光标置于角度内部位置，按鼠标中键结束，将尺寸修改为30，即完成了角度30°的标注
11	单击【视图】工具栏【显示样式】下的【带边着色】按钮🗌带边着色，并按右图步骤完成【拉伸】移除材料的特征建模	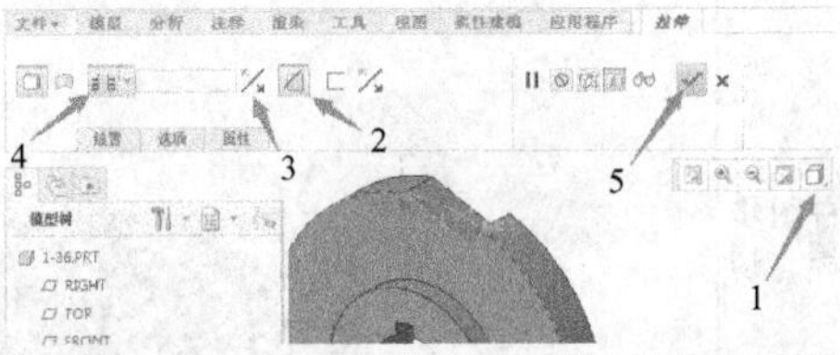	
12	接下来进行【阵列】：按右图所示在模型树或三维模型上单击棘轮槽，即模型树中的"拉伸4"	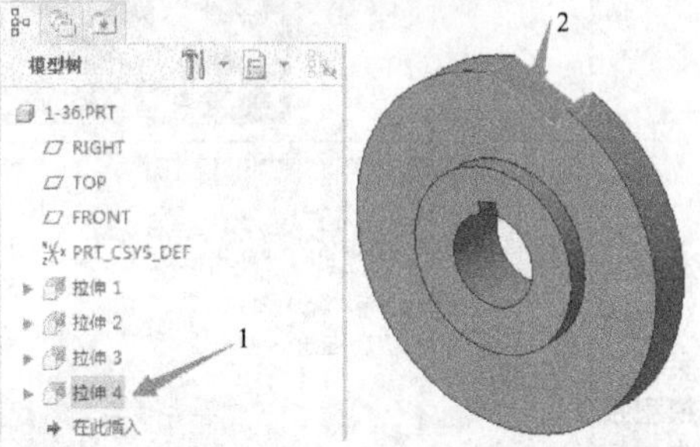	
13	单击【编辑】组中的【阵列】按钮⊞阵列，在【阵列】选项卡中选择【轴】（第1步），选择创建阵列的轴（第2步）	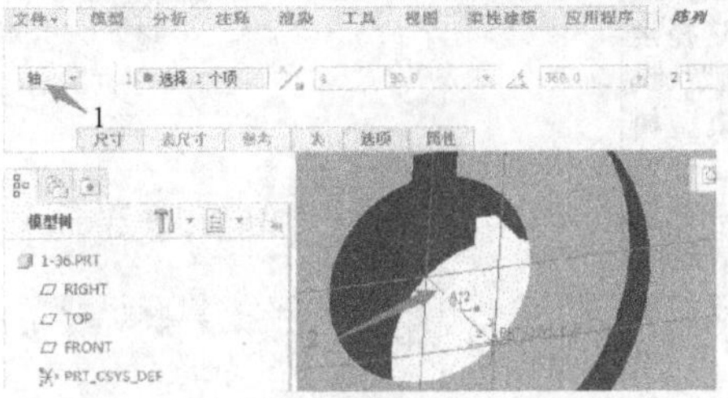	
14	在右图1处输入12（阵列成员数），2处输入30（阵列成员间的角度）	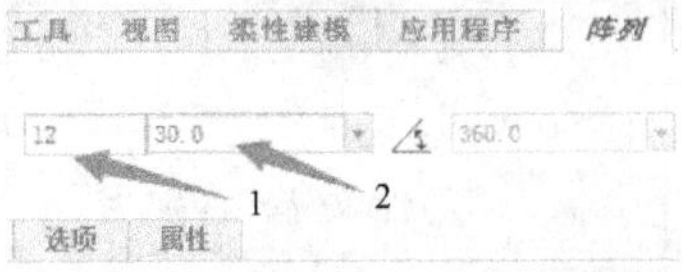	
15	按鼠标中键结束【阵列】特征的创建，结果如右图所示	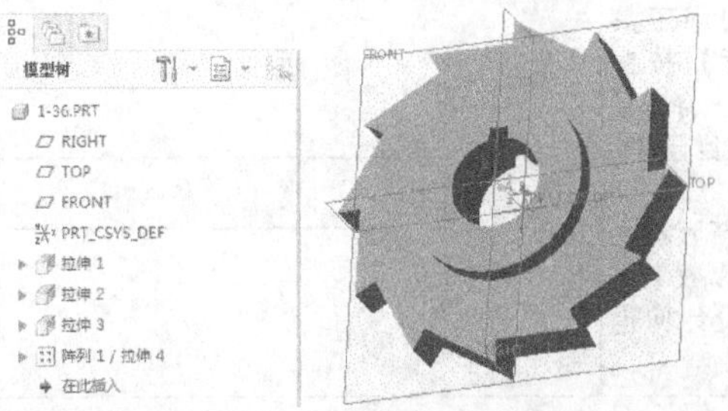	

步骤	操作说明	图 例	备 注
16	接下来切除产品标记"A"：单击【拉伸】按钮，选择图中箭头所指平面为草绘平面，单击【草绘视图】按钮，单击【视图】工具栏【显示样式】下的【消隐】按钮 消隐，单击【草绘】组中的【文本】按钮 A 文本，绘制右图所示的草绘，选用 font3d 字体，并标注尺寸	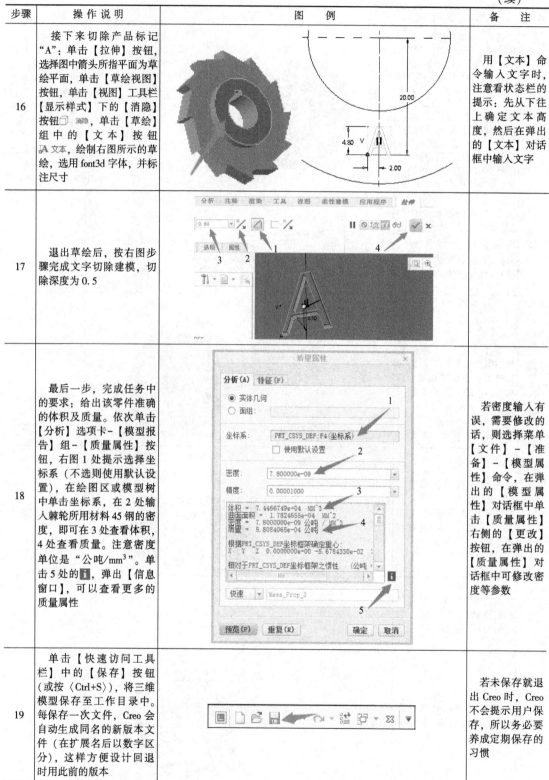	用【文本】命令输入文字时，注意看状态栏的提示：先从下往上确定文本高度，然后在弹出的【文本】对话框中输入文字
17	退出草绘后，按右图步骤完成文字切除建模，切除深度为 0.5		
18	最后一步，完成任务中的要求：给出该零件准确的体积及质量。依次单击【分析】选项卡-【模型报告】组-【质量属性】按钮，右图 1 处提示选择坐标系（不选则使用默认设置），在绘图区或模型树中单击坐标系，在 2 处输入棘轮所用材料 45 钢的密度，即可在 3 处查看体积，4 处查看质量。注意密度单位是"公吨/mm³"。单击 5 处的 i，弹出【信息窗口】，可以查看更多的质量属性		若密度输入有误，需要修改的话，则选择菜单【文件】-【准备】-【模型属性】命令，在弹出的【模型属性】对话框中单击【质量属性】右侧的【更改】按钮，在弹出的【质量属性】对话框中可修改密度等参数
19	单击【快速访问工具栏】中的【保存】按钮（或按〈Ctrl+S〉），将三维模型保存至工作目录中。每保存一次文件，Creo 会自动生成同名的新版本文件（在扩展名后以数字区分），这样方便设计回退时用此前的版本		若未保存就退出 Creo 时，Creo 不会提示用户保存，所以务必要养成定期保存的习惯

步骤	操作说明	图　例	备　注
20	如果不再需要使用 Creo，则可单击【文件】选项卡中的【退出】按钮 退出(X) 或窗口右上角的【退出】按钮✕，彻底退出 Creo。但是，如果还需在 Creo 中进行其他工作，则单击【文件】选项卡中的【关闭】按钮，将刚刚保存的 prt 文件关闭，并选择菜单【文件】-【管理会话】-【拭除当前】命令，将内存中的 prt 文件释放出来	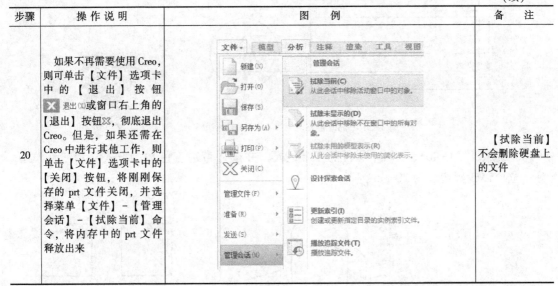	【拭除当前】不会删除硬盘上的文件

四、任务评价

图 1-36 所示的棘轮三维模型最突出的特点是棘轮槽呈规律性的圆周分布，所以要用到 Creo 的圆周阵列命令。此外，工程图中表面模型上有一个字母标记"A"，所以要用到 Creo 的【文本】命令。在下达任务时明确要求提供该模型的体积和质量，所以要用到 Creo 的【质量属性】命令，当输入密度大小并选择坐标系后，系统即可自动算出体积、质量等参数，而不需要用传统那种样机实验的方法。

强化训练题一

1. 按"任务一 Creo 的安装与配置"中讲解的方法与步骤，完成 PTC Creo Parametric 3.0 软件的安装与配置，提交 Creo【文件】菜单下【帮助】-【关于】截图（存为 .jpg 格式）。

2. 完成如图 1-38 所示零件的三维建模。

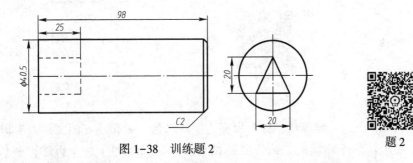

图 1-38　训练题 2

题 2

3. 完成如图 1-39 所示零件的三维建模。

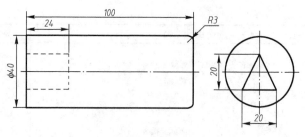

图 1-39　训练题 3

题 3

4. 完成如图 1-40a、b 两个零件的三维建模，并按【带边着色】的方式显示三维模型。（注：立方体轮廓边长为 20 mm）

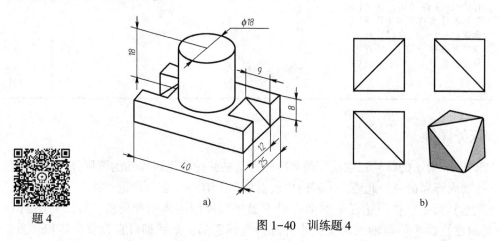

题 4

a)

b)

图 1-40　训练题 4

5. 完成如图 1-41 所示零件的三维建模，并按【带边着色】的方式显示三维模型。

6. 完成如图 1-42 所示零件的三维建模，并按【消隐】的方式显示三维模型。

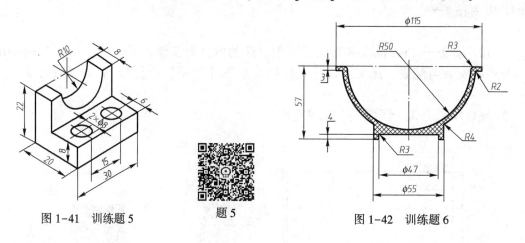

图 1-41　训练题 5

题 5

图 1-42　训练题 6

7. 完成如图 1-43 所示二维草绘，同时保存为扩展名为 drw 和 dwg 的文件，求最大外围轮廓内的面积。提示：草绘环境的进入方式有两种：一是【文件】–【新建】–【草绘】，二是【文件】–【新建】–【零件】–【草绘】。

8. 完成如图 1-44 所示二维草绘，并同时保存为扩展名为 drw 和 dwg 的文件。

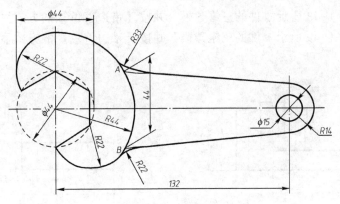

图 1-43　训练题 7

9. 绘制如图 1-45 所示二维草绘，求除左侧矩形外的封闭区域面积。绘图结束后保存为扩展名为 drw 和 dxf 两种格式文件。

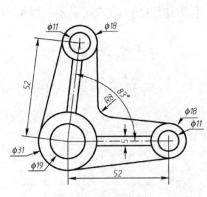

图 1-44　训练题 8

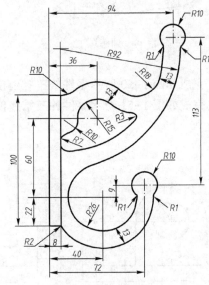

图 1-45　训练题 9

10. 完成如图 1-46 所示零件的三维建模，并按【消隐】的方式显示三维模型，倾斜部分的薄板厚度为 6 mm，底板厚度为 10 mm。

11. 完成如图 1-47 所示零件的三维建模，并按【带边着色】的方式显示三维模型。

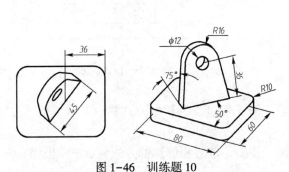

图 1-46　训练题 10

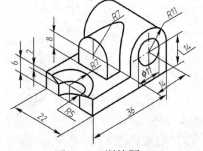

图 1-47　训练题 11

12. 完成如图 1-48 所示零件的三维建模，并按【带边着色】的方式显示三维模型。

13. 完成如图 1-49 所示零件的三维建模，并按【带边着色】的方式显示三维模型。

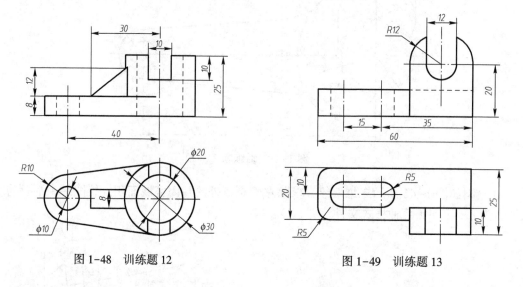

图 1-48　训练题 12

图 1-49　训练题 13

14. 完成如图 1-50 所示零件的三维建模，并按【带边着色】的方式显示三维模型。

15. 完成如图 1-51 所示零件的三维建模，并按【带边着色】的方式显示三维模型。

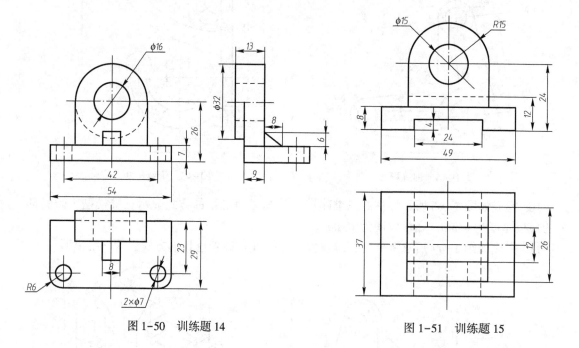

图 1-50　训练题 14

图 1-51　训练题 15

16. 完成如图 1-52 所示零件的三维建模，按【带边着色】的方式显示三维模型，并回答该模型的体积是多少。

17. 完成如图 1-53 所示零件的三维建模，并按【带边着色】的方式显示三维模型。

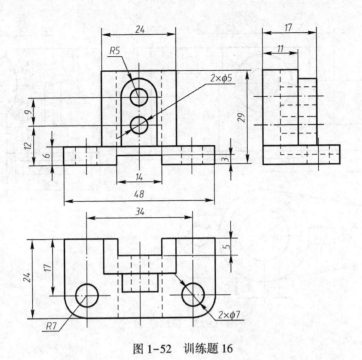

图 1-52 训练题 16

18. 完成如图 1-54 所示零件的三维建模，并按【带边着色】的方式显示三维模型。

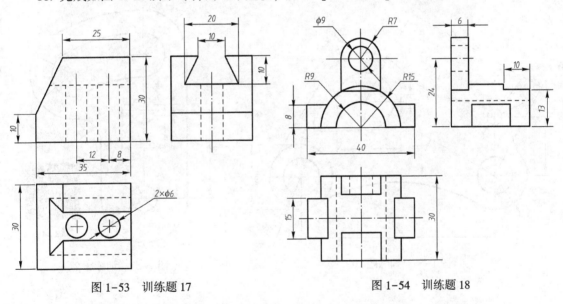

图 1-53 训练题 17

图 1-54 训练题 18

19. 完成如图 1-55 所示零件的三维建模，并按【带边着色】的方式显示三维模型。

20. 完成如图 1-56 所示图形的二维草绘，注意其中的水平、竖直、相切等几何关系。图中 $A=189$，$B=145$，$C=29$，$D=96$。草绘完成后回答图中除去 $\phi60$ 圆形区域的阴影部分的面积？（参考答案：17446.37）。

21. 完成如图 1-57 所示图形的二维草绘，注意其中的相切、同心等几何关系。图中 $A=20$，$B=10$，$C=65$，$D=12$。请问图中阴影区域的面积是多少？（参考答案：3876.15）

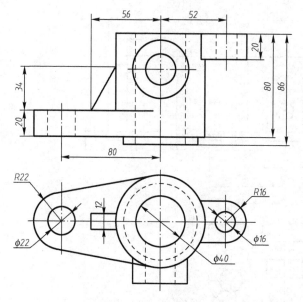

图 1-55　训练题 19

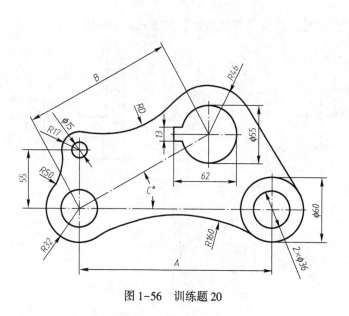

图 1-56　训练题 20

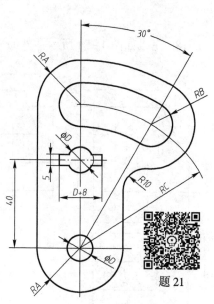

图 1-57　训练题 21

学习情境二　非标零件的三维建模

出于个性化及使用性能等方面的考虑，在机械产品或消费品中，一般都要设计大量的非标准件。这些非标零件一般外形比前面所讲的组合体更复杂，建模难度也更大。为进一步掌握 Creo 的三维建模思路与技巧，下面讲解锥形法兰、轴承座、斜面连接座、陶瓷茶杯等非标零件的建模、渲染等过程。

任务一　锥形法兰的三维建模

法兰（Flange），又叫法兰凸缘盘或凸缘，主要用于管状零件之间的相互连接，如管道法兰、减速器法兰等，广泛用于化工、建筑、给排水、石油、冷冻、消防、电力、航天、造船等各行各业。

一、任务下达

本任务通过二维工程图的方式下达（未给出图框及标题栏），要求按如图 2-1 中的尺寸完成锥形法兰的三维建模，并分别回答尺寸 $x=86$ 和 $x=88$ 时模型的准确体积。

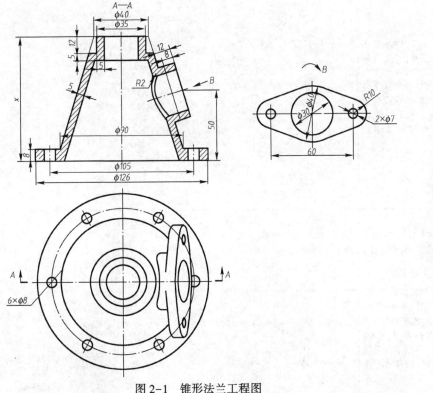

锥形法兰 1

锥形法兰 2

图 2-1　锥形法兰工程图

二、任务分析

图中锥形法兰总体上是一个回转体零件，但在主视图的右侧有一个斜面法兰，这也是建模的难点所在，需要创建基准平面以完成斜面法兰的创建。

完成该模型的创建需用到 Creo 的【草绘】（特别是【构造】命令的使用）、【旋转】、【基准平面】、【拉伸】、【倒圆角】、【拉伸】（移除材料）等特征命令。主要建模流程如图 2-2 所示。

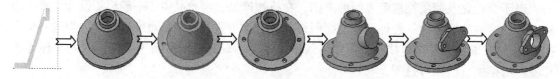

图 2-2　锥形法兰主要建模流程

三、任务实施

表 2-1 详细描述了完成图 2-1 所示锥形法兰的建模步骤及说明。

表 2-1　锥形法兰建模步骤及说明

步骤	操 作 说 明	图　　例	备　　注
1	按学习情境一中任务一的讲解完成 Creo 的安装与配置	（略）	进行三维建模前完成软件安装与配置
2	打开 Creo 软件，单击【快速访问工具栏】-【新建】按钮，新建一个文件名为 "2-1" 的实体文件（按右图步骤），选择公制模板 mmns_part_solid，即确保建模时长度单位为 mm		
3	单击【模型】选项卡【形状】组中的【旋转】按钮		
4	选择 Front 基准面为草绘平面，随即打开【旋转】和【草绘】选项卡，系统自动进入 Creo 的草绘环境		Creo 以 Front 基准面为主视图方位，根据图 2-1 的布局，锥形体的【旋转】应选 Front 基准面为草绘平面

步骤	操作说明	图　例	备　注
5	单击【视图】工具栏中的【草绘视图】按钮，将草绘平面摆成与显示器屏幕平行	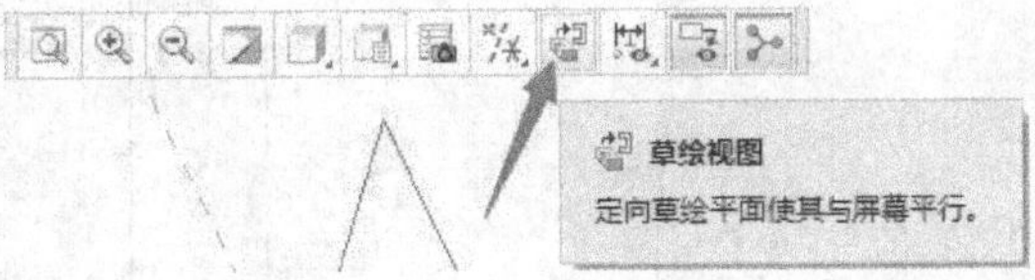 　草绘视图　定向草绘平面使其与屏幕平行。	将草绘平面摆成与显示器屏幕平行，有助于准确绘制二维草绘图形
6	单击【草绘】选项卡【草绘】组中的【中心线】按钮中心线，画一条与 y 轴重合的中心线	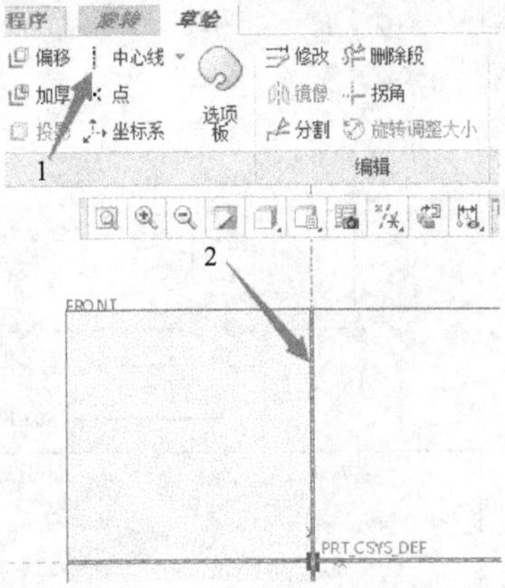	
7	单击【草绘】组中的【线链】按钮，绘制右图所示的草绘（尺寸随意），注意草绘过程中 Creo 会自动添加约束，比如两端线段相等、平行等约束，并以相关的符号提示当前自动产生的约束类型	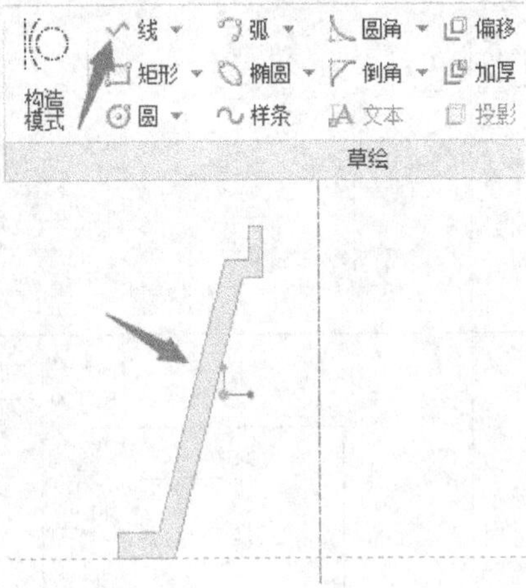	
8	为了在主视图中标注 Φ40，需要画出主视图左上角的虚拟延长线，方法：用【线链】按钮画出右图中箭头所指图形，单击【约束】组中的【重合】按钮，约束斜线与斜线重合，然后分别选中箭头处的线段，长按鼠标右键，在弹出的菜单中选择【构造】按钮，即将【几何】图形变换为【构造】图形	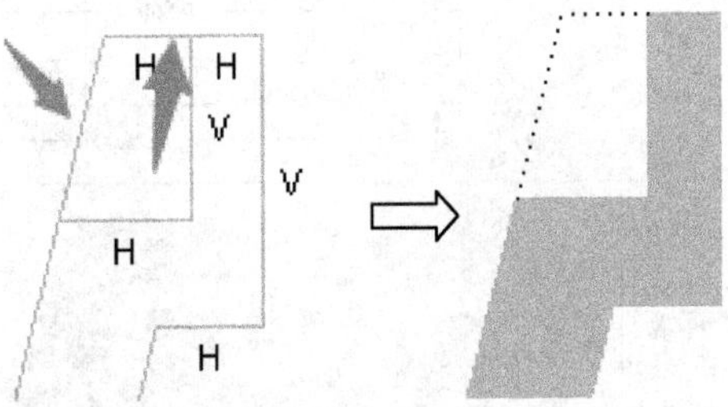	【构造】图形不参与【拉伸】、【旋转】等实体特征的建模

（续）

步骤	操作说明	图　例	备　注
9	单击【尺寸】组【法向】按钮，按图 2-1 主视图中的尺寸数量和种类，标注全部尺寸（大小暂不修改），如右图所示。标注过程中，随时通过鼠标滚轮进行图形缩放，以便准确单击所需标注尺寸的图元对象	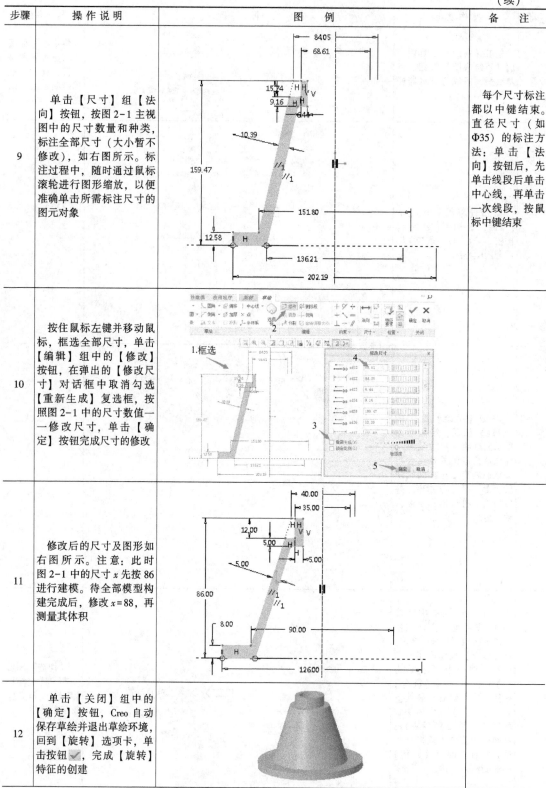	每个尺寸标注都以中键结束。直径尺寸（如Φ35）的标注方法：单击【法向】按钮后，先单击线段后单击中心线，再单击一次线段，按鼠标中键结束
10	按住鼠标左键并移动鼠标，框选全部尺寸，单击【编辑】组中的【修改】按钮，在弹出的【修改尺寸】对话框中取消勾选【重新生成】复选框，按照图 2-1 中的尺寸数值一一修改尺寸，单击【确定】按钮完成尺寸的修改		
11	修改后的尺寸及图形如右图所示。注意：此时图 2-1 中的尺寸 x 先按 86 进行建模。待全部模型构建完成后，修改 x=88，再测量其体积		
12	单击【关闭】组中的【确定】按钮，Creo 自动保存草绘并退出草绘环境，回到【旋转】选项卡，单击按钮✔，完成【旋转】特征的创建		

48

步骤	操作说明	图　例	备　注
13	单击【形状】组中的【拉伸】按钮，选择箭头所指平面为草绘平面，Creo 自动进入草绘环境，单击【视图】工具栏【草绘视图】按钮，将草绘平面摆成与显示器屏幕平行		
14	单击【视图】工具栏【显示样式】中的【消隐】按钮，以方便草图绘制。单击【草绘】组【圆心和圆】按钮，在 x 轴上绘制如图所示圆，双击尺寸值并修改为 8。在绘图区空白区域长按右键，选择【构造中心线】命令，绘制一条与 y 轴重合的中心线，并标注 105 尺寸	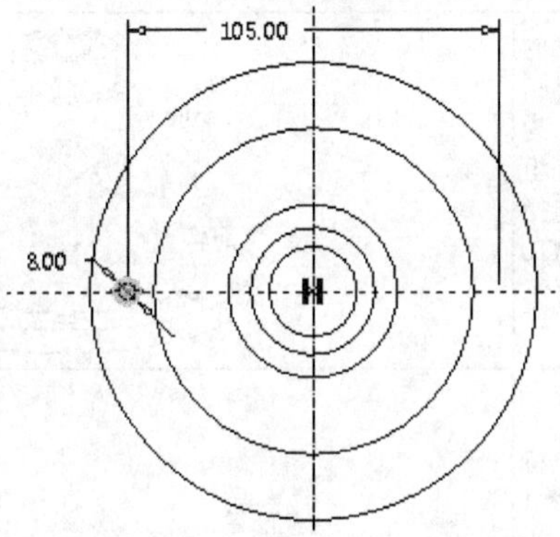	尺寸 105 的标注方法：单击【尺寸】组【法向】按钮，单击Φ8 的圆心，单击中心线，再次单击Φ8 的圆心，按鼠标中键完成尺寸标注
15	按右图步骤完成圆孔（通孔）的拉伸切除	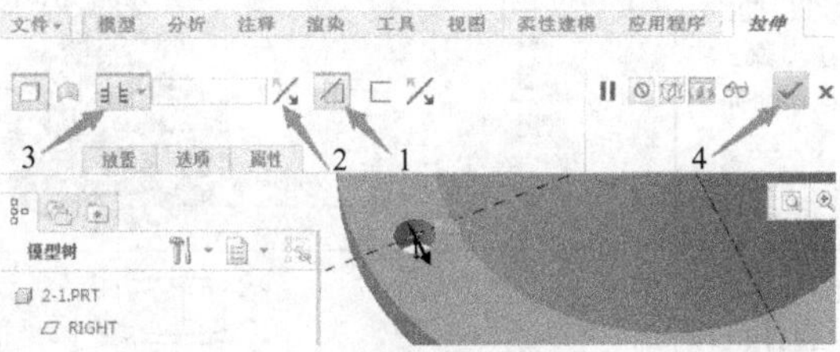	
16	在模型树或绘图区中选中刚刚创建的圆孔，单击【编辑】组【阵列】按钮，按右图步骤完成【阵列】特征的创建	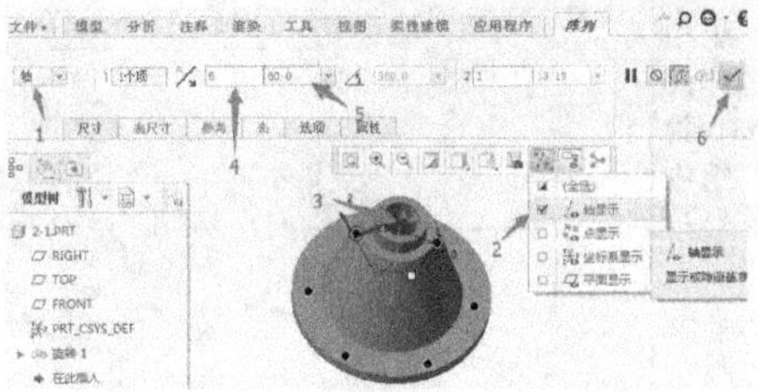	勾选第 2 步的【轴显示】复选框是为了第 3 步能选到圆周阵列所用的轴
17	接下来绘制必要的草绘和基准，以便生成用于斜面法兰拉伸的草绘平面。单击【基准】组中的【草绘】按钮，进入草绘环境。单击【基准】组中的【点】按钮，完成 1 所指的点并标注尺寸；单击【基准】组中的【中心线】按钮，绘制 2 所指的中心线（与圆锥右侧母线垂直），退出草绘	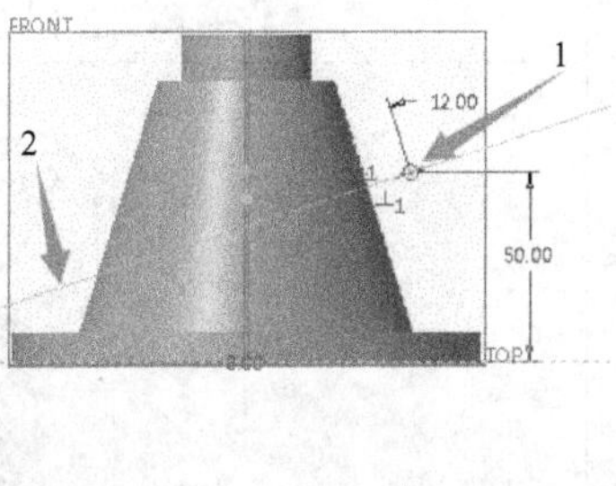	

步骤	操作说明	图 例	备 注
18	单击【基准】组中的【平面】按钮，按右图步骤完成基准平面的创建，此平面用于绘制斜面法兰的拉伸草绘	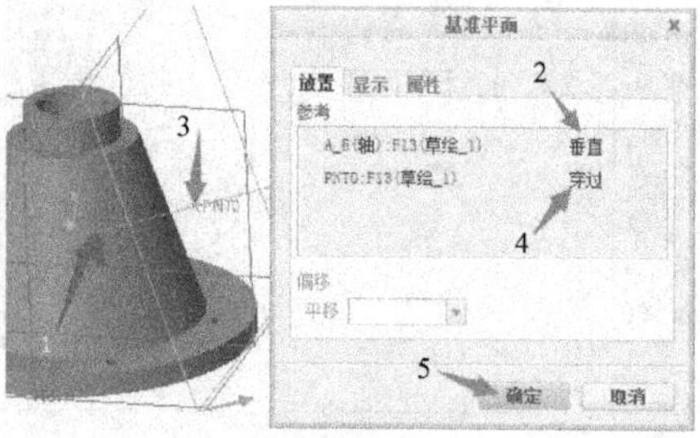	
19	单击【形状】组中的【拉伸】按钮，选择刚刚创建的基准平面 DTM1 为草绘面，单击【设置】组中的【参考】按钮，选择此前创建的基准点 PNT0 为参考，绘制如右图所示的草绘并标注尺寸	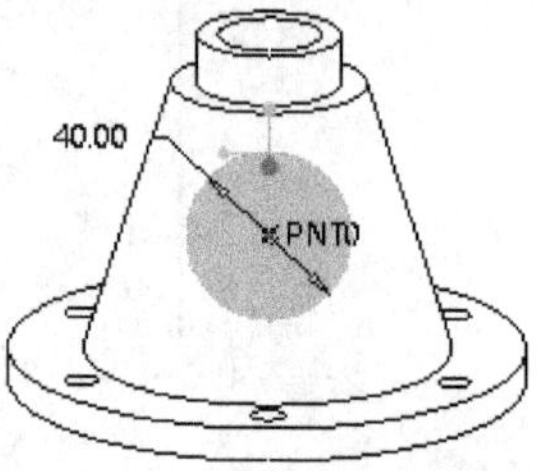	
20	按右图步骤完成拉伸特征的创建。注意：步骤 1 下拉后选择步骤 2 所指的"拉伸至选定的点、曲线、平面或曲面"，在步骤 3 中选择圆锥外表面为拉伸的结束面	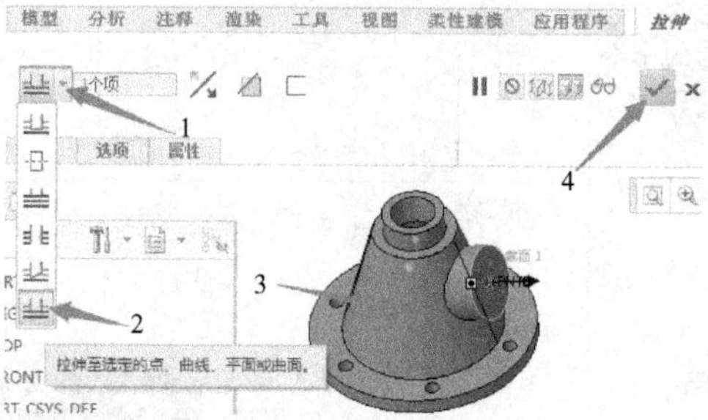	
21	单击【形状】组中的【拉伸】按钮，选择刚刚创建的斜圆柱体端面为草绘面，单击【设置】组中的【参考】按钮，选择此前创建的基准点 PNT0 为参考。单击【草绘】组中的【中心线】按钮，经过 PNT0 绘制一条水平、一条竖直的中心线。然后分别利用【投影】、【圆】、【线链】、【删除段】等命令绘制如右图所示的草绘，添加必要的约束后标注如右图所示尺寸	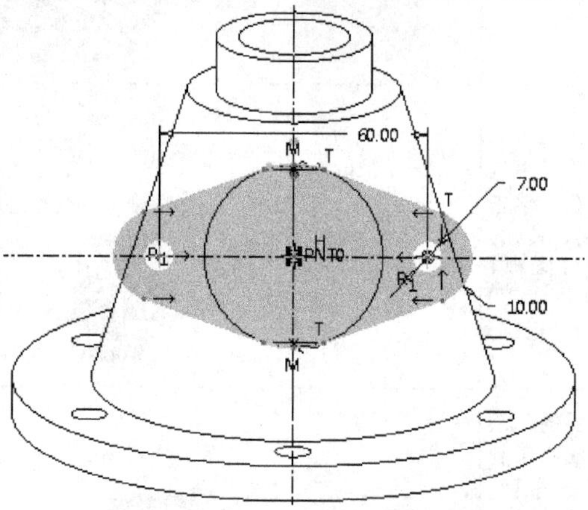	此草绘在绘制的过程中要注意系统会自动添加约束，也可手动添加自己想要的【对称】、【相切】等约束，最后再标注尺寸
22	退出草绘后按右图调整拉伸方向，并输入拉伸长度为 8	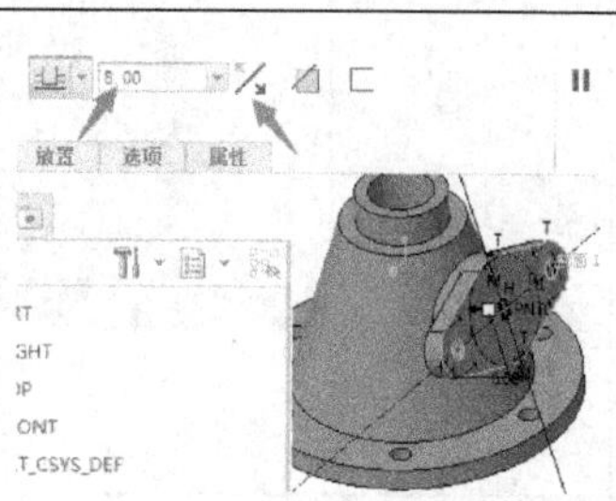	

50

步骤	操作说明	图　例	备　注
23	单击【形状】组中的【拉伸】按钮，选择刚刚创建的法兰端面为草绘面，单击【设置】组中的【参考】按钮，选择此前创建的基准点PNT0为参考。单击【草绘】组中的【圆】按钮，以PNT0为圆心绘制如图所示的圆，并双击尺寸数值，将直径修改为30	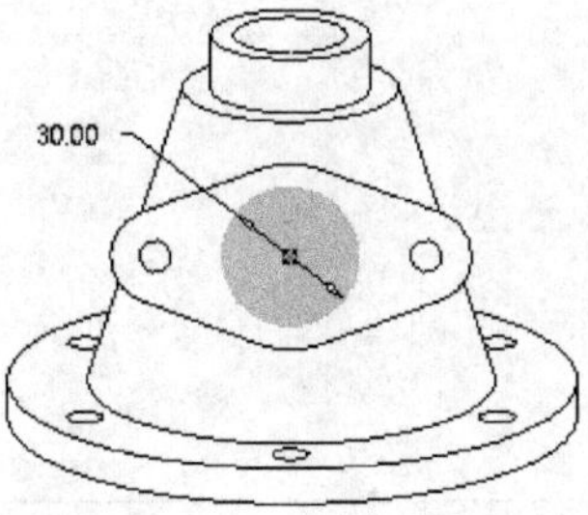	
24	按右图步骤完成【拉伸】移除材料的特征创建。第3步选择切除结束的内圆锥面，创建过程中注意按住鼠标中键移动鼠标来调整视图方位，以便于观察并选择拉伸结束的内圆锥面	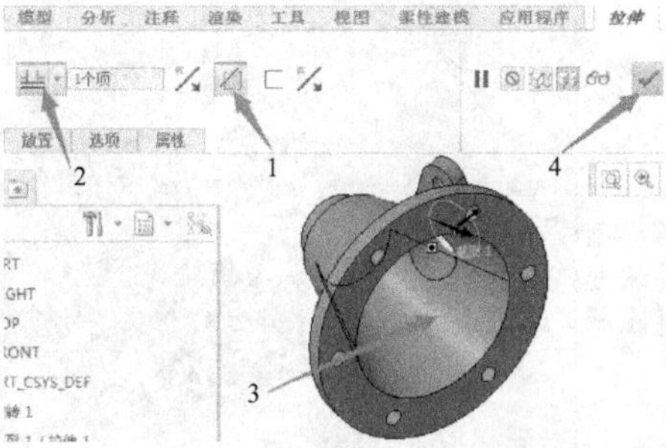	
25	单击【工程】组中的【倒圆角】按钮，选择内圆锥面上开口处的相贯线为倒圆角对象，圆角半径为2	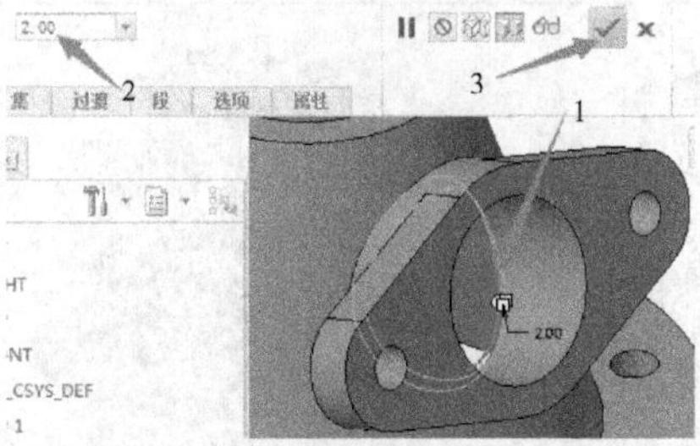	
26	至此，完成全部模型的创建工作，结果如右图所示。单击【快速访问工具栏】中的【保存】按钮（或按〈Ctrl+S〉），将三维模型保存至工作目录中	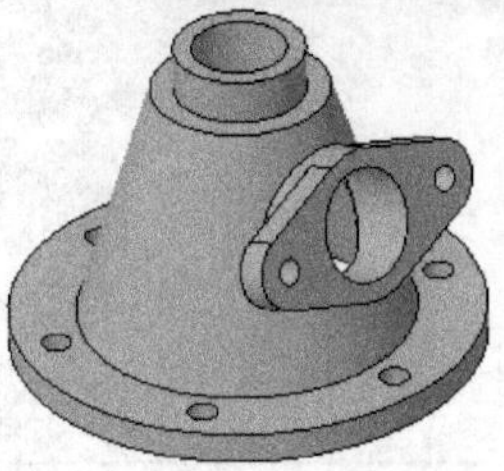	
27	上述过程是按 $x = 86$ 进行建模的，下面测量其体积。单击【分析】选项卡中的【测量】按钮，选择体积项，单击模型，测得该模型的体积为144646 mm^3	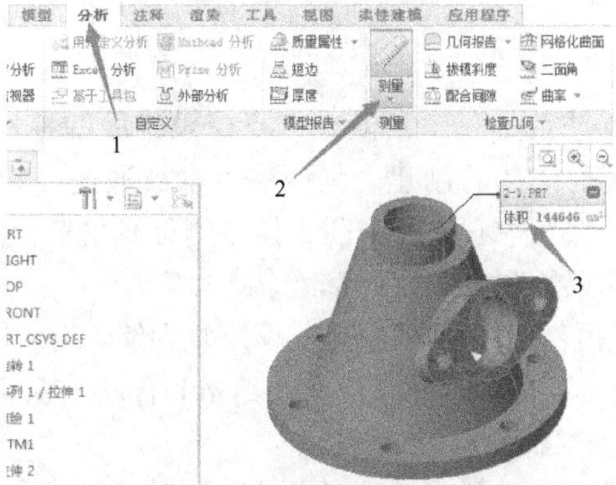	

步骤	操作说明	图 例	备 注
28	为了测量 $x=88$ 时模型的体积，首先要完成 $x=88$ 的模型变更。因 x 尺寸在【旋转】特征的草绘中，所以单击【模型树】中的"旋转1"特征前面的实心三角形，展开草绘特征，右击"截面1"，在弹出的菜单中选择【编辑】命令	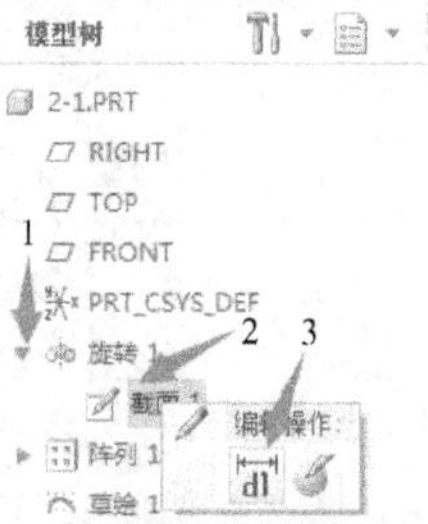	
29	此时绘图区模型上显示了草绘的全部尺寸。双击尺寸86，将其修改为88，按〈Enter〉键，模型即按新尺寸重新生成。若模型未发生变化，单击【快速访问工具栏】中的【重新生成】按钮即可	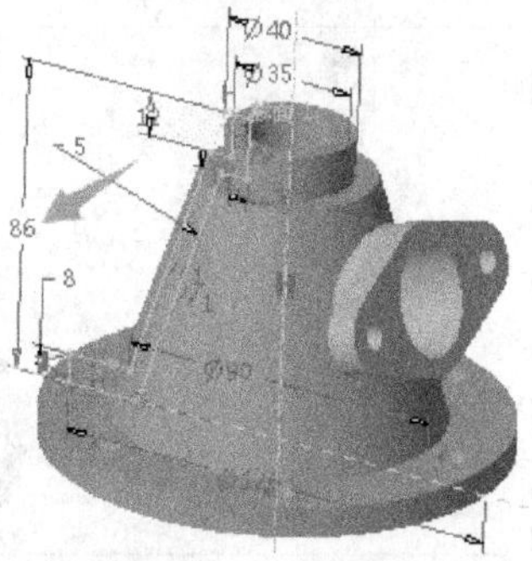	
30	为了确认刚才的尺寸修改是不是反映到了模型本身的变更，单击【分析】选项卡【测量】组中的【测量】按钮，按住〈Ctrl〉键的同时分别单击圆台的上端面和下端面，实测距离为88，表明修改成功		
31	最后测量 $x=88$ 时模型的体积。单击【分析】选项卡中的【测量】按钮，选择体积项，单击模型，测得该模型的体积为146456 mm³	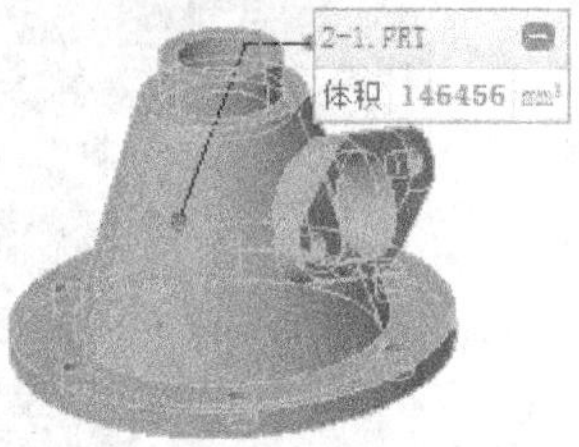	

四、任务评价

图2-1中的锥形法兰是一个稍微有一点建模难度的零件，对于初学者来说，最大的困难在于圆锥体右侧斜面法兰的创建。斜面法兰本身通过【拉伸】特征即可完成建模，但从工程图中可以看出，法兰中心线要与圆锥体右侧母线垂直，所以必须创建一个与法兰中心线垂直的基准平面，用以绘制法兰拉伸草绘。

图中锥形法兰是多个组合体的组合，可反复训练学习者对【模型】选项卡中的【基准】特征、【形状】特征、【工程】特征乃至【编辑】组中有关命令的运用，同时也训练了学习者在 Creo 中对鼠标的熟练使用。

最后要说明的是，本任务下达时要求分别回答尺寸 $x=86$ 和 $x=88$ 时模型的准确体积，上面的步骤已详细阐述了两种体积的测量方法。这种同一个尺寸给出多种不同大小的方式，实际上也是一种设计变更的过程。在企业真实的产品设计工作中，大多数情况下都没有现成的工程图，所以只能一边建模、一边修改尺寸或形状，所以学习者要关注 Creo 设计变更的处理方式，后续的学习内容也会不断训练这方面的技能。

任务二　轴承座的三维建模

下面的建模任务仍然是根据工程图进行三维建模，主要考验学习者的工程图读图能力及建模能力，零件本身并不复杂，建模使用的命令也无太多技巧，所以前提是能读懂图样。

一、任务下达

本任务通过二维工程图的方式下达（未给出图框及标题栏），要求按如图 2-3 中的尺寸完成轴承座的三维建模。建模完成后将模型着色为红色，同时以轴测图视图输出为 .jpg 的图片文件。

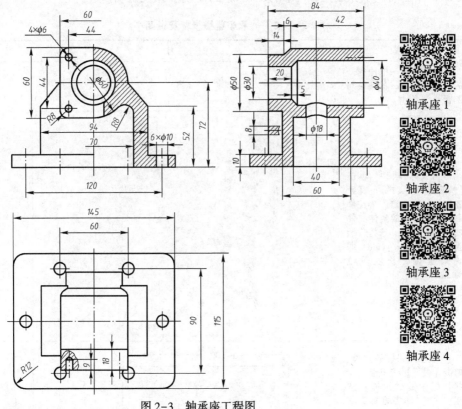

图 2-3　轴承座工程图

二、任务分析

先对上图进行粗略读图，对该零件做形体分析，想象其大体形状、结构，再细致地逐步读懂各个部分的结构形状及尺寸。图中轴承座是一个左右对称的零件，底板长 145、宽 115，装配轴的圆柱孔 φ30 与 φ40 同轴，轴心高度为 72。圆柱孔下方是空心结构，以节约材料。

空心结构的后部是一个壁厚为8的加强筋。对该零件进行三维建模时，可先完成底板的实体建模（通过 Creo 的拉伸特征）并倒圆角 R12，然后用旋转特征完成上部的圆柱孔的建模，接下来进行底板与圆柱孔之间的空心连接部分实体建模（先左右壁、后前后壁），最后完成圆柱孔前端方形凸缘、4×φ6、R8、6×φ10 及 φ18 等细部结构的建模。

完成该模型的创建需用到 Creo 的【草绘】、【拉伸】、【旋转】、【倒圆角】、【拉伸】（移除材料）、【孔】、【筋】等特征命令。主要建模流程如图 2-4 所示。

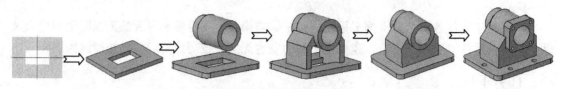

图 2-4　轴承座建模流程

三、任务实施

表 2-2 详细描述了完成图 2-3 所示轴承座的建模步骤及说明。

表 2-2　轴承座建模步骤及说明

步骤	操作说明	图　　例	备　　注
1	按学习情境一中任务一的讲解完成 Creo 的安装与配置	（略）	
2	打开 Creo 软件，单击【快速访问工具栏】-【新建】按钮，新建一个文件名为 "2-3" 的实体文件（按右图步骤），选择公制模板 mmns_part_solid，即确保建模时长度单位为 mm		
3	首先进行底板的建模。单击【模型】选项卡【形状】组中的【拉伸】按钮。选择 Top 基准面为草绘平面，随即打开【拉伸】和【草绘】选项卡，系统自动进入 Creo 的草绘环境，分别用【草绘】组中的【中心线】、【矩形】按钮绘制如图所示草绘，并标注尺寸		注意思考： 1. 为什么选择 Top 基准面为草绘平面？ 2. 为什么先画与 x 轴和 y 轴重合的中心线？

54

步骤	操 作 说 明	图 例	备 注
4	单击【草绘】选项卡中的【确定】按钮，退出草绘。按右图步骤完成【拉伸】特征建模		
5	单击【模型】选项卡【工程】组中的【倒圆角】按钮，在右图 1 处输入圆角半径 12 并按〈Enter〉键，然后依次完成 2 处所指的四条竖线作为倒圆角对象，最后单击 3 处的按钮 ✓，完成【倒圆角】特征建模		
6	接下来完成上部 φ30 与 φ40 圆柱孔的建模。单击【模型】选项卡【形状】组中的【旋转】按钮，选择 Right 基准平面为草绘面，进入草绘环境。此时默认的草绘参考不是我们想要的方位，按右图重新设置参考方向		为了建模方便，草绘方向尽量与工程图的视图方向一致。这里要旋转的草绘处于左视图中，所以要将草绘视图调整到与左视图完全一致的方位
7	进入草绘环境后，按右图分别利用【中心线】、【线链】按钮绘制草绘。注意绘图过程中系统会根据当前鼠标所在位置自动给出约束，如果从左视图中看不出来的约束千万不要使用 Creo 的自动约束，否则后续会额外增加手动约束的工作量		Creo 自动标注的尺寸称为弱尺寸，人为标注的尺寸称为强尺寸，修改过的尺寸也是强尺寸。在白底黑字背景上，蓝色尺寸为弱尺寸，黑色尺寸为强尺寸
8	根据左视图中的尺寸数值，用【尺寸】组【法向】按钮标注相应的尺寸（暂不管大小），如右图所示，其中箭头 1、2 所指尺寸分别对应的是主视图中的 φ60 和 72，待全部尺寸标注完成后再统一修改尺寸值的大小		1. 注意直径标注方法的使用。 2. 在弱尺寸上右击，在弹出的菜单中选择【强】命令，可将弱尺寸强化。在标注强尺寸时，多余的弱尺寸会自动消失

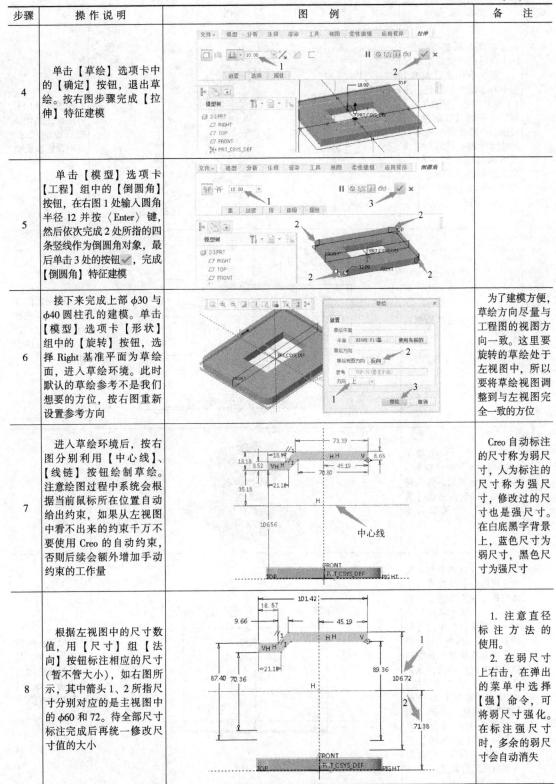

步骤	操 作 说 明	图 例	备 注
9	按右图步骤进行操作：第1步用鼠标框选全部尺寸；第2步单击【编辑】组中的【修改】按钮；第3步取消勾选【修改尺寸】对话框中的【重新生成】复选框；第4步——修改尺寸值（和左视图及主视图中的对应尺寸一致）；第5步单击【确定】，系统自动按修改后的尺寸值更新草绘图形	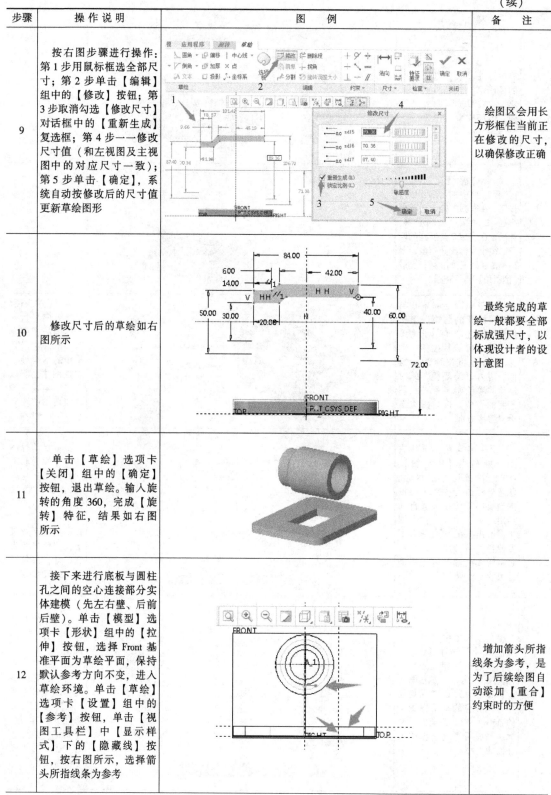	绘图区会用长方形框住当前正在修改的尺寸，以确保修改正确
10	修改尺寸后的草绘如右图所示		最终完成的草绘一般都要全部标成强尺寸，以体现设计者的设计意图
11	单击【草绘】选项卡【关闭】组中的【确定】按钮，退出草绘。输入旋转的角度360，完成【旋转】特征，结果如右图所示		
12	接下来进行底板与圆柱孔之间的空心连接部分实体建模（先左右壁、后前后壁）。单击【模型】选项卡【形状】组中的【拉伸】按钮，选择 Front 基准平面为草绘平面，保持默认参考方向不变，进入草绘环境。单击【草绘】选项卡【设置】组中的【参考】按钮，单击【视图工具栏】中【显示样式】下的【隐藏线】按钮，按右图所示，选择箭头所指线条为参考		增加箭头所指线条为参考，是为了后续绘图自动添加【重合】约束时的方便

56

(续)

步骤	操作说明	图 例	备 注
13	根据主视图中的形状，按右图箭头顺序依次绘制好草绘（暂不考虑尺寸大小）。其中1用【草绘】组中的【投影】按钮完成，2~5用【线链】按钮完成，6用【3点/相切端】圆弧命令完成	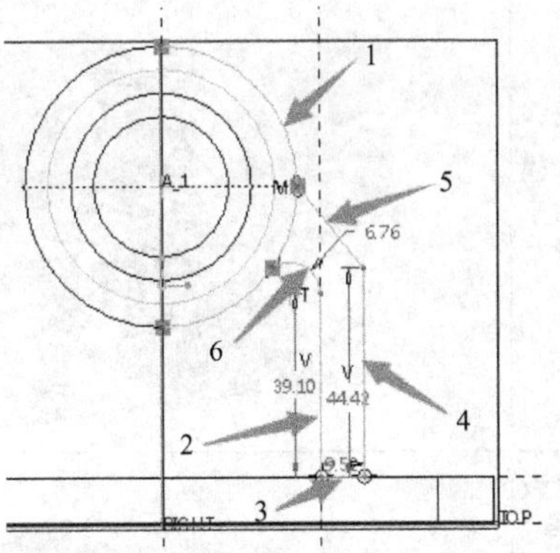	注意：箭头5所指的直线要从右下角开始画，终点在箭头1所指的圆弧中点处；箭头6所指的圆弧起点也在右下角，以便Creo自动添加【相切】约束
14	单击【约束】组中的【相切】按钮，分别单击上图箭头6与箭头1所指对象，约束其相切；单击【编辑】组中的【删除段】按钮，删除箭头1所指圆弧两端多余的部分。按主视图的尺寸样式，标注并修改好尺寸，结果如右图所示	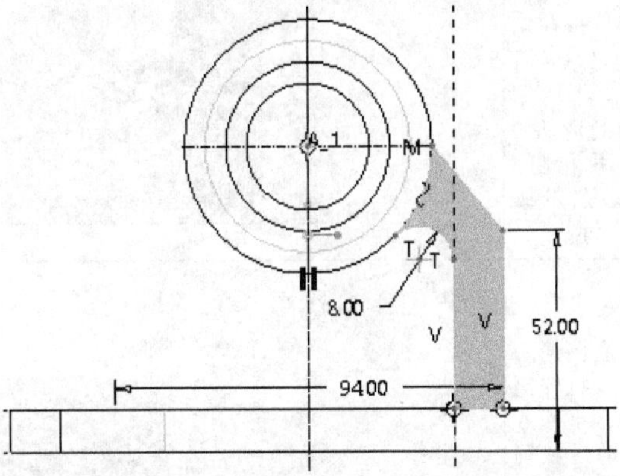	为了标注直径94，要事先经过圆柱孔中心画一条竖直中心线
15	退出草绘，设置【带边着色】模型。按右图顺序完成【拉伸】特征的建模	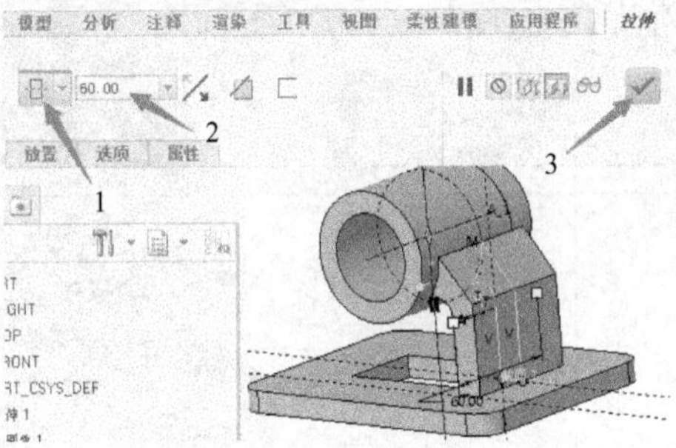	
16	在【模型树】或绘图区中单击刚刚创建的【拉伸】特征，单击【编辑】组中的【镜像】按钮，根据【状态栏】中的提示，选择Right基准平面为镜像平面，完成左侧对称部分的建模，结果如右图所示	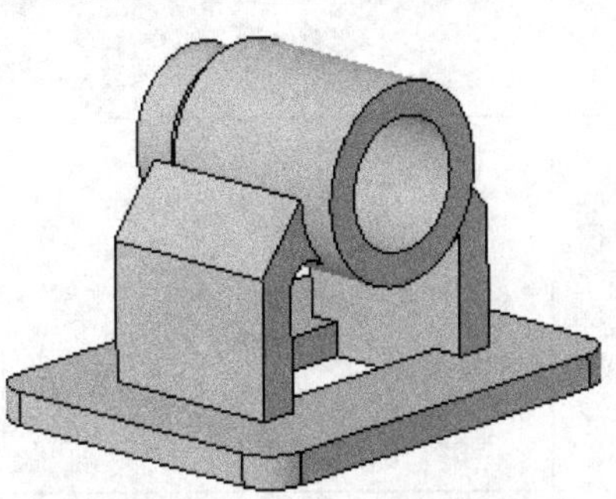	经常关注【状态栏】中的提示是一个很好的习惯，Creo会最大程度地提示下一个操作步骤

步骤	操作说明	图　例	备　注
17	按住鼠标中键旋转模型至右图方位，单击【模型】选项卡【形状】组中的【拉伸】按钮，选择箭头所指平面为草绘平面	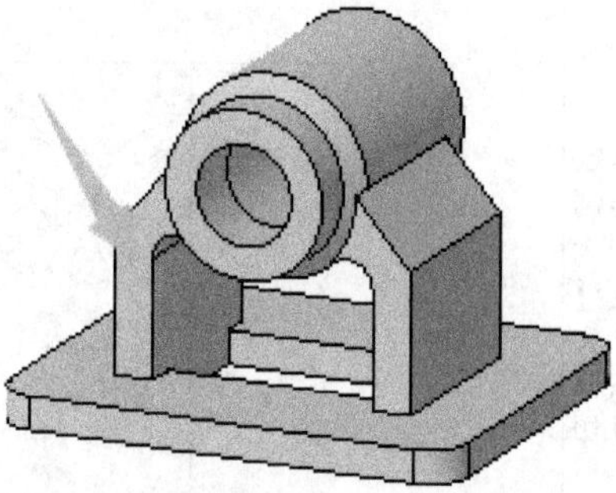	
18	进入草绘环境后，单击【设置】组中的【参考】按钮，添加右图箭头1所指斜面为新的参考，除箭头2所指直线外，全部用【草绘】组中的【投影】按钮完成草绘，然后用【线链】按钮绘制箭头2所指直线。最后用【删除段】按钮删除多余的圆弧，结果如右图所示	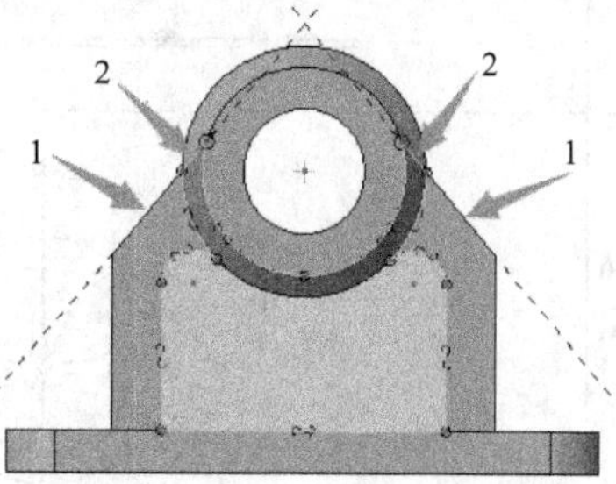 2　　　　2 1　　　　　　1	注意：直线2要与斜面1重合。该草绘图形不需要标注尺寸
19	退出草绘，在右图箭头1所指位置选择【拉伸至指定的点、曲线、平面或曲面】，系统自动激活箭头2所指【收集器】，在绘图区中用鼠标单击箭头3所指平面，完成【拉伸】特征的建模	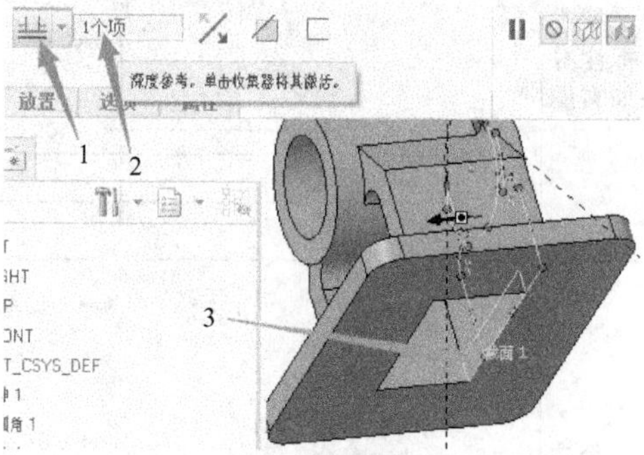 1个项 深度参考，单击收集器将其激活 1　2 3	
20	【拉伸】结果如右图所示	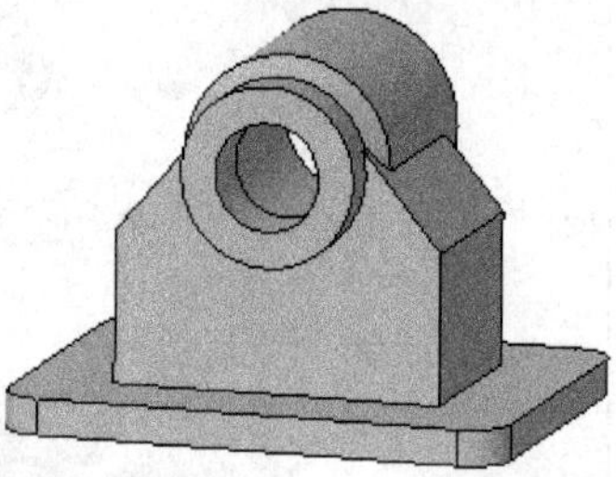	
21	同理，用【拉伸】特征完成前端直立壁的建模。草绘平面选择右图箭头所指平面。草绘时仅需用【投影】按钮即可完成全部草绘图形	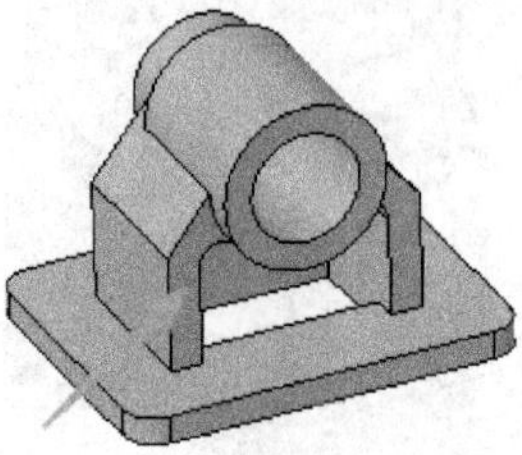 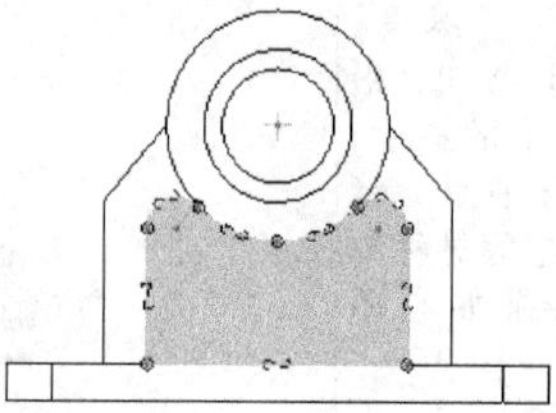	

步骤	操作说明	图　例	备　注
22	退出草绘，按右图步骤完成【拉伸】特征建模	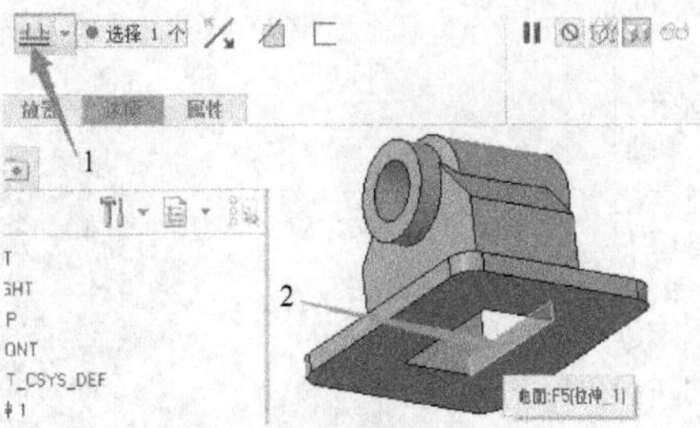	
23	【拉伸】结果如右图所示	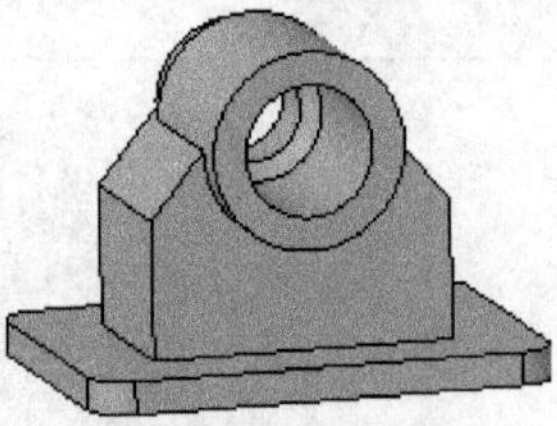	
24	接下来用【拉伸】特征完成圆柱孔前端方形凸缘的建模。选择右图箭头所指平面为草绘平面，在草绘环境中任意画一个【矩形】，并约束其四条边均与外圆柱面【相切】。再用【投影】按钮将圆柱孔内表面投影出来，得到如右图所示草绘	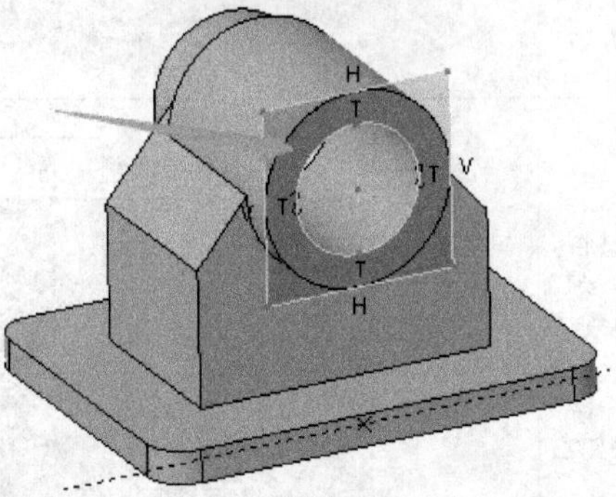	
25	退出草绘，拉伸深度为18，结果如图所示	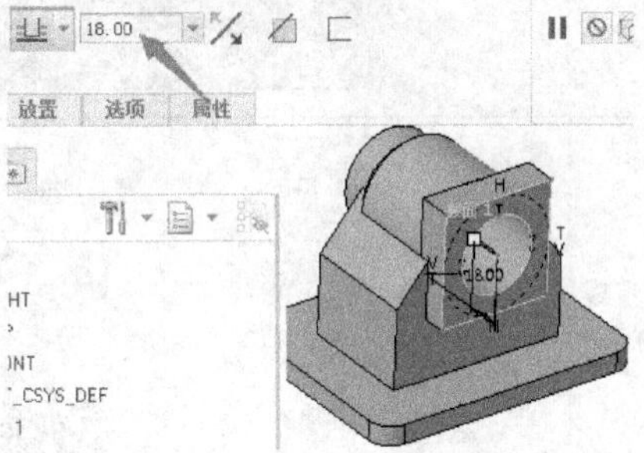	
26	接下来在方形凸缘前端加工4个深度为9的盲孔，先加工左上角的盲孔。单击【模型】选项卡【工程】组中的【孔】按钮，选择凸缘前端面为孔的放置面，按右图顺序完成【孔】参数的设置	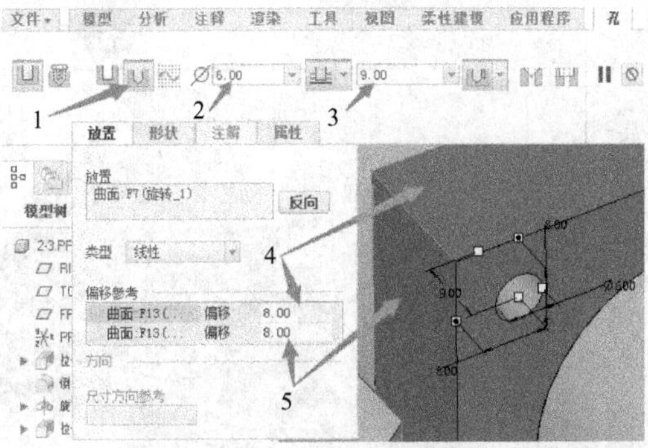	注意【偏移参考】的【收集器】中要添加多个参考的话，要先按住〈Ctrl〉键再用鼠标左键选取

步骤	操 作 说 明	图 例	备 注
27	选中刚才创建的盲孔，单击【模型】选项卡【编辑】组中的【阵列】按钮，在【设置阵列类型】下选择【轴】，在绘图区中选择圆柱孔的轴线，按右图参数完成圆周阵列	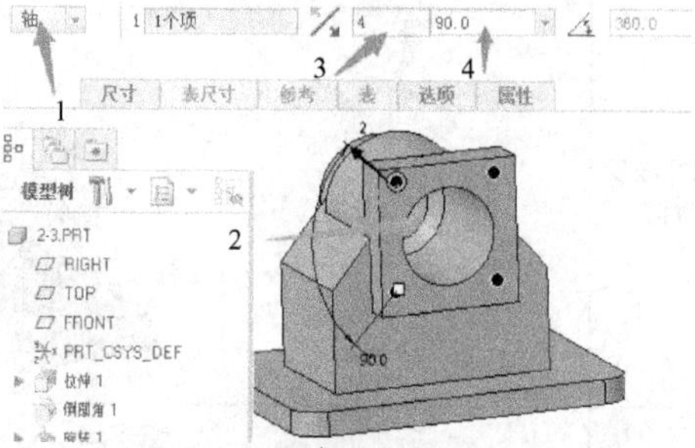	如果绘图区中未显示圆柱孔的轴线，则勾选【视图工具栏】中【基准显示过滤器】下的【轴显示】复选框即可
28	对方形凸缘四条短边倒圆角 R8，结果如右图所示	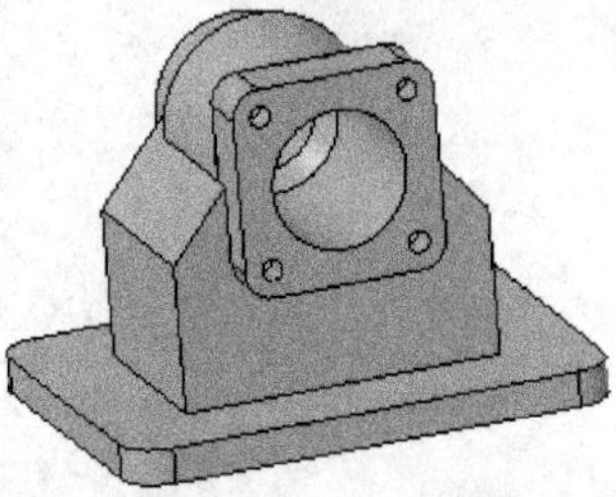	
29	用【拉伸】（移除材料）命令完成底板上 6 个 φ10 通孔的建模。草绘用到了【中心线】、【圆】、【镜像】、【法向】尺寸、【相等】约束命令，结果如右图所示	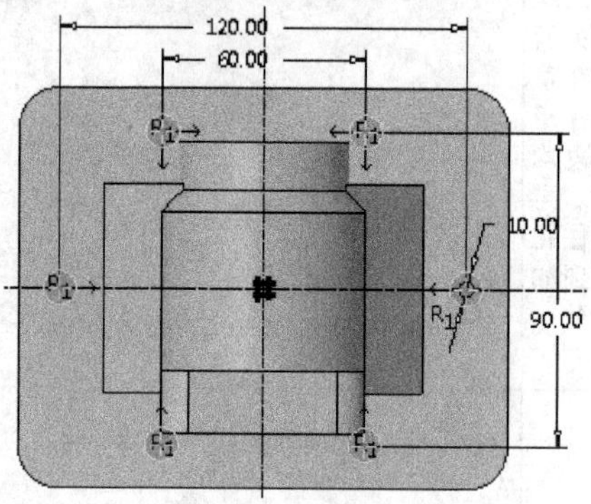	
30	退出草绘后按右图步骤设置【拉伸】（移除材料）特征	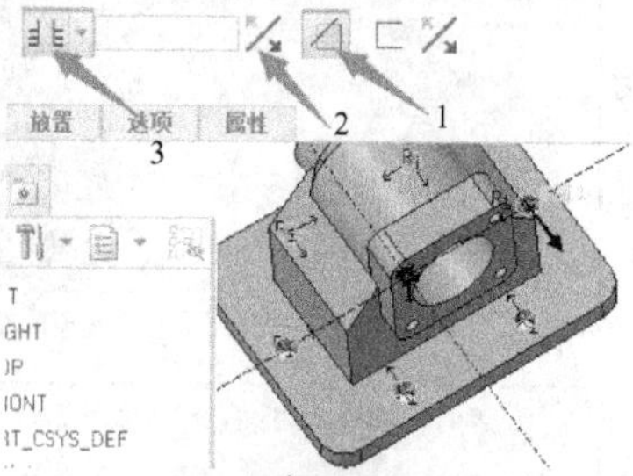	
31	接下来用【拉伸】（移除材料）命令完成 φ18 漏油孔的建模。草绘平面选择底板下底面或底板上表面，在坐标系原点绘制 φ18 的圆，【拉伸】移除材料至圆柱孔内表面，结果如右图所示	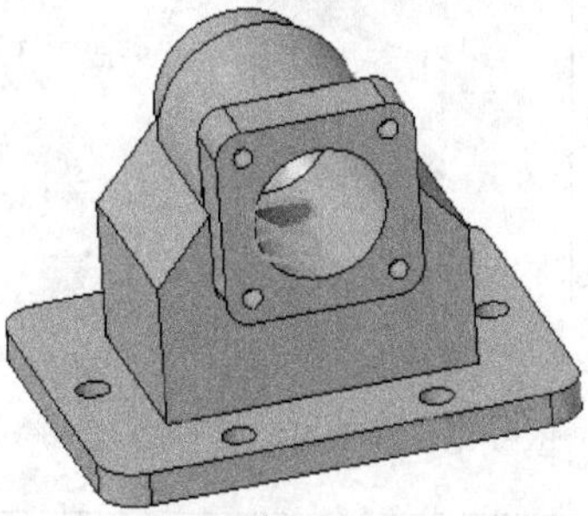	

步骤	操作说明	图　例	备　注
32	上述 φ18 漏油孔的建模情况，可通过 Creo 的【截面】功能，剖开模型查看内部结构。单击【视图工具栏】中的【视图管理器】按钮，在【截面】选项卡中单击【新建】-【平面】，选择 Right 基准平面剖切模型，结果如右图所示	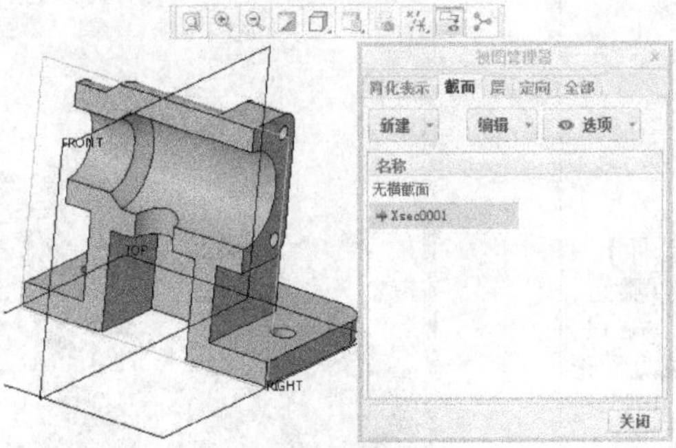	单击【编辑】-【编辑剖面线】按钮可修改剖面线是否显示、颜色及疏密。双击【无横截面】可返回模型正常显示状态
33	最后完成背后加强筋的建模。单击【工程】组中的【轮廓筋】按钮，选择 Right 基准平面为草绘平面，绘制如图所示草绘（仅是一条直线，且无需标注尺寸）	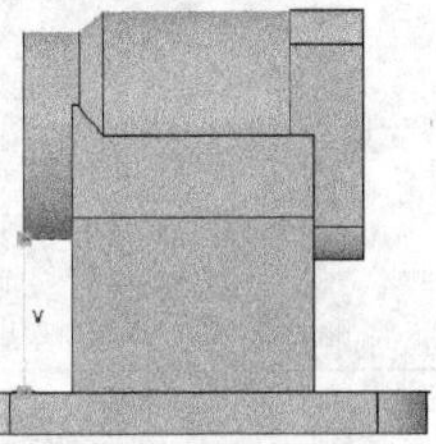	
34	退出草绘，输入加强筋的厚度8，完成【轮廓筋】的建模，结果如右图所示		
35	上述步骤完成了轴承座的三维建模。接下来将模型着色为红色。单击【视图】选项卡【模型显示】组中的【外观库】按钮，选择右图箭头所指红色外观，此时鼠标光标显示为毛笔状	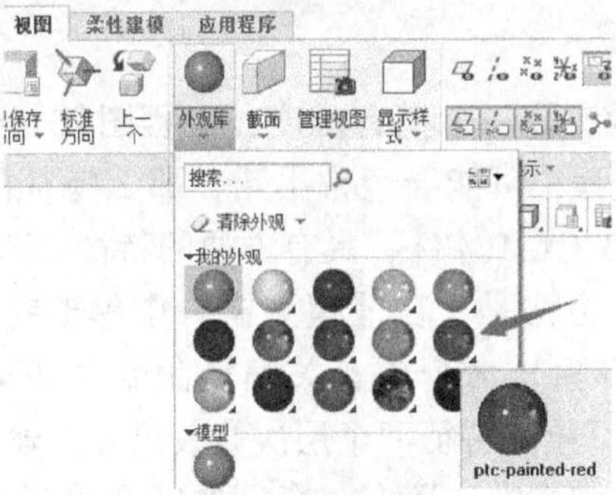	Creo 的三维模型可修改为任意颜色，亦可将自己的照片以贴图的方式覆盖在模型外表面上，这将在后续任务中学习
36	单击 Creo 界面右下角【选择过滤器】中的【零件】后，单击绘图区中的三维模型，按鼠标中键结束，此时三维模型被着色为红色	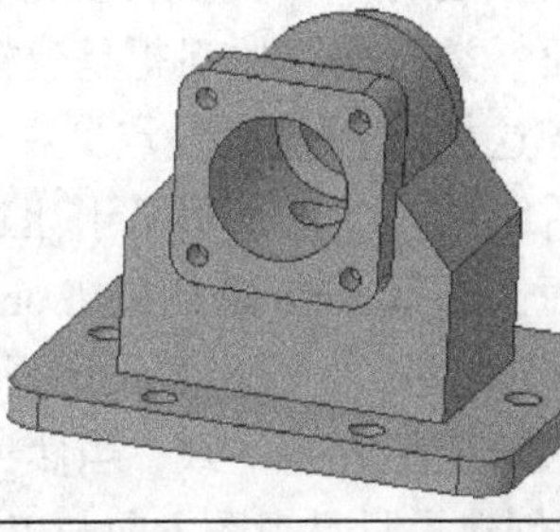	

步骤	操作说明	图 例	备 注
37	选择菜单【文件】-【另存为】按钮，【类型】选择【JPEG（＊.jpg）】，则可将绘图区的可见图形输出为.jpg 的图片文件，如右图所示	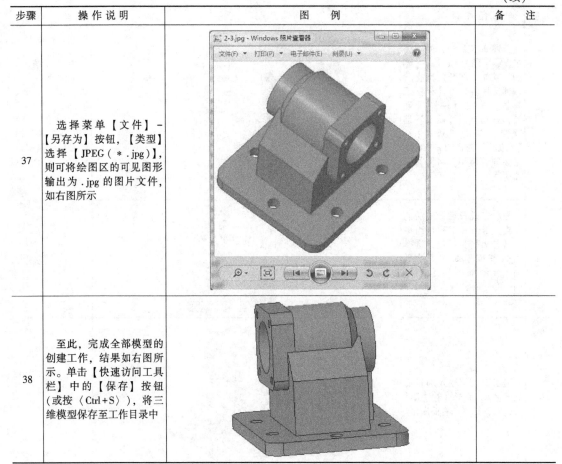	
38	至此，完成全部模型的创建工作，结果如右图所示。单击【快速访问工具栏】中的【保存】按钮（或按〈Ctrl＋S〉），将三维模型保存至工作目录中		

四、任务评价

　　图 2-3 所示的轴承座是一个稍有难度、工程图较复杂的零件，读图能力是建模准确与否的关键因素。建模过程中可能会经常出错，那么特征的修改就显得非常重要了。Creo 是一款参数化的三维 CAD/CAM 软件，具有方便的特征修改功能，几乎所有特征的修改都可以在【模型树】中完成，方法是：在【模型树】中单击要修改的特征，右击该特征，在弹出的快捷菜单中选择【删除】命令或有关编辑命令 🖋️ 🗄️ 🖉（编辑尺寸、编辑定义、编辑参考）。Creo 允许用户在草绘和特征两个层次修改尺寸、建模方向等要素。

　　对于上述零件的三维建模，还有一个问题需要思考：为什么第一个特征（底板）的建模选择 Top 基准面为草绘平面？类似这样的问题是建模人员应该在分析完图样后、进行建模前首先要考虑的问题。本任务这样选择的出发点，在于使 Creo 默认的视图方向能与给定的工程图视图方向一致，这样后续建模的时候不至于让建模人员多次在大脑中切换视图及换算尺寸。选择了正确的草绘平面，那么 Creo 默认的 Front 视图即为图样给定的主视图，Top 视图即为俯视图，Left 视图即为左视图。三维模型设计好了，后续如果要出工程图，对应的三视图也和 Creo 零件建模环境默认的视图方向一致。当然，第一个特征建模时选了其他的草绘平面，也完全可以正确完成模型创建，只是视图方向与工程图不一致会带来看图不方便等问题。

任务三　斜面连接座的关系式建模

前面的建模任务一般都是给出零件工程图的全部尺寸，要求学习者完成三维模型的构建，完成的仅仅是把二维工程图转换成三维模型的工作（属于逆向设计的范畴），还未涉及零件的三维设计，而三维设计恰恰是 Creo 这类三维 CAD 软件的优势所在，所以接下来的学习任务中，建模所用图样会缺一部分尺寸或要求尺寸间满足某种特殊的数学关系。

一、任务下达

本任务通过二维工程图的方式下达（未给出图框及标题栏），与以前建模任务不同的是，该零件随时要根据客户的需要变更部分尺寸。现在要求按下表的尺寸并结合图 2-5 中的其他尺寸完成斜面连接座的三维建模，同时回答模型体积大小，最后按 50% 透明度着色（蓝色）显示三维模型，并另存为 jpg 格式的图片文件供客户查看建模效果。

$X=\phi116$	$Y=\phi60$	$Z=X+Y$	模型体积=_____ mm^3
$U=\phi40$	$V=250$	$W=2\times U$	

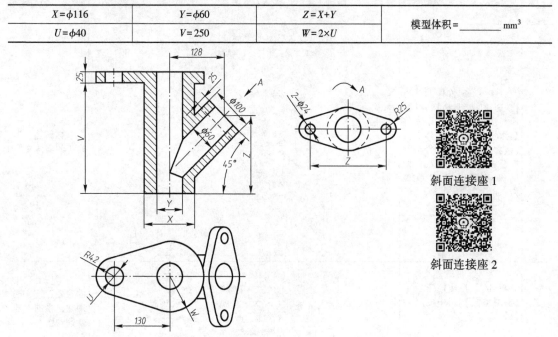

图 2-5　斜面连接座工程图

二、任务分析

图中是一个部分尺寸用参数代替的工程图，零件本身的建模难度不大（斜面部分稍有难度）。该零件总体是一个竖立圆柱体和一个斜圆柱体相贯，各自上端均有用于零件连接的法兰，其中斜面法兰的建模与本学习情境的"任务一　锥形法兰的三维建模"中斜面法兰类似。与以往建模不同的是，本任务给定的工程图中部分尺寸是用字母代替，且部分尺寸间有关联关系（以关系式给定），所以要重点掌握如何在 Creo 中运用参数和关系式进行建模。

完成该模型的创建需用到 Creo 的【草绘】、【拉伸】、【草绘点】、【草绘中心线】、【基准平面】、【拉伸】（移除材料）等特征命令。斜面连接座主要建模流程如图 2-6 所示。

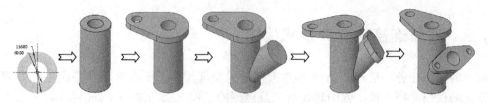

图 2-6　斜面连接座建模流程

三、任务实施

表 2-3 详细讲解了完成图 2-5 所示斜面连接座的建模步骤。

表 2-3　斜面连接座建模步骤及说明

步骤	操作说明	图　例	备　注
1	按学习情境一中任务一的讲解完成 Creo 的安装与配置	（略）	进行三维建模前完成软件安装与配置
2	打开 Creo 软件，单击【快速访问工具栏】-【新建】按钮，新建一个文件名为"2-5"的实体文件（按右图步骤），选择公制模板 mmns_part_solid，即确保建模时长度单位为 mm		学会新建公制模板的实体文件
3	单击【工具】选项卡【模型意图】组中的【参数】按钮		为了按上表中的参数建模，必须在建模前完成参数的输入
4	在弹出的【参数】对话框中按右图步骤分别输入参数【名称】和参数【值】。注意直径值无需输入 φ 字母		参数值为灰色的是由关系驱动的，在此对话框中无法修改（可在下图【关系】对话框中修改）

步骤	操 作 说 明	图 例	备 注
5	单击【工具】选项卡【模型意图】组中的【d=关系】按钮，在弹出的【关系】对话框中输入 Z=X+Y 和 W=2∗U 两个关系式，之后 Z 和 W 的尺寸大小只能由关系式来驱动	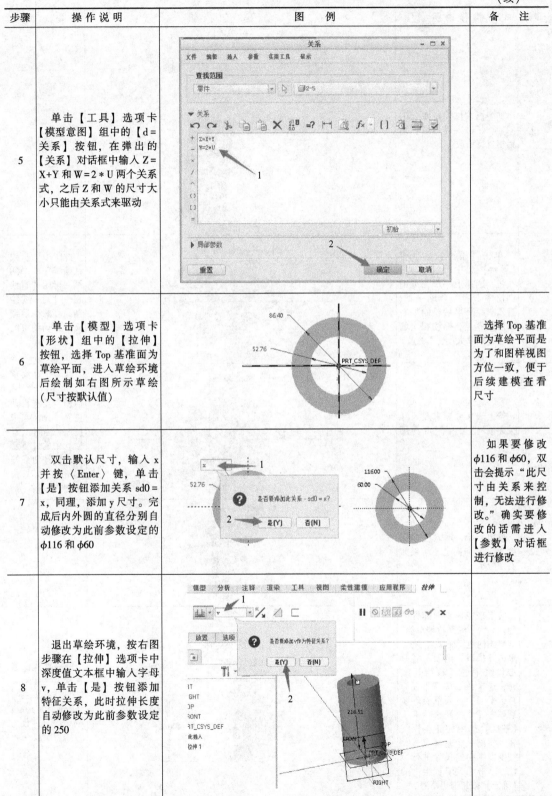	
6	单击【模型】选项卡【形状】组中的【拉伸】按钮，选择 Top 基准面为草绘平面，进入草绘环境后绘制如右图所示草绘（尺寸按默认值）		选择 Top 基准面为草绘平面是为了和图样视图方位一致，便于后续建模查看尺寸
7	双击默认尺寸，输入 x 并按〈Enter〉键，单击【是】按钮添加关系 sd0＝x，同理，添加 y 尺寸。完成后内外圆的直径分别自动修改为此前参数设定的 φ116 和 φ60		如果要修改 φ116 和 φ60，双击会提示"此尺寸由关系来控制，无法进行修改。"确实要修改的话需进入【参数】对话框进行修改
8	退出草绘环境，按右图步骤在【拉伸】选项卡中深度值文本框中输入字母 v，单击【是】按钮添加特征关系，此时拉伸长度自动修改为此前参数设定的 250		

65

步骤	操 作 说 明	图 例	备 注
9	如要修改拉伸高度250，只能重新进入【参数】对话框进行修改	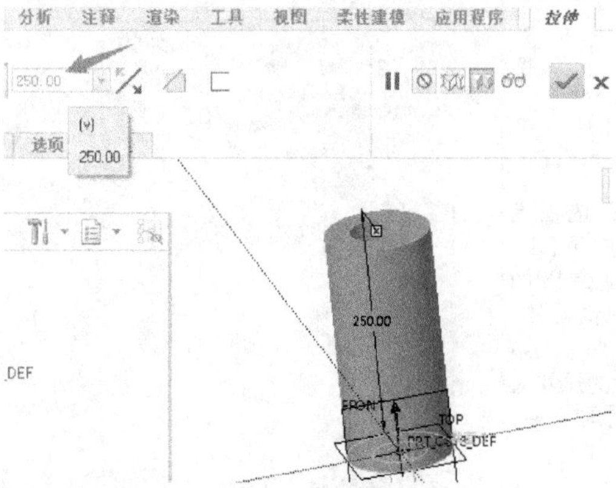	
10	单击【模型】选项卡【形状】组中的【拉伸】按钮，选择上一步完成的圆柱体顶面为草绘平面，进入草绘环境后绘制如右图所示草绘，标注相应的尺寸（尺寸大小暂不修改）	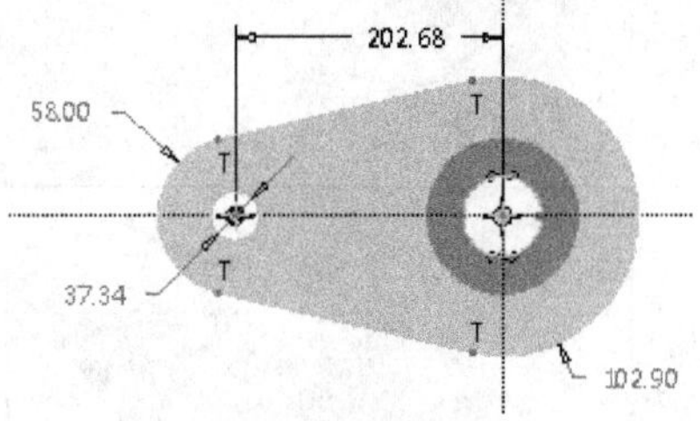	此图中的直线在绘制完两端的圆后再用【直线相切】按钮绘制，可减少后续添加相切约束的步骤
11	按上表尺寸要求及尺寸关系标注尺寸，如右图所示	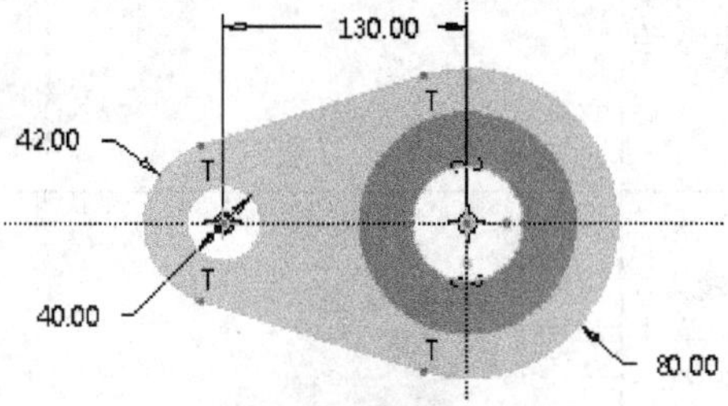	注意：如果更改了参数大小，但模型没有自动更新，则单击【快速访问工具栏】中的【重新生成】按钮或按〈Ctrl + G〉快捷键
12	退出草绘，输入拉伸深度25，方向向上，结果如右图所示	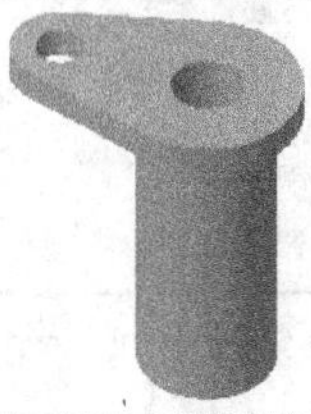	
13	接下来完成斜面部分的建模。为了绘制拉伸草绘，需要先构建斜面草绘平面。单击【模型】选项卡【基准】组中的【草绘】按钮，选择Front基准平面为草绘平面，进入草绘环境后单击【草绘】选项卡下【基准】组中的【点】按钮，绘制一个基准点，并按主视图中的尺寸进行标注，单击【关闭】组中的【确定】按钮退出草绘	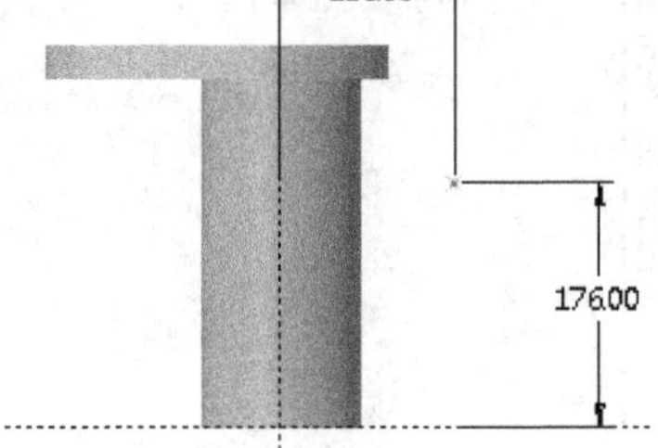	Creo默认命名基准点为PNT0、PNT1、PNT2……，基准轴为A_1、A_2……，基准平面为DTM1、DTM2……

66

步骤	操 作 说 明	图 例	备 注
14	按上述相同的方法继续在 Front 基准平面上绘制草绘，草绘前通过【设置】组中的【参考】按钮添加刚刚创建的基准点为参考。单击【基准】组中的【中心线】按钮，绘制一条中心线，并标注经换算后的角度尺寸 45°（该尺寸并不是主视图上看到的 45°），退出草绘	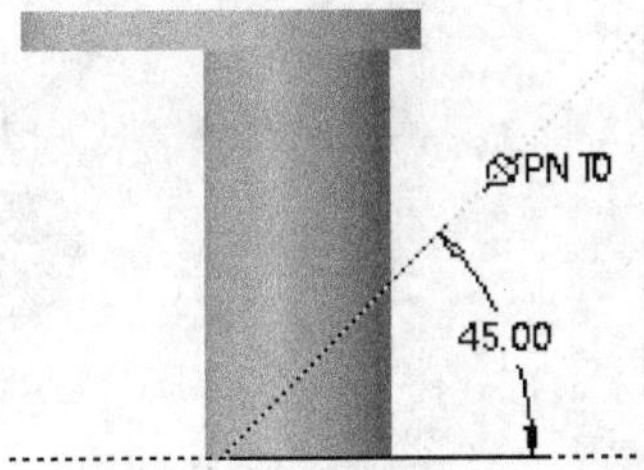	
15	单击【模型】选项卡【基准】组中的【平面】按钮，按住〈Ctrl〉键的同时用鼠标单击刚刚创建的基准点和基准中心线，并按右图分别设置基准中心线为【垂直】、基准点为【穿过】，并单击基准面上的箭头使其反向，单击【确定】按钮完成基准平面的创建	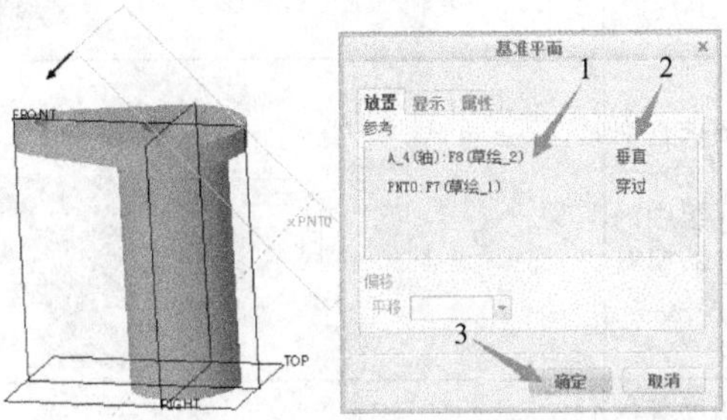	基准平面的构建利用了中学时期学过的《立体几何》知识。本例经过一点并垂直于一条直线，可以唯一确定一个平面。不同的是：Creo 中基准平面是有方向性的
16	单击【模型】选项卡【形状】组中的【拉伸】按钮，选择刚刚创建的 DTM1 基准平面为草绘平面，添加此前创建的基准点 PNTO 为参考，以该参考为圆心，绘制一个 $\phi100$ 的圆，退出草绘，拉伸方式改为【拉伸至与选定的曲面相交】，并选择外圆柱面，结果如右图所示	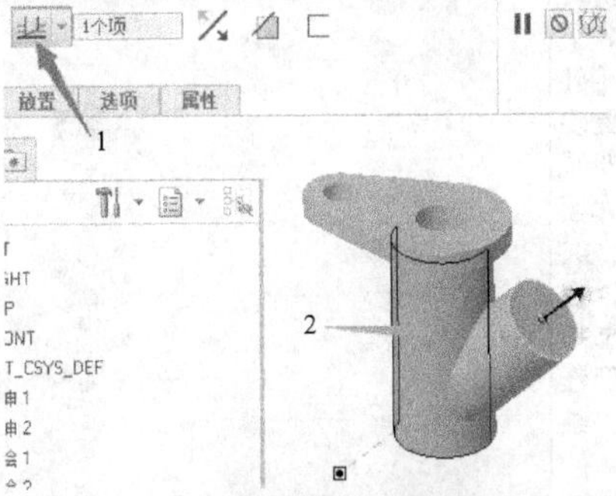	
17	继续单击【模型】选项卡【形状】组中的【拉伸】按钮，选择刚刚创建的斜圆柱体上端面为草绘平面，添加 PNTO 和外圆柱面为参考，单击【草绘】组中的【中心线】按钮，经过 PNTO 绘制一条水平中心线和一条竖直中心线，绘制如右图所示草绘，并添加约束、标注尺寸	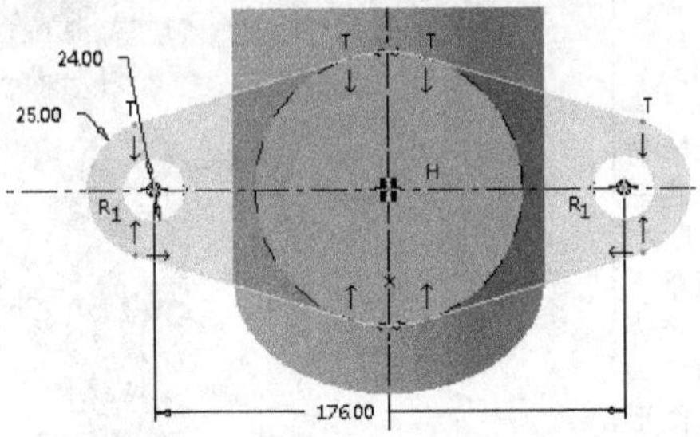	
18	退出草绘，修改拉伸深度为 25，改变拉伸方向向下拉伸，结果如右图所示	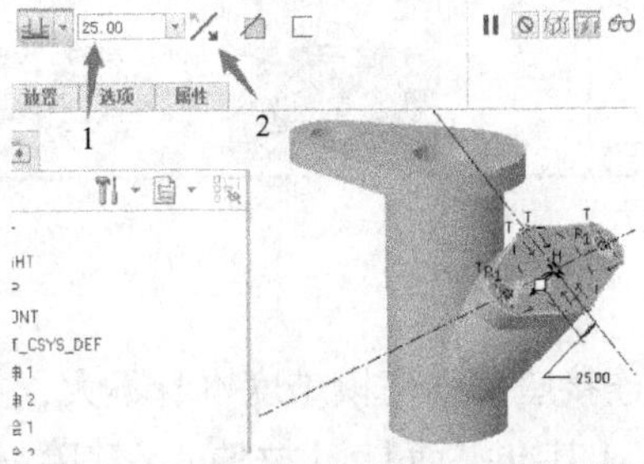	

步骤	操作说明	图 例	备 注
19	继续单击【模型】选项卡【形状】组中的【拉伸】按钮，选择刚刚创建的拉伸体上端面为草绘平面，添加 PNT0 为参考，绘制一个 φ60 的圆，退出草绘，按右图步骤完成去除材料拉伸建模		
20	接下来按任务要求查询模型体积：单击【分析】选项卡下【测量】组中的【体积】按钮，结果如右图所示		
21	最后按 50% 透明度着色（蓝色）显示三维模型，单击【视图】选项卡下【模型显示】组中的【外观库】按钮，选择【更多外观】，在弹出的【外观编辑器】中修改颜色为蓝色（RGB 分别为 0、0、255，透明度输入 50，在【选择过滤器】中选择【零件】，单击零件模型任何位置，按中键结束，结果如右图所示		
22	单击【快速访问工具栏】中的【保存】按钮（或按〈Ctrl+S〉），将三维模型保存至工作目录中。最后选择【文件】菜单下的【另存为】命令，选择文件格式为 jpg，即可将当前绘图区可见的全部图形另存为 jpg 格式的图片文件，如右图所示		

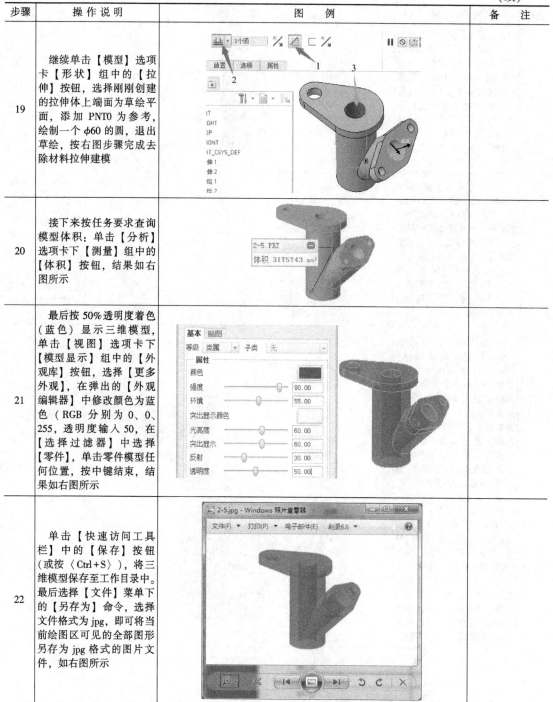

四、任务评价

图 2-5 所示的斜面连接座三维建模难度本身不大，主要用到了【草绘】、【拉伸】、【草绘点】、【草绘中心线】、【基准平面】、【拉伸】（移除材料）等特征命令，总体上来说，仍

然是一个特征的堆积过程。

与以往建模不同的是，本任务给定的工程图中部分尺寸是用字母代替，且部分尺寸间有关联关系（以关系式 $Z=X+Y$ 和 $W=2\times U$ 给定），所以本任务主要训练学习者 Creo【参数】和【关系式】的运用。

任务四　三维模型的渲染及输出

为了宣传推广新产品以占领市场先机，企业一般在产品样机开发之前就需要提前做好产品推介文案，文案中要用到的产品图片就成了关键的一环。Creo 工作区（图形窗口）四周某一侧的【视图】工具栏可使模型在【线框】、【着色】、【消隐】等不同【显示样式】进行显示，然而实际的产品设计中，这些显示状态是远远不够的，因为它们无法表达产品的颜色、光泽和质感等外观特点，再加上没有产品实物（样机也来不及做），所以只能通过诸如Rhinoceros、3ds max、KeyShot 等专业的造型渲染软件。如果要求不是太高的话，用 Creo 自带的渲染功能也能达到类似的效果。

当然，如果要使产品的效果图更具有质感和美感，可将渲染后的图形文件导入到专门的图像处理软件（如 Photoshop）中，进行进一步的编辑和美化。

一、任务下达

按图 2-7 工程图完成陶瓷茶杯的建模，建模完成后按青花瓷样式进行贴图并渲染。为了和其他三维 CAD/CAM 软件进行通讯，需要输出为相应的中间数据格式（如 .igs、.x_t、.x_b 等）。图中尺寸仅供参考，学习者可自行设计为实用的茶杯尺寸。完成该口方底圆茶杯的建模后，请学习者自行设计一个口圆底方的同类茶杯，尺寸自定。

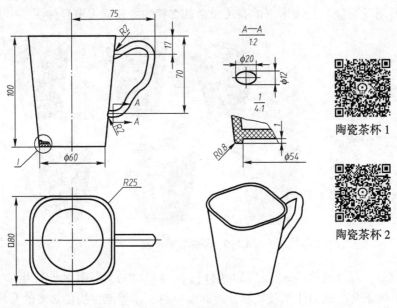

陶瓷茶杯 1

陶瓷茶杯 2

图 2-7　陶瓷茶杯工程图

上图未注圆角为 R0.5；除把手外，壁厚均为 2；把手轮廓为样条曲线；未注尺寸请根据图形特点自行补充。

建模结束后，利用 Creo 自带的渲染功能进行渲染，结果如图 2-8 所示。

图 2-8　陶瓷茶杯渲染图

二、任务分析

图中是一个口方底圆的茶杯，用之前学过的【拉伸】、【旋转】等特征命令无法完成建模，所以本任务要用到 Creo 的【混合】特征。同理，手柄部分也无法通过【拉伸】、【旋转】等特征命令完成建模，而要用【扫描】特征。

所以完成该模型的创建需用到 Creo 的【混合】、【壳】、【扫描】等特征命令，最后要完成渲染，需要用【渲染】选项卡下的有关命令。茶杯的主要建模流程如图 2-9 所示。

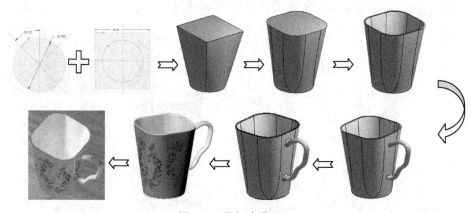

图 2-9　茶杯建模流程

建模完成后，可以利用 Creo 提供的【分析】选项卡-【模型报告】组-【质量属性】按钮，分析查询茶杯准确的体积及质量，为后续包装入库等流程提供必要的参数。

三、任务实施

表2-4详细描述了完成图2-7所示茶杯的建模步骤及说明。

表2-4　茶杯的建模步骤及说明

步骤	操作说明	图　　例	备　　注
1	按学习情境一中任务一的讲解完成 Creo 的安装与配置	（略）	进行三维建模前完成软件安装与配置
2	打开 Creo 软件，单击【快速访问工具栏】-【新建】按钮，新建一个文件名为"2-7"的实体文件（按右图步骤），选择公制模板 mmns_part_solid，即确保建模时长度单位为 mm	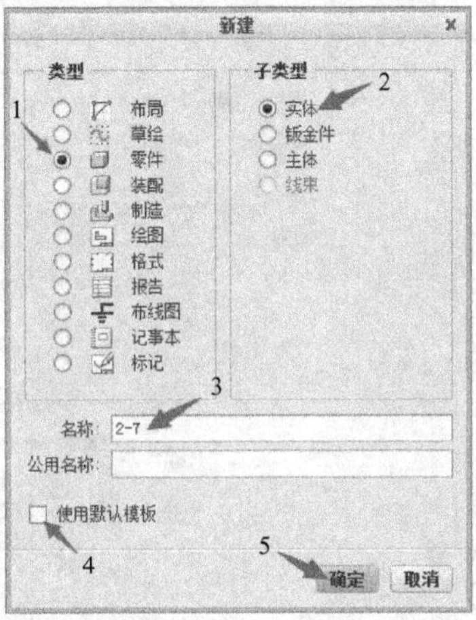	学会新建公制模板的实体文件
3	单击【模型】选项卡下【形状】组中的【混合】按钮，如右图	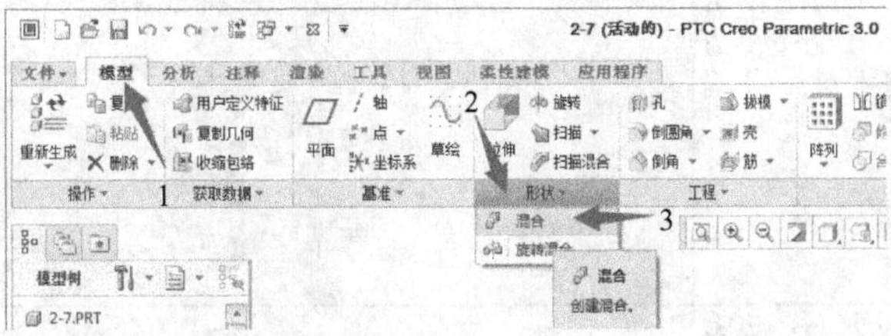	在 SolidWorks 中，【混合】按钮也称为【放样】，用于多个不同截面形状的建模
4	在弹出的【混合】选项卡中，按右图步骤定义草绘截面	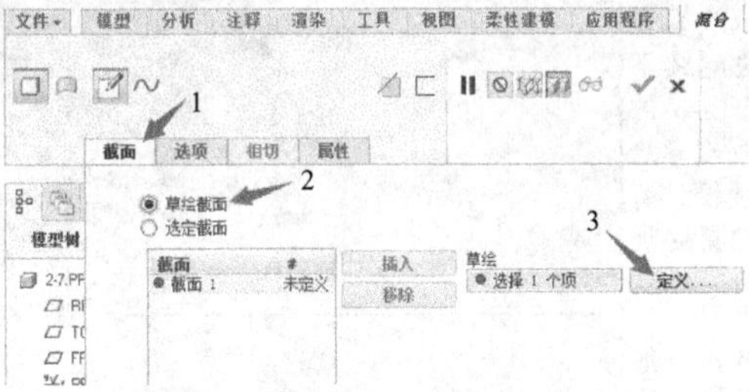	
5	在弹出的【草绘】对话框中选择 Top 基准平面为草绘平面，其他保持默认选项，单击【草绘】按钮进入草绘环境	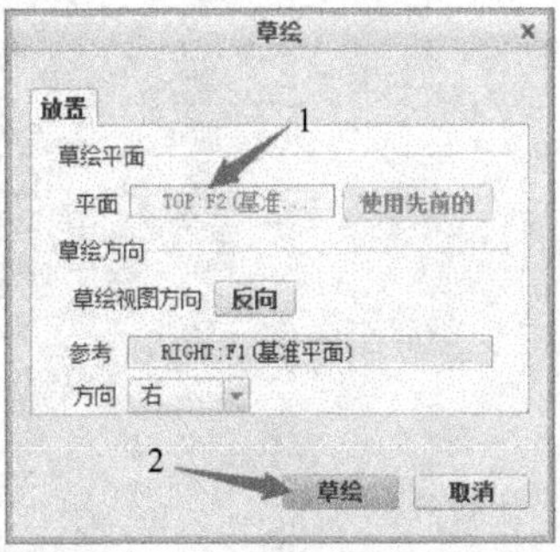	选择 Top 基准平面为草绘平面的目的是为了确保建模时视图方位与给定的工程图一致，避免设计人员多次在大脑中转换视图

步骤	操 作 说 明	图 例	备 注
6	绘制混合命令所需的第一个草绘图形（ϕ60 的圆），【确定】后退出草绘环境		混合命令要用到至少 2 个草绘截面图形，每个截面的顶点数必须相同（截面为"点"的草绘除外）。所以此处用【草绘】选项卡【编辑】组【分割】按钮将圆平均分成四部分
7	按右图步骤进入第二个草绘环境		左图步骤 2 中输入的"100"指的是底部圆形与口部方形之间的垂直距离
8	单击【草绘】组中的【矩形】右侧黑色三角形【中心矩形】按钮，单击坐标系原点，绘制一个边长为 80 的正方形，【确定】后退出草绘环境		绘制正方形时要注意鼠标所处位置的影响，确保鼠标所在位置恰好约束边长相等时完成矩形的绘制。当然，也可绘制任一矩形后再添加约束
9	如果前面的步骤中没有对圆形进行分割，会发现【混合】特征无法继续下去，原因还在于 Creo 的【混合】按钮要求所有草绘截面的端点数必须相同。所以必须回到圆的草绘环境中去修改（按右图步骤）		
10	为了和已绘制的正方形方位一致，在圆草绘中绘制两条中心线，并与 y 轴成 45°。然后用【编辑】组中的【分割】按钮将圆分成四等分（如右图）。若图中箭头方向与正方形不一致，则选中箭头起点，按住右键约 0.5 s 后弹出快捷菜单，选择【起点】按钮即可改变起点方向，【确定】后退出草绘环境		中心线不参与实体建模，所以借用中心线来分割圆形

（续）

步骤	操作说明	图　　例	备　注
11	若此时发现之前绘制的正方形不见了，选中正方形草绘截面后单击【绘制】按钮，进入草绘后发现原先的正方形草绘还在，直接【确定】后退出草绘环境即可。单击【混合】选项卡中的按钮✔完成【混合】特征建模	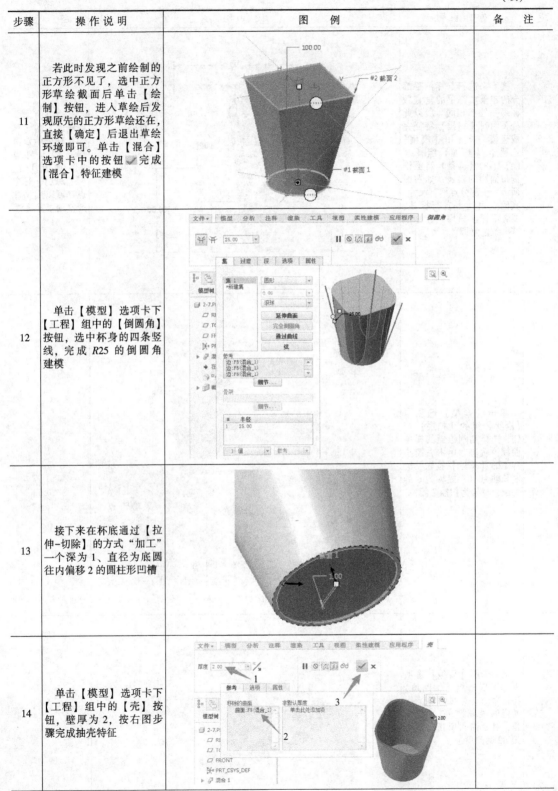	
12	单击【模型】选项卡下【工程】组中的【倒圆角】按钮，选中杯身的四条竖线，完成 R25 的倒圆角建模		
13	接下来在杯底通过【拉伸-切除】的方式"加工"一个深为 1、直径为底圆往内偏移 2 的圆柱形凹槽		
14	单击【模型】选项卡下【工程】组中的【壳】按钮，壁厚为 2，按右图步骤完成抽壳特征		

73

（续）

步骤	操作说明	图 例	备 注
15	接下来进行茶杯把手部分的建模。把手的垂直截面每一处都相同，所以此处要用到【扫描】特征完成建模。首先用【模型】选项卡【基准】组【草绘】下的【样条】特征绘制扫描用的轨迹，如右图所示，仅部分点标有尺寸，其他点由读者自行标注，或者不标注只用鼠标拖拽其大致位置即可	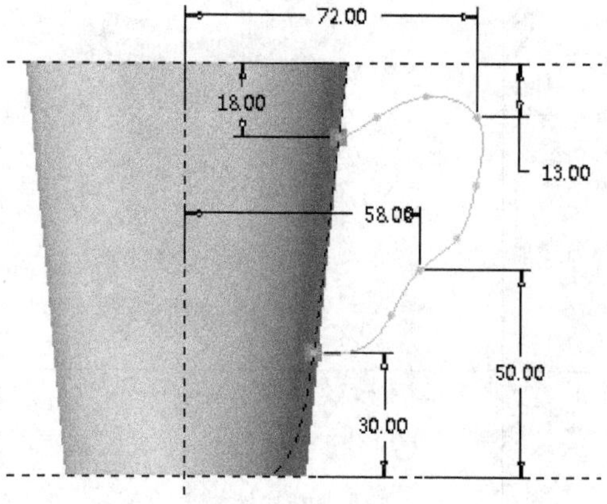	此轨迹由样条线绘成，在【草绘】环境中双击样条线本身可【添加点】或【删除点】，每个点都可以用尺寸严格约束其位置
16	单击【模型】选项卡【形状】组的【扫描】按钮，选择刚刚绘制的样条曲线为轨迹，单击右图步骤1的【草绘】按钮，绘制长轴为10、短轴为6的椭圆，草绘为扫描截面	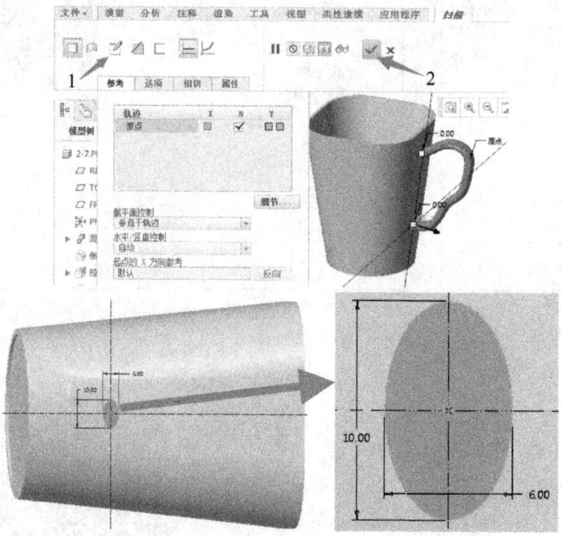	
17	接下来用【模型】选项卡【工程】组【倒圆角】特征命令，对右图A箭头所指的线条按R0.8倒圆角，对B箭头所指的线条按R2倒圆角	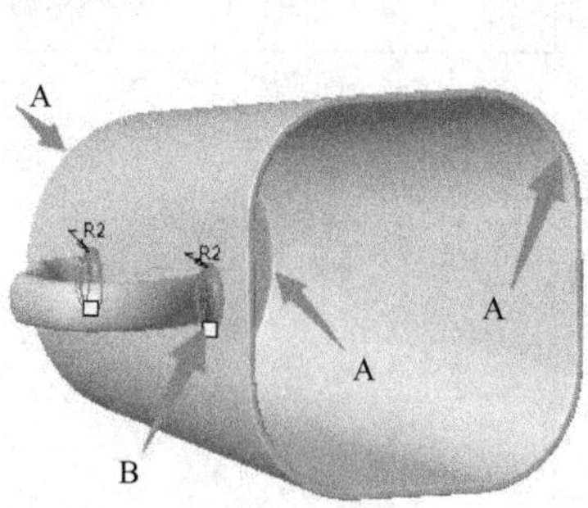	

74

(续)

步骤	操作说明	图　例	备　注
18	至此，茶杯的三维模型已设计好了。最后需要用到 Creo 自带的【渲染】功能完成此青花瓷茶杯的渲染。方法见右图步骤：单击【渲染】选项卡【外观】组【外观库】按钮的下三角，在弹出的控制面板中单击【外观管理器】按钮	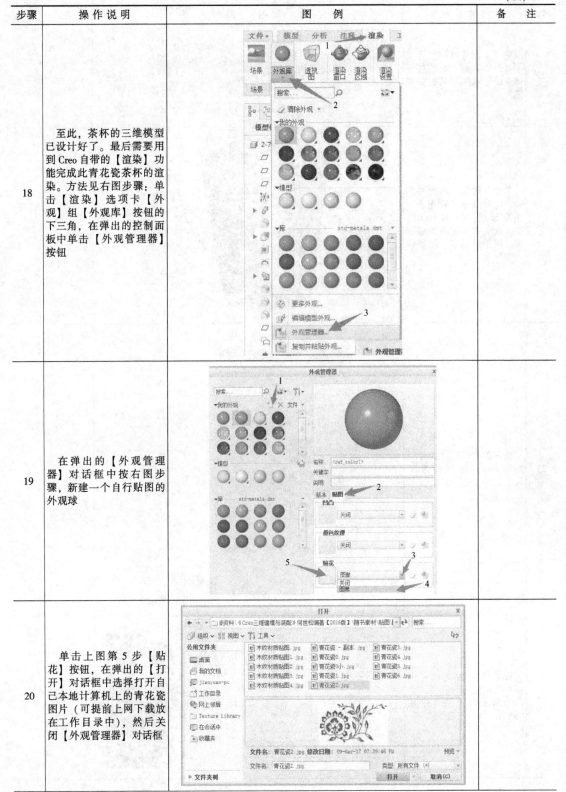	
19	在弹出的【外观管理器】对话框中按右图步骤，新建一个自行贴图的外观球		
20	单击上图第 5 步【贴花】按钮，在弹出的【打开】对话框中选择打开自己本地计算机上的青花瓷图片（可提前上网下载放在工作目录中），然后关闭【外观管理器】对话框		

75

步骤	操 作 说 明	图　　例	备　注
21	此时发现【渲染】选项卡【外观】组上方的外观球变成了刚刚所选的贴花图片	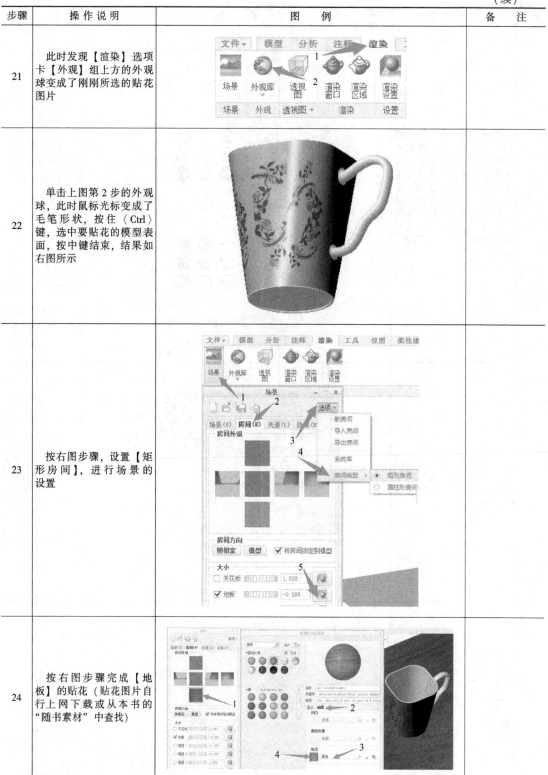	
22	单击上图第2步的外观球，此时鼠标光标变成了毛笔形状，按住〈Ctrl〉键，选中要贴花的模型表面，按中键结束，结果如右图所示		
23	按右图步骤，设置【矩形房间】，进行场景的设置		
24	按右图步骤完成【地板】的贴花（贴花图片自行上网下载或从本书的"随书素材"中查找）		

步骤	操 作 说 明	图 例	备 注
25	按右图步骤完成【光源】的设置（根据零件形状及个人喜好自行新增光源类型和位置）	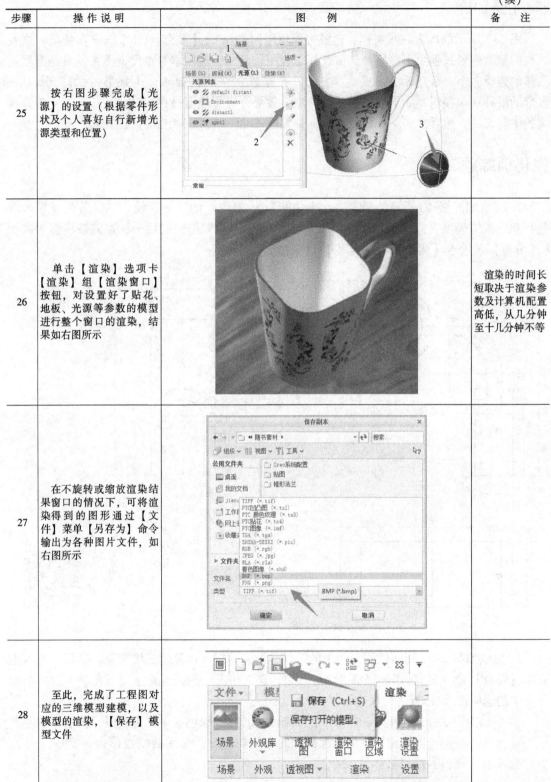	
26	单击【渲染】选项卡【渲染】组【渲染窗口】按钮，对设置好了贴花、地板、光源等参数的模型进行整个窗口的渲染，结果如右图所示		渲染的时间长短取决于渲染参数及计算机配置高低，从几分钟至十几分钟不等
27	在不旋转或缩放渲染结果窗口的情况下，可将渲染得到的图形通过【文件】菜单【另存为】命令输出为各种图片文件，如右图所示		
28	至此，完成了工程图对应的三维模型建模，以及模型的渲染，【保存】模型文件		

四、任务评价

图 2-7 所示的口方底圆茶杯，建模过程须用到 Creo 的【混合】和【扫描】特征，这在之前的模型建模过程中不曾用到。该茶杯工程图较简单，建模本身难度也不大，只是需要用到新的建模命令，否则无法完成建模任务。至于模型渲染的要求，也是第一次碰到。Creo 自带的渲染功能偏弱，如果需要照片级的渲染效果，可将模型另存为 .igs、.x_t、.x_b 等格式的中间文件，然后在 3ds max、Rhinoceros、KeyShot 等软件中完成渲染工作。

强化训练题二

1. 完成如图 2-10 所示叉架零件（未注圆角为 $R1.2$）的三维建模，并以黄色【带边着色】显示三维模型（箭头所指曲面须贴上自己的照片）。建模完成后分析查询该模型的体积（【分析】选项卡【测量】组【体积】命令）。

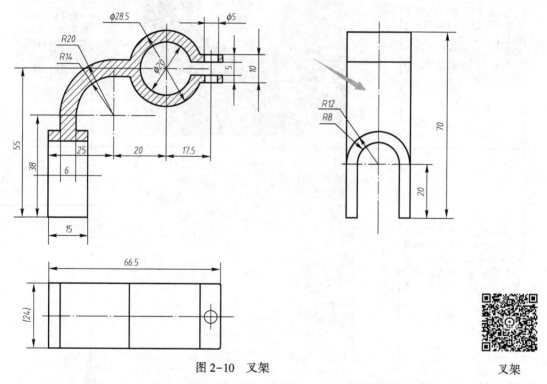

图 2-10　叉架

叉架

2. 完成如图 2-11 所示实心五角星的三维建模，并以红色显示三维模型。提示：本例主要用【混合】命令完成，第一个草绘为【点】，第二个草绘为正五角星（五角星可利用草绘环境中的选项板/调色板进行快速绘制）。

3. 完成如图 2-12 所示实心曲别针的三维建模，并以绿色显示三维模型。提示：本题要用到【扫描】特征，创建俯视图中凸起部分的扫描轨迹时，可用曲线投影命令实现（【模型】选项卡【编辑】组【投影】命令）。

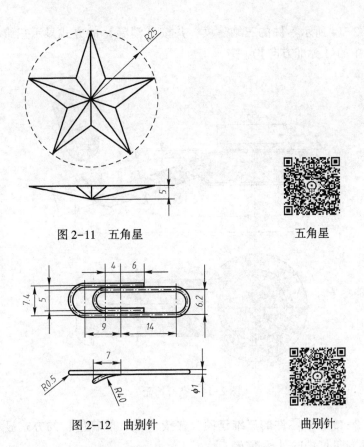

图 2-11　五角星

五角星

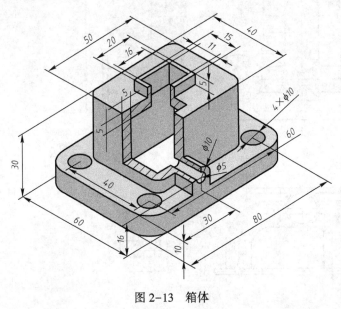

图 2-12　曲别针

曲别针

4. 完成如图 2-13 所示零件的三维建模（底板上的 4 个 φ10 孔均为通孔），并以灰色【带边着色】显示三维模型。建模完成后分析查询该模型的体积（【分析】选项卡【测量】组【体积】命令）。

图 2-13　箱体

箱体

79

5. 完成如图 2-14 所示零件的三维建模，并按【消隐】的方式显示三维模型的轴测图（【已保存方向】中的【标准方向】）。

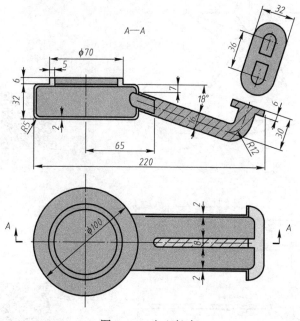

图 2-14　空心长壶

6. 完成如图 2-15 所示零件的三维建模，并按【带反射着色】的方式显示三维模型的轴测图（【已保存方向】中的【标准方向】）。

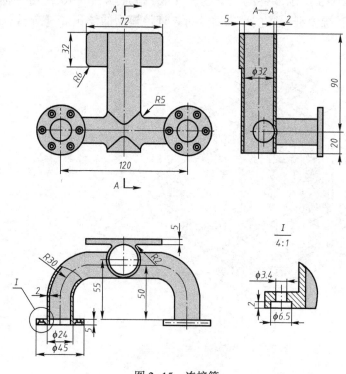

图 2-15　连接管

7. 完成如图 2-16 所示工程图对应的三维模型建模, 图中 $A=132$, $B=170$, $C=82$, $D=30$, 求模型的体积。

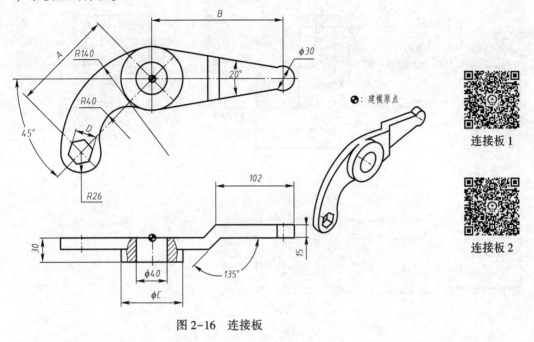

图 2-16　连接板

8. 完成如图 2-17 所示工程图对应的三维模型建模, 图中 $A=55$, $B=61$, $C=97$, $D=85$, 求模型的体积。

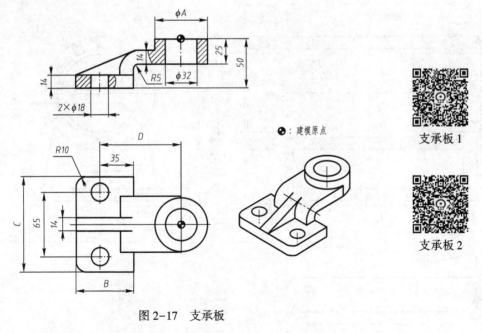

图 2-17　支承板

9. 成如图 2-18 所示工程图对应的三维模型建模, 并分析查询该模型的体积。

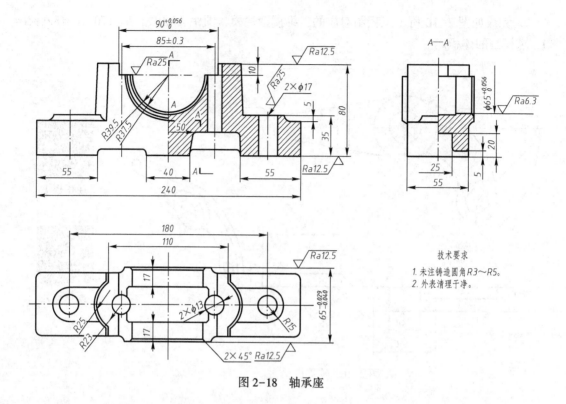

图 2-18 轴承座

10. 完成如图 2-19 所示工程图对应的三维模型建模，并分析查询该模型的体积。

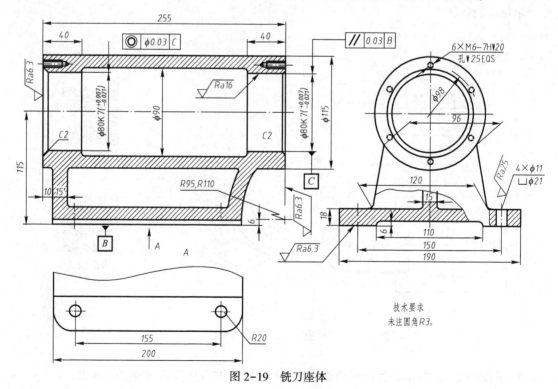

图 2-19 铣刀座体

11. 完成如图 2-20 所示工程图（未注圆角为 *R*3）对应的三维模型建模，图中左端 M36 ×2 的螺纹暂按 φ36 绘制。建模结束后分析查询该模型的体积。

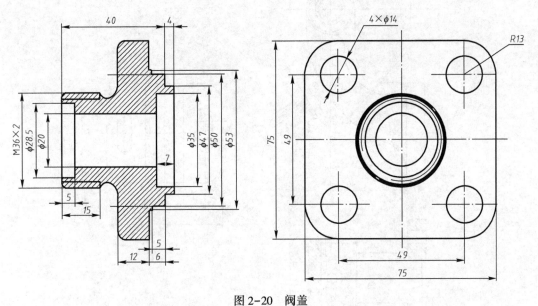

图 2-20　阀盖

12. 完成如图 2-21 所示工程图对应的三维模型建模，并分析查询该模型的体积。

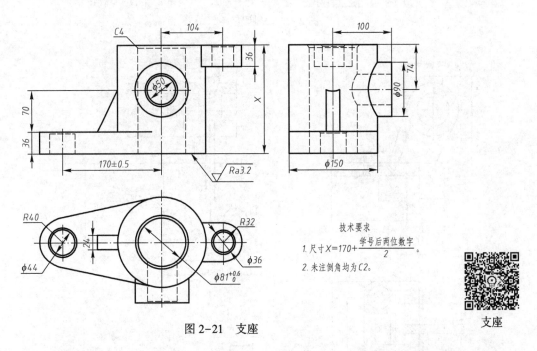

技术要求

1. 尺寸 $X=170+\dfrac{\text{学号后两位数字}}{2}$。

2. 未注倒角均为 C2。

图 2-21　支座

支座

13. 完成如图 2-22 所示工程图对应的三维模型建模，并分析查询该模型的体积。

14. 完成如图 2-23 所示工程图对应的三维模型建模，并分析查询该模型的体积。

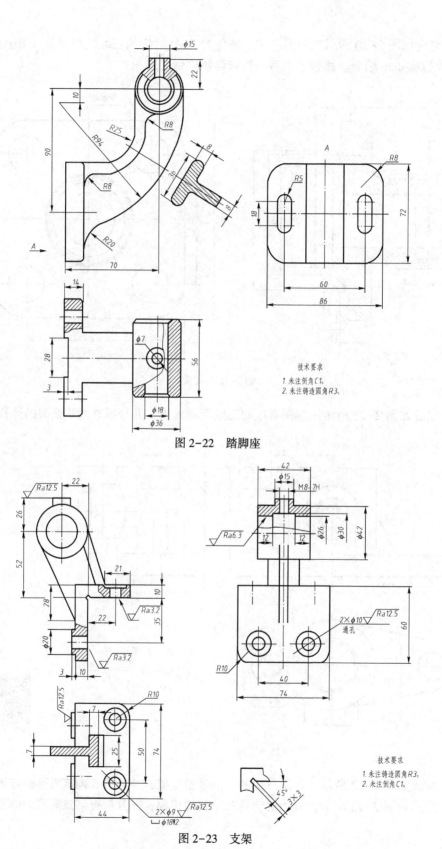

图 2-22 踏脚座

技术要求
1. 未注倒角C1。
2. 未注铸造圆角R3。

图 2-23 支架

技术要求
1. 未注铸造圆角R3。
2. 未注倒角C1。

学习情境三　标准件的三维建模

通过前面两个情境的学习，大家已经掌握了常见组合体及非标零件的三维建模，这时候可以初步设计一些结构不太复杂的零件产品。大多数工程产品上经常会用到标准件，虽然标准件一般直接向标准件厂采购，无需另外设计，但在总装环节需要把这些标准件虚拟安装进去，所以大家还需要掌握国家标准或行业标准有专门规定的标准件和常用件的设计。

在各类产品中，最常用的标准件有螺钉、螺栓、螺母、垫圈、键、销、滚动轴承等；也会用到不属于标准件的常用机件，如弹簧、齿轮等。

考虑到垫圈、键、销、滚动轴承等标准件本身建模难度较小，所以接下来主要介绍有一定难度且部分结构已标准化了的零件建模。

任务一　蝶形螺母的三维建模

蝶形螺母一般用于用手直接拆装的场合。GB/T 62.2—2004 对蝶形螺母进行了标准化，双翼形状以方翼为主，实际工程应用中也将方翼进行改形设计。

一、任务下达

本任务通过二维工程图的方式下达（未给出图框及标题栏），要求按如图 3-1 中的尺寸完成蝶形螺母的三维建模。建模完成后将模型着色为蓝色，并以轴测图视图输出为背景为白色的 .jpg 图片文件。

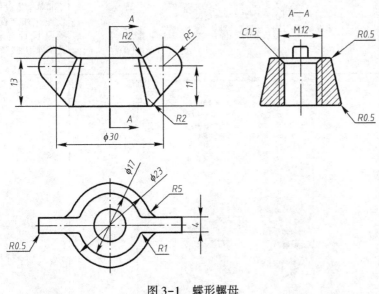

图 3-1　蝶形螺母

蝶形螺母

二、任务分析

根据上述工程图来看，蝶形螺母零件的建模难度不大，基体结构是一个圆台，左右两侧长有两翼。圆台中间部分是 M12 的螺纹孔。Creo 中的【模型】选项卡【工程】组【修饰螺纹】命令可用来创建修饰螺纹，但不是实体螺纹，从模型上不容易看出螺纹效果，所以需要进行螺旋扫描切除的方式进行螺纹的建模。

完成该模型的创建需用到 Creo 的【草绘】、【旋转】、【拉伸】、【倒圆角】、【倒角】、【螺旋扫描】等特征命令，主要建模流程如图 3-2 所示。

图 3-2　蝶形螺母建模流程

三、任务实施

表 3-1 详细说明完成图 3-1 所示蝶形螺母的建模步骤及注意事项。

表 3-1　蝶形螺母建模步骤及注意事项

步骤	操作说明	图　例	备　注
1	按学习情境一中任务一的讲解完成 Creo 的安装与配置	（略）	
2	打开 Creo 软件，在未新建任何文件之前，首先设置工作目录：单击【主页】选项卡【数据】组【选择工作目录】按钮，或选择菜单【文件】-【管理会话】-【选择工作目录】命令，选择硬盘中已存在的目录作为工作目录		设置工作目录是 Creo 中非常重要的理念，对于非单个零件的设计（如装配、模具设计等），此步骤不能省略
3	单击【快速访问工具栏】-【新建】按钮，按右图步骤新建一个名为"3-1"的实体文件（默认扩展名为 .prt），选择公制模板 mmns_part_solid，以确保建模时长度单位为 mm		

步骤	操作说明	图例	备注
4	首先完成圆台的建模。单击【模型】选项卡【形状】组中的【旋转】按钮。选择Front基准面为草绘平面，随即打开【旋转】和【草绘】选项卡，系统自动进入Creo的草绘环境，分别用【草绘】组中的【中心线】、【线链】命令绘制如右图所示草绘（中心线为竖直方向，经过坐标原点），并标注尺寸。尺寸φ10在工程图中并未给出，需由M12螺纹查表或计算得出，螺纹小径D1=大径D-1.0825×螺距P，M12粗牙螺距为1.75	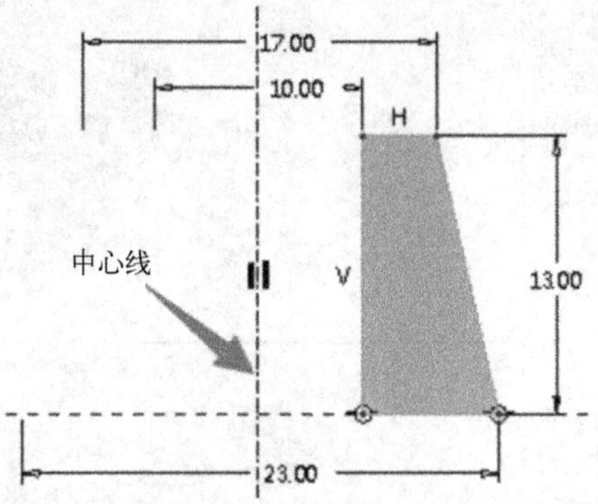	为了标注图中的尺寸φ10、φ17、φ23（字母φ在Creo中无需标注），须先绘制一条【中心线】，然后单击【尺寸】组【法向】按钮，依次单击图中相应点、中心线、点，按中键完成直径尺寸标注
5	单击【草绘】选项卡中的【确定】按钮，系统自动保存草绘图形并退出草绘环境。按右图步骤完成【旋转】特征建模	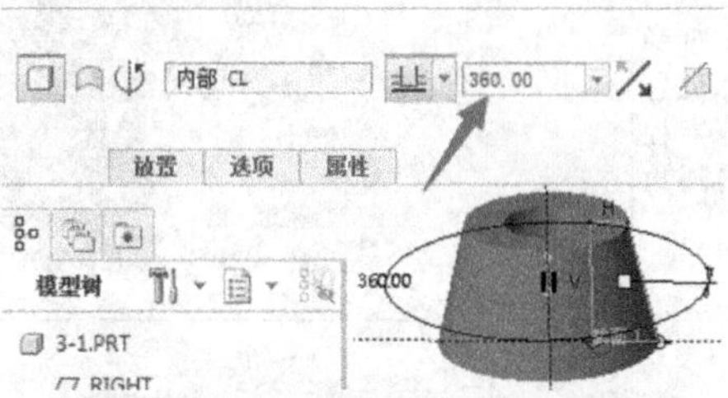	即使不是为了标注尺寸φ9，【旋转】也需要在草绘中绘制中心线作为旋转中心
6	单击【模型】选项卡【形状】组中的【拉伸】按钮，在操控板上单击【放置】集中的【定义】按钮进入草绘环境，在Front基准面上绘制如右图所示的右翼草绘，并修改尺寸。尺寸4并未出现在工程图中，是一个估计值，目的是为了让两翼与圆台建模时融为一体	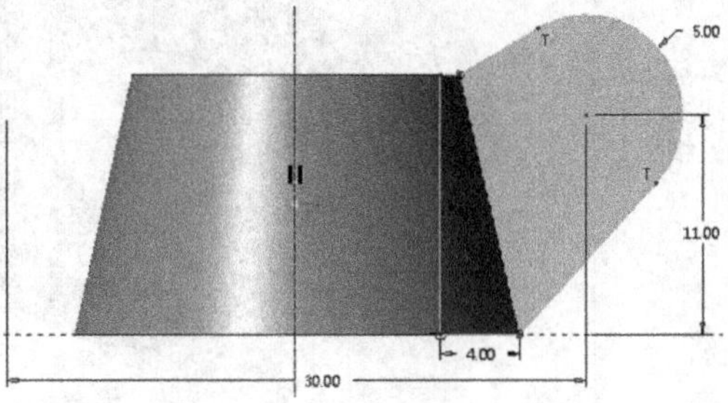	可通过【草绘】选项卡【约束】组的【相切】命令约束草绘中的两条直线和圆弧相切
7	用鼠标框选上述右侧的草绘，单击【草绘】选项卡【编辑】组中的【镜像】按钮，按提示单击经过坐标原点的竖直中心线，完成草绘镜像		

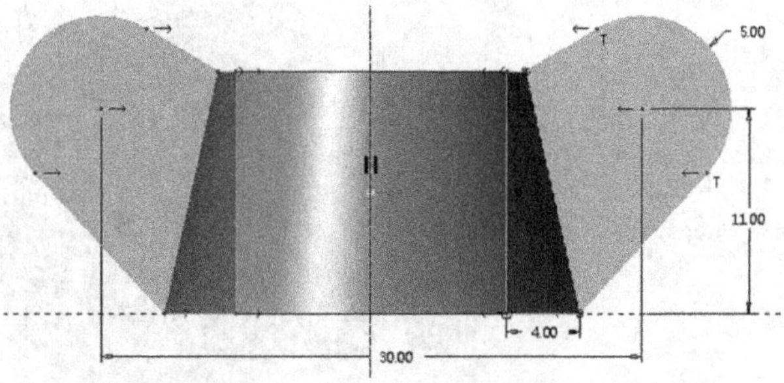

87

步骤	操 作 说 明	图 例	备 注
8	按右图步骤完成拉伸建模。箭头 1 指的是对称拉伸，箭头 2 处是双翼的厚度	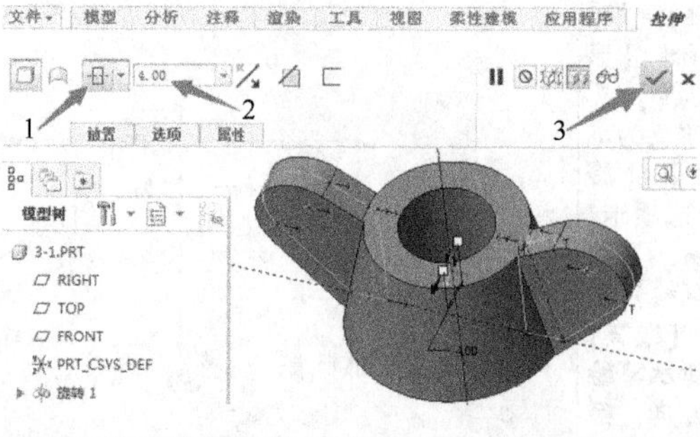	双翼的左右方向关于 Right 基准面对称，前后方向关于 Front 基准面对称
9	接下来对两翼与圆台的四条交线进行倒圆角。选中其中一条交线，单击【模型】选项卡【工程】组【倒圆角】按钮，单击步骤 1 处的【集】选项卡，在步骤 2 所指的空白处右击，选择【添加半径】命令，输入顶部位置的半径值 1、顶部的半径值 5，完成变半径倒圆角特征	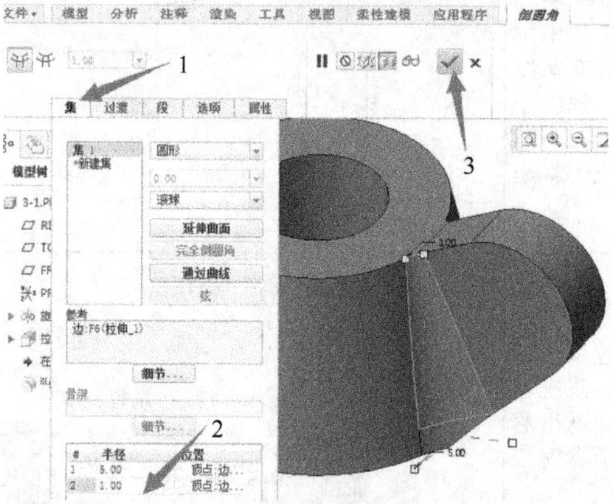	Creo 可以进行变半径倒圆角建模
10	用上述同样的方法，完成其他三条交线的变半径倒圆角特征建模，结果如右图所示	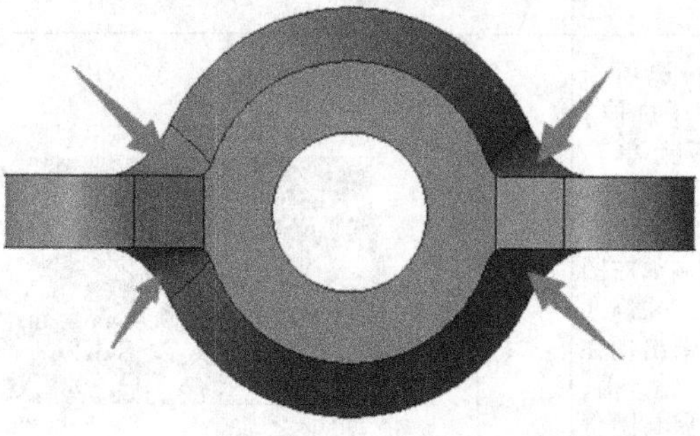	
11	单击【模型】选项卡【工程】组【倒圆角】按钮，按住〈Ctrl〉键的同时，依次单击选中两翼与圆台上下面的四条交线，如右图所示，圆角半径为 2	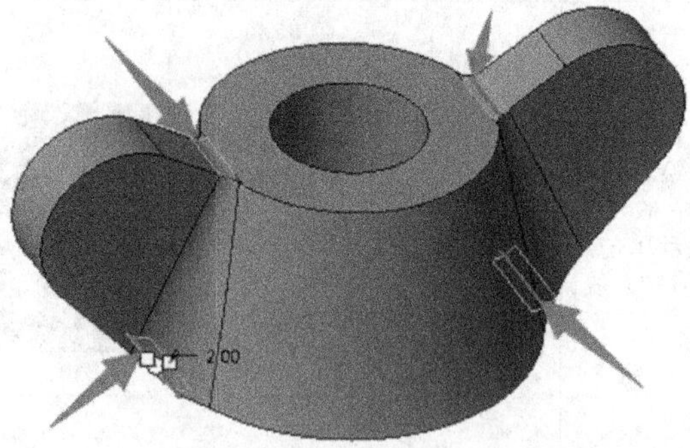	

步骤	操作说明	图　例	备　注
12	单击【模型】选项卡【工程】组【倒圆角】按钮，按住〈Ctrl〉键的同时，依次单击选中右图所示的两条交线，其他和这两条交线相切的轮廓线会自动被选中，修改圆角半径为 0.5，单击按钮 √ 保存有关参数并退出操控板	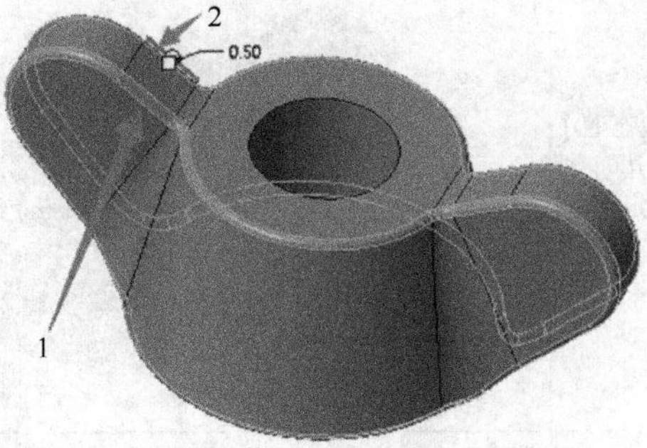	
13	单击【模型】选项卡【工程】组【倒角】按钮，在箭头 2 处修改倒角大小为 1.5，单击右图步骤 3 所示的圆台上部内孔边线，其他参数保持默认值，即完成 C1.5 导直角特征建模	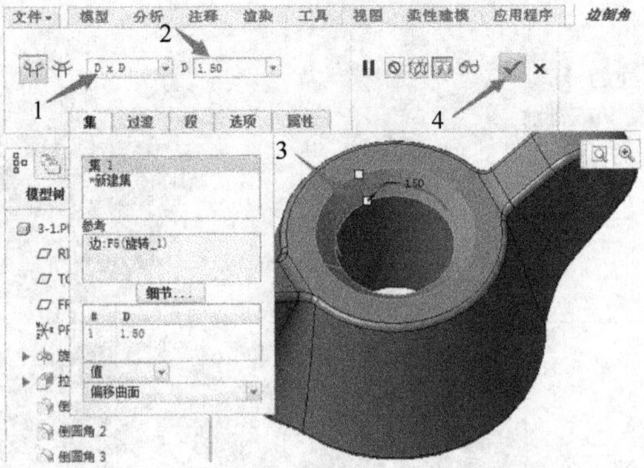	
14	接下来完成内螺纹的建模。单击【模型】选项卡【形状】组【扫描】按钮右侧的黑色三角形 扫描，选择【螺旋扫描】命令	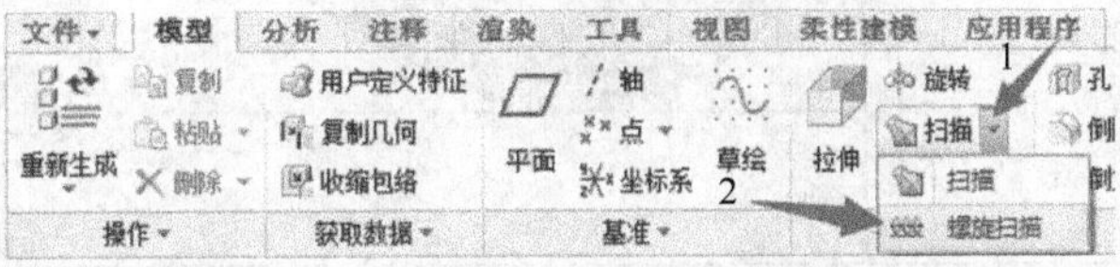	
15	在弹出的【螺旋扫描】选项卡中按右图步骤定义螺旋扫描轮廓（即扫描轨迹），选择 Front 基准面为草绘平面	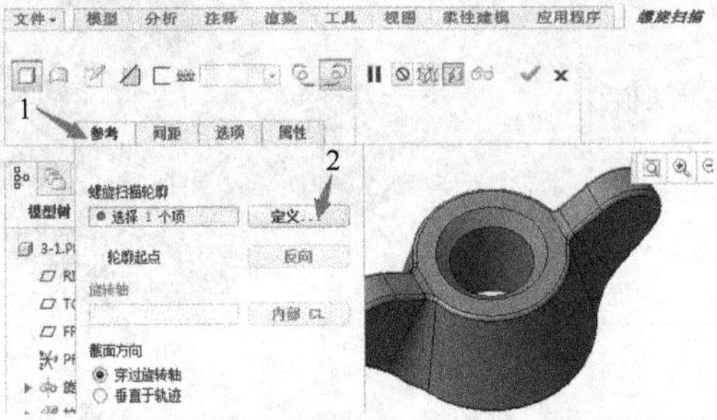	
16	在【视图工具栏】中单击【显示样式】下的【隐藏线】按钮，并用【草绘】组中的【线】命令绘制右图所示的扫描轨迹线，单击【草绘】选项卡【约束】组中的【重合】按钮，使轨迹线与圆台内孔边线重合	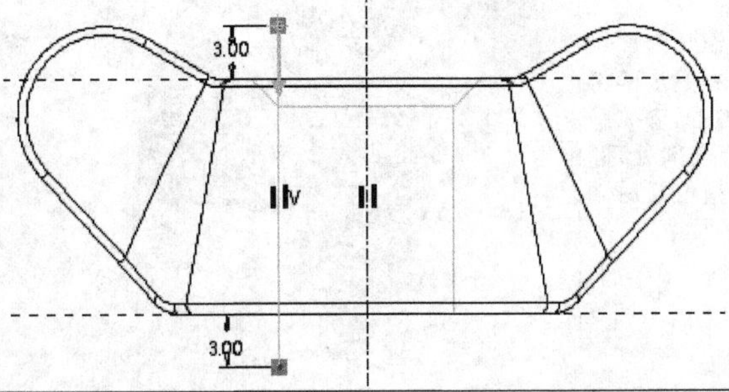	扫描轨迹线应比螺纹长度两端各长一定距离作为螺纹加工引导距离

步骤	操作说明	图例	备注
17	退出草绘，【状态栏】弹出"选择直线或边、轴或坐标系的轴以指定旋转轴"的提示，选择右图箭头处的 A_2 轴线即可		
18	此时右图箭头处的【草绘】按钮可用，单击此按钮进入草绘环境，绘制扫描截面草绘	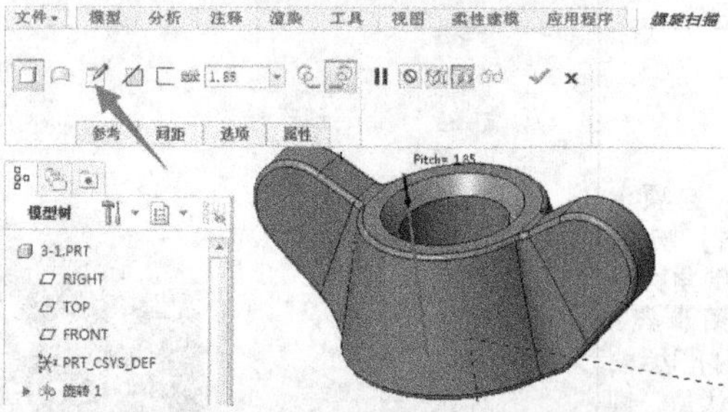	
19	在右图位置绘制一个边长为 1.7 的等边三角形作为扫描截面草绘	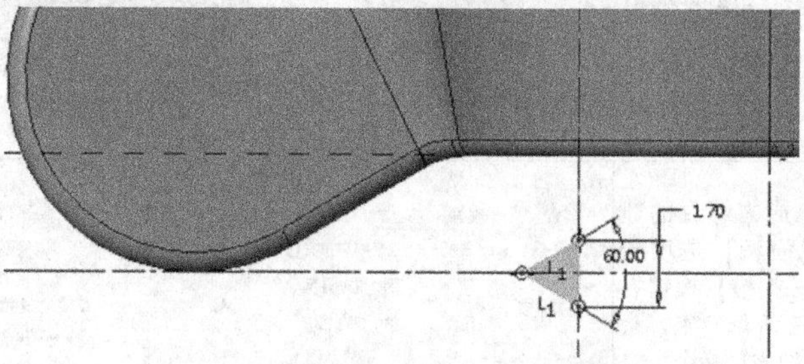	理论上说，等边三角形的边长应等于螺距 1.75，但为了避免牙顶过于锋利，一般取边长小于螺距
20	其他参数保持默认值，完成后的螺旋扫描特征（内螺纹）如右图所示	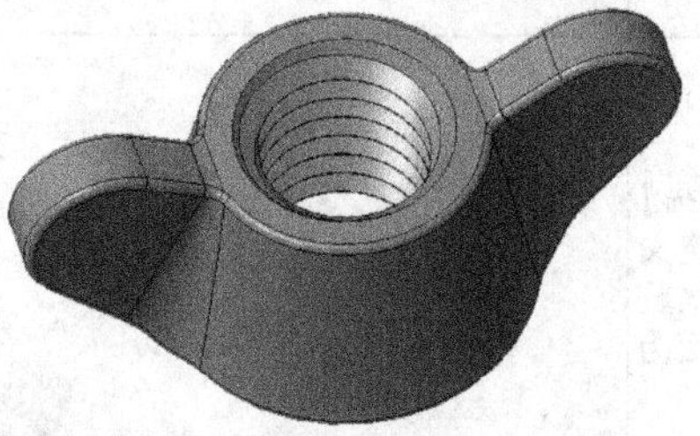	
21	为了看清内螺纹内部结构，接下来按右图步骤将蝶形螺母在 Right 基准平面的位置进行全剖处理。单击箭头 4 所指位置后选择 Right 基准平面	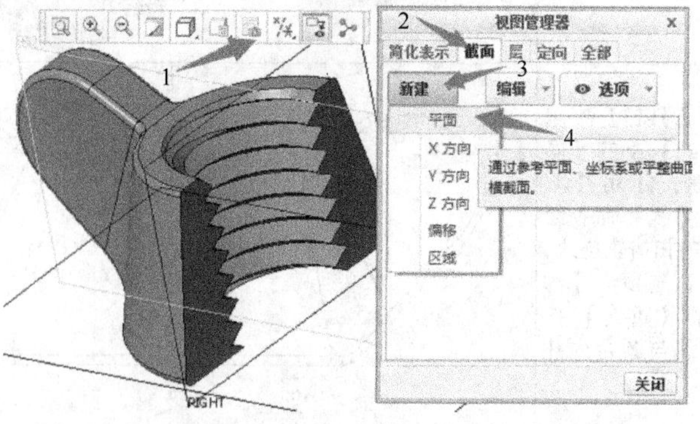	

(续)

步骤	操作说明	图 例	备 注
22	要回到未剖切的状态显示模型，双击右图箭头处的【无横截面】即可	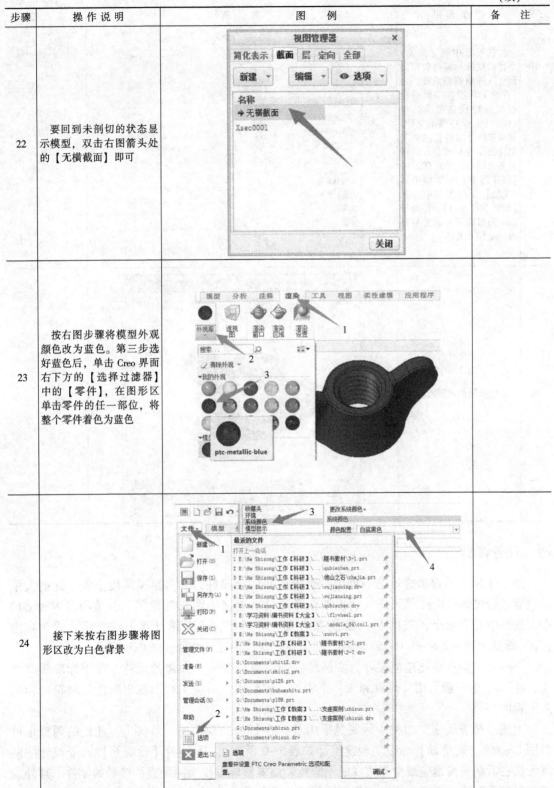	
23	按右图步骤将模型外观颜色改为蓝色。第三步选好蓝色后，单击 Creo 界面右下方的【选择过滤器】中的【零件】，在图形区单击零件的任一部位，将整个零件着色为蓝色		
24	接下来按右图步骤将图形区改为白色背景		

步骤	操 作 说 明	图 例	备 注
25	按住鼠标中键（滚轮）并移动鼠标，将模型旋转到合适的轴测图角度，在【视图工具栏】中取消所有基准特征的显示。按〈Ctrl+S〉保存模型文件。最后选择【文件】菜单下的【另存为】命令，自行命名文件名，并在弹出的【保存副本】对话框中的【类型】下拉菜单中选择【JPEG（*.jpg）】，即可将Creo图形区可见模型另存为.jpg图片文件	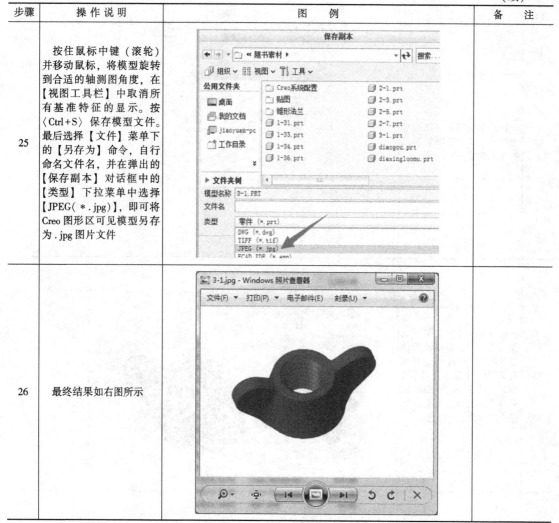	
26	最终结果如右图所示		

四、任务评价

图 3-1 所示的蝶形螺母是一种用手直接拆装的紧固件，本身建模难度不大。此前大家都没有进行过螺纹的建模训练，所以本任务建模重点在于螺纹的建模。但是圆台内径 $\phi10$ 在工程图中并未给出，需由 M12 螺纹查表或计算得出，若采用计算方法，其公式为：内（外）螺纹小径=大径-1.0825×螺距，内（外）螺纹中径=大径-0.6495×螺距。

Creo 是一款参数化建模软件，实体螺纹的建模需要后台大量的运算，对于标准螺纹来说，在 Creo 中一般只用【修饰螺纹】来表达，主要用于后续工程图输出时能转换符合标准的工程图。

上述"任务实施"过程中两翼是采用【拉伸】命令建模的，事实上，此处的两翼也可以用 Creo 的【轮廓筋】命令实现建模（如表 3-2 所示）。不过用【轮廓筋】命令设计的两翼无法在后期光滑地完成全部边线的倒圆角，而蝶形螺母作为用手直接接触的零件，其外表面一般需要倒圆角处理，所以本例只采用【拉伸】命令完成两翼的建模。

表 3-2 【轮廓筋】命令建模步骤

步骤	操作说明	图例	备注
1	完成圆台的建模后，单击【模型】选项卡【工程】组中的【轮廓筋】按钮，在弹出的【轮廓筋】选项卡【参考】组中单击【定义】按钮，进入草绘环境，在 Front 基准面上绘制如右图所示的右翼草绘，并修改尺寸。可单击【草绘】选项卡【设置】组中的【参考】按钮，补选箭头处的已有边为参考，用于辅助右翼草绘左侧两个端点的快速捕捉	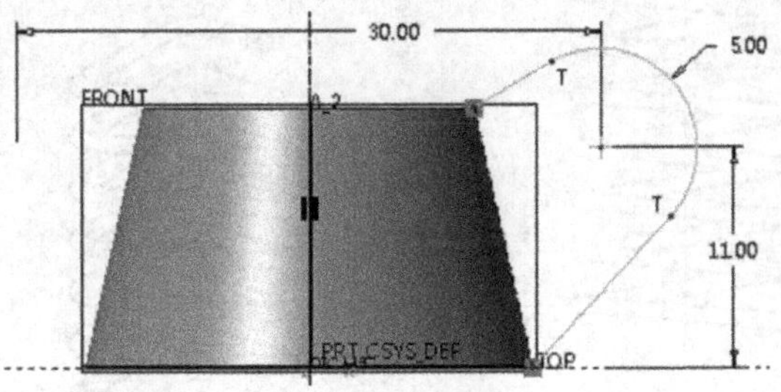	注意三点：一是轮廓筋的草绘必须是开放的轮廓；二是尺寸 φ30 的标注要事先画好中心线；三是可通过【草绘】选项卡【约束】组的【相切】命令约束草绘中的两条直线和圆弧相切
2	退出草绘环境后，按右图所示步骤完成【轮廓筋】命令	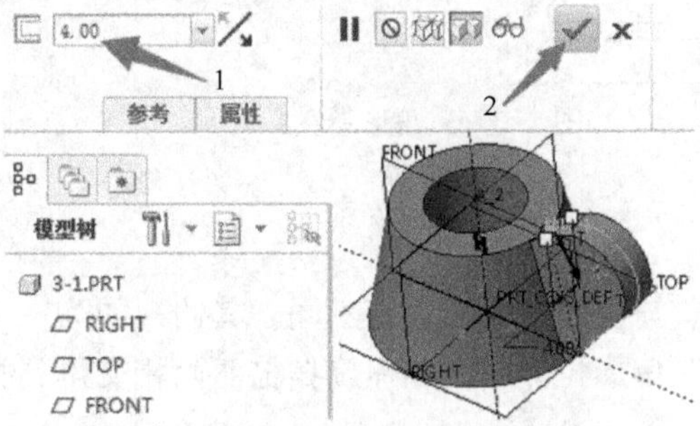	
3	用上述创建右翼同样的方法完成左翼的创建，结果如右图所示	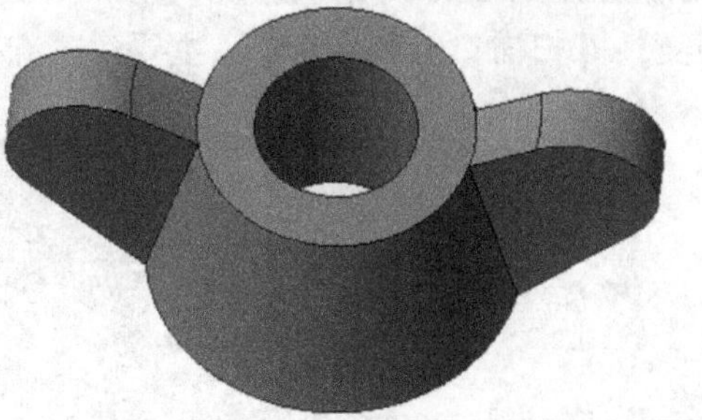	双翼的左右方向关于 Right 基准面对称，前后方向关于 Front 基准面对称

任务二　三角形弹簧的三维建模

弹簧是一种主要用来储能、减振、夹紧和测力等的常用件，其特点是当所承受的外力去除后，能立即恢复原有的形状和尺寸，所以在各类机械上运用较广。

一、任务下达

本任务通过二维工程图和轴测图的方式下达（未给出图框及标题栏），要求按如图 3-3 中的尺寸完成三角形弹簧的三维建模（未注尺寸由 Creo 建模特性决定），并按图中轴测图的大致方位保存一个轴测图的视图方向，以便随时调用该轴测图。

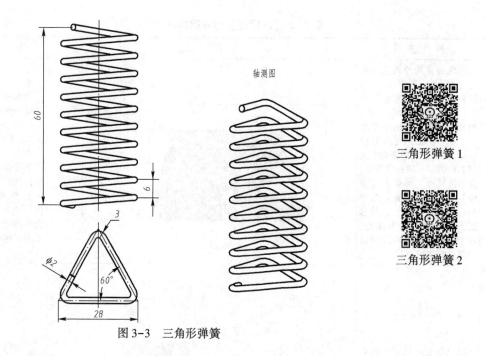

图 3-3　三角形弹簧

二、任务分析

图中三角形弹簧与普通的圆形弹簧不同，其俯视图为一个等边三角形，这也是建模的难点所在，需要通过三角形拉伸曲面和螺旋扫描曲面相交得到扫描轨迹后，再通过扫描命令完成最终弹簧的建模。

完成该模型的创建需用到 Creo 的【草绘】（包括【构造】命令的使用）、【螺旋扫描】、【拉伸】、曲面【相交】、【扫描】等特征命令。主要建模流程如图 3-4 所示。

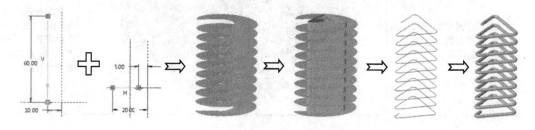

图 3-4　三角形弹簧主要建模流程

三、任务实施

表 3-3 详细说明完成图 3-3 所示三角形弹簧的建模步骤及注意事项。

表 3-3　三角形弹簧的建模步骤及注意事项

步骤	操作说明	图　例	备　注
1	按学习情境一中任务一的讲解完成 Creo 的安装与配置	（略）	进行三维建模前完成软件安装与配置

（续）

步骤	操作说明	图 例	备 注
2	打开 Creo 软件，单击【快速访问工具栏】-【新建】按钮，新建一个文件名为"3-3"的零件文件（按右图步骤），【确定】后在【新文件选项】对话框中选择公制模板 mmns_part_solid，可使建模时长度单位为 mm	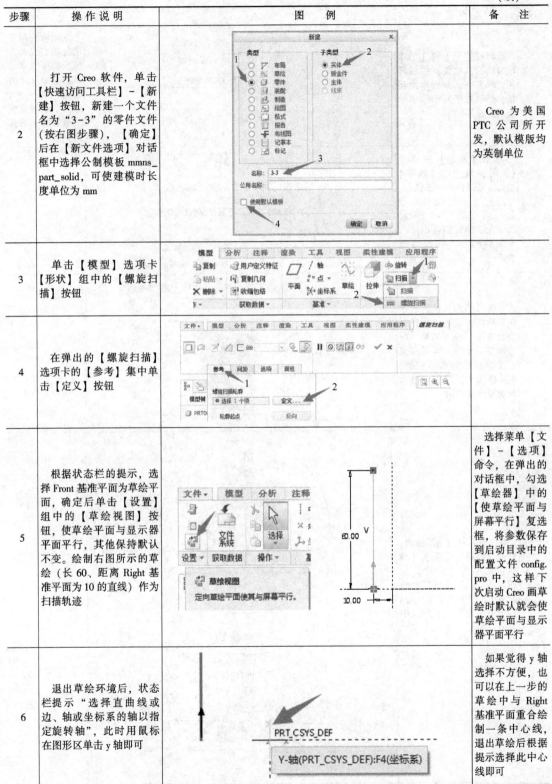	Creo 为美国 PTC 公司所开发，默认模版均为英制单位
3	单击【模型】选项卡【形状】组中的【螺旋扫描】按钮		
4	在弹出的【螺旋扫描】选项卡的【参考】集中单击【定义】按钮		
5	根据状态栏的提示，选择 Front 基准平面为草绘平面，确定后单击【设置】组中的【草绘视图】按钮，使草绘平面与显示器平面平行，其他保持默认不变。绘制右图所示的草绘（长 60、距离 Right 基准平面为 10 的直线）作为扫描轨迹		选择菜单【文件】-【选项】命令，在弹出的对话框中，勾选【草绘器】中的【使草绘平面与屏幕平行】复选框，将参数保存到启动目录中的配置文件 config.pro 中，这样下次启动 Creo 画草绘时默认就会使草绘平面与显示器平面平行
6	退出草绘环境后，状态栏提示"选择直曲线或边、轴或坐标系的轴以指定旋转轴"，此时用鼠标在图形区单击 y 轴即可		如果觉得 y 轴选择不方便，也可以在上一步的草绘中与 Right 基准平面重合绘制一条中心线，退出草绘后根据提示选择此中心线即可

步骤	操 作 说 明	图 例	备 注
7	此时操控板上的【创建或编辑扫描截面】按钮可用，单击进入截面草绘环境，绘制右图所示的水平直线并标注尺寸	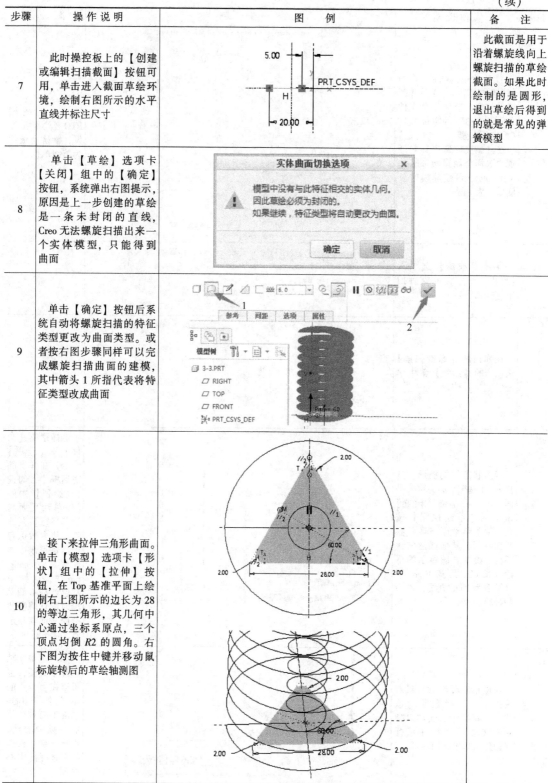	此截面是用于沿着螺旋线向上螺旋扫描的草绘截面。如果此时绘制的是圆形，退出草绘后得到的就是常见的弹簧模型
8	单击【草绘】选项卡【关闭】组中的【确定】按钮，系统弹出右图提示，原因是上一步创建的草绘是一条未封闭的直线，Creo 无法螺旋扫描出来一个实体模型，只能得到曲面		
9	单击【确定】按钮后系统自动将螺旋扫描的特征类型更改为曲面类型。或者按右图步骤同样可以完成螺旋扫描曲面的建模，其中箭头 1 所指代表将特征类型改成曲面		
10	接下来拉伸三角形曲面。单击【模型】选项卡【形状】组中的【拉伸】按钮，在 Top 基准平面上绘制右上图所示的边长为 28 的等边三角形，其几何中心通过坐标系原点，三个顶点均倒 $R2$ 的圆角。右下图为按住中键并移动鼠标旋转后的草绘轴测图		

96

步骤	操作说明	图　例	备　注
11	退出草绘环境，按右图步骤完成高度为 60 的曲面建模	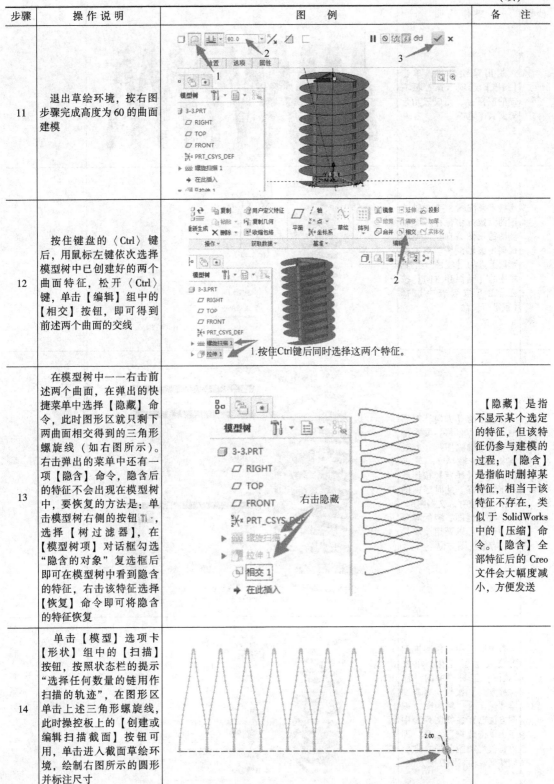	
12	按住键盘的〈Ctrl〉键后，用鼠标左键依次选择模型树中已创建好的两个曲面特征，松开〈Ctrl〉键，单击【编辑】组中的【相交】按钮，即可得到前述两个曲面的交线		
13	在模型树中一一右击前述两个曲面，在弹出的快捷菜单中选择【隐藏】命令，此时图形区就只剩下两曲面相交得到的三角形螺旋线（如右图所示）。右击弹出的菜单中还有一项【隐含】命令，隐含后的特征不会出现在模型树中，要恢复的方法是：单击模型树右侧的按钮，在【树过滤器】，选择【树过滤器】，在【模型树项】对话框勾选"隐含的对象"复选框后即可在模型树中看到隐含的特征，右击该特征选择【恢复】命令即可将隐含的特征恢复		【隐藏】是指不显示某个选定的特征，但该特征仍参与建模的过程；【隐含】是指临时删掉某特征，相当于该特征不存在，类似于 SolidWorks 中的【压缩】命令。【隐含】全部特征后的 Creo 文件会大幅度减小，方便发送
14	单击【模型】选项卡【形状】组中的【扫描】按钮，按照状态栏的提示"选择任何数量的链用作扫描的轨迹"，在图形区单击上述三角形螺旋线，此时操控板上的【创建或编辑扫描截面】按钮可用，单击进入截面草绘环境，绘制右图所示的圆形并标注尺寸		

97

步骤	操作说明	图 例	备 注
15	退出草绘环境，单击【扫描】选项卡操控板右端的按钮✔，完成三角形弹簧实体建模		
16	接下来按图 3-3 中轴测图的大致方位保存一个轴测图的视图方向，以便随时调用该轴测图。单击图形区上方的【视图】工具栏中的【已保存方向】按钮，在下拉列表中选择【重定向】命令		
17	在弹出的【方向】对话框下部的【名称】文本框中输入"轴测图"（此处支持汉字输入），单击【保存】、【确定】按钮后退出对话框。此时当前的视图方位被存入文档内部，后续在工程图、装配等环境中仍然可以调用该零件中保存的视图方位		
18	若图形区中的模型视图方位发生了变化，单击【视图】工具栏中的【已保存方向】按钮，可看到刚才保存的"轴测图"视图方位已存在视图列表中了，单击此视图名称，即可将模型视图从任意方位调整到该轴测图视图方位		

步骤	操作说明	图　例	备　注
19	至此，完成三角形弹簧模型的创建工作，模型树及模型如右图所示。单击【快速访问工具栏】中的【保存】按钮（或按〈Ctrl＋S〉），将三维模型保存至工作目录中	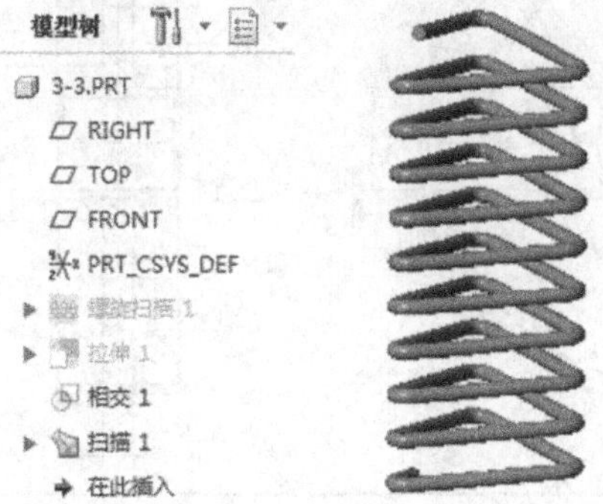 模型树　┇┇ ▾ ▤ ▾ ▭ 3-3.PRT 　▱ RIGHT 　▱ TOP 　▱ FRONT 　✕ PRT_CSYS_DEF 　▸ ▨ 螺旋扫描 1 　▸ ▨ 拉伸 1 　　▨ 相交 1 　▸ ▨ 扫描 1 　　➤ 在此插入	

四、任务评价

　　图 3-3 中的三角形弹簧与常见的圆形弹簧相比，其建模难度更大，对于初学者来说，最大的困难在于如何运用曲面相交求得三角形螺旋线，其要点是分别绘制【螺旋扫描】曲面和三角形【拉伸】曲面（不分先后顺序），然后利用 Creo 自身的曲面【相交】命令得到该三角形螺旋线。最后运用【扫描】命令完成最终实体弹簧的创建。

　　要说明的是，如果将三角形【拉伸】曲面更换为四边形、五角星等任何其他形状的【拉伸】曲面，则可得到四边形弹簧、五角星弹簧等其他异形弹簧。

任务三　齿轮的三维建模

　　齿轮是广泛用于机器或部件中的传动零件，可完成动力传递，或实现转速和转向等功能。严格来说，齿轮不属于标准件，但是其轮齿部分已标准化了，且轮齿的齿廓曲线一般都是渐开线之类的可用数学方程式表达的曲线，所以本任务主要讨论如何运用 Creo 的参数、关系和方程进行三维建模。

一、任务下达

　　本任务通过二维工程图的方式下达，图 3-5 所示，图样中暂不可虑材料、齿面硬度、表明粗糙度、尺寸精度等技术要求。与以前建模任务不同的是：该直齿圆柱齿轮属齿形已标准化了的零件，从工程图的视图上很难看出齿形，只能根据有关标准的要求进行计算。为该零件建模的目的是为了今后在装配图中可以直接调用该零件的三维实体模型，以求装配体的质量、重心等参数。

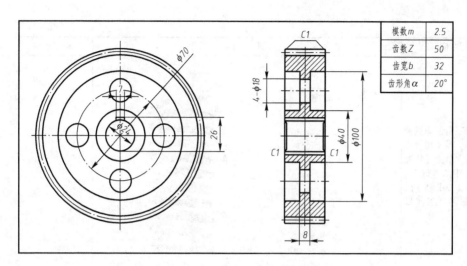

齿轮 1

齿轮 2

模数 m	2.5
齿数 Z	50
齿宽 b	32
齿形角 α	20°

图 3-5　直齿圆柱齿轮工程图

二、任务分析

图 3-5 是一个典型的常用件工程图，部分结构已按国标简化处理，看懂图纸是建模的第一步。该工程图主视图和左视图均无法直接看出齿廓形状，但是图中右上角已给出了该齿轮的四个关键参数，在建模时要全部考虑进去。图中的直齿圆柱齿轮总体上是一个回转体零件，基体部分可用旋转命令建模。齿轮的实体建模最关键的是渐开线轮齿的建模，而渐开线是一种可用数学方程式表达的曲线，所以本任务要重点掌握如何在 Creo 中运用参数、关系和方程进行三维建模。

完成该模型的创建需用到 Creo 的【草绘】、【草绘中心线】、【旋转】、【拉伸】、【基准平面】、【阵列】、【倒角】、【参数】、【关系】和【方程】等特征命令。直齿圆柱齿轮主要建模流程如图 3-6 所示。

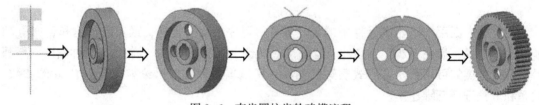

图 3-6　直齿圆柱齿轮建模流程

三、任务实施

下面开始对图 3-5 所示的直齿圆柱齿轮进行三维建模，有关步骤和说明详见表 3-4。

表 3-4　直齿圆柱齿轮建模步骤及说明

步骤	操作说明	图　例	备　注
1	按学习情境一中任务一的讲解完成 Creo 的安装与配置	（略）	进行三维建模前完成软件安装与配置

步骤	操作说明	图 例	备 注
2	打开 Creo 软件，单击【快速访问工具栏】-【新建】按钮，新建一个文件名为"3-5"的实体文件（按右图步骤）	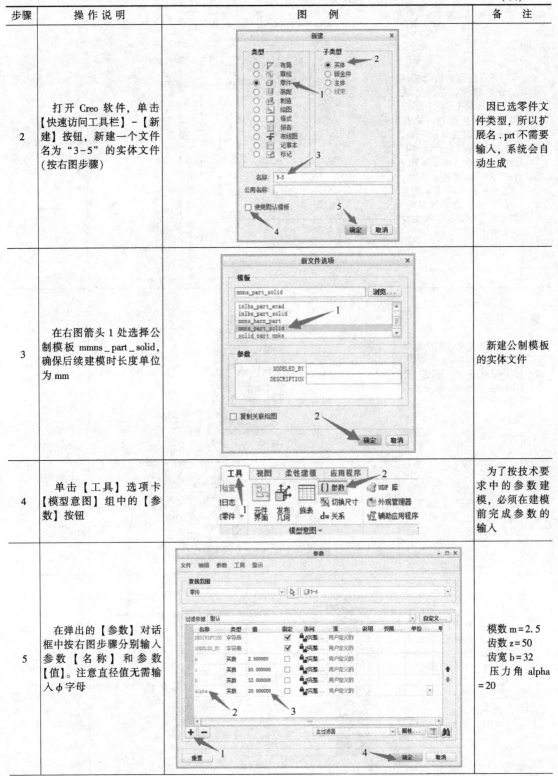	因已选零件文件类型，所以扩展名.prt 不需要输入，系统会自动生成
3	在右图箭头 1 处选择公制模板 mmns_part_solid，确保后续建模时长度单位为 mm		新建公制模板的实体文件
4	单击【工具】选项卡【模型意图】组中的【参数】按钮		为了按技术要求中的参数建模，必须在建模前完成参数的输入
5	在弹出的【参数】对话框中按右图步骤分别输入参数【名称】和参数【值】。注意直径值无需输入 ϕ 字母		模数 m=2.5 齿数 z=50 齿宽 b=32 压力角 alpha =20

步骤	操 作 说 明	图　例	备　注
6	接下来先完成齿轮基体部分的建模。单击【模型】选项卡【形状】组中的【旋转】按钮，选择Front基准面为草绘平面，进入草绘环境后绘制如右图所示草绘（与 x 轴和 y 轴重合的是两条中心线，水平中心线是为了标注直径尺寸和后续实体旋转，竖直中心线是为了添加左右对称约束）	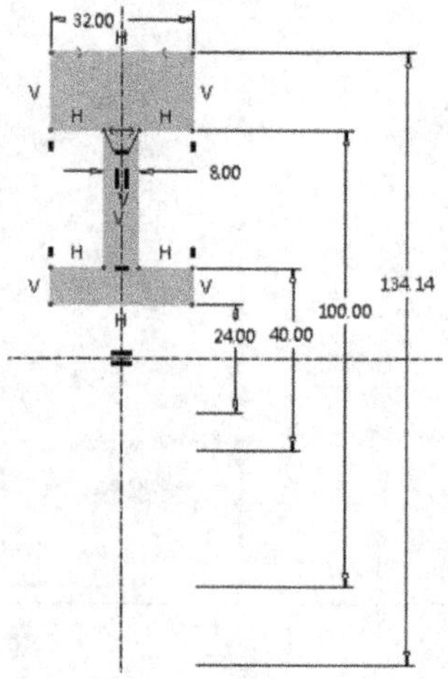	本步骤通过绕水平中心线旋转360°得到齿轮基体，所以只画一半草绘
7	退出草绘后，系统默认将草绘绕水平中心线旋转，保持默认的360°不变，单击按钮✓按钮，结果如右图所示	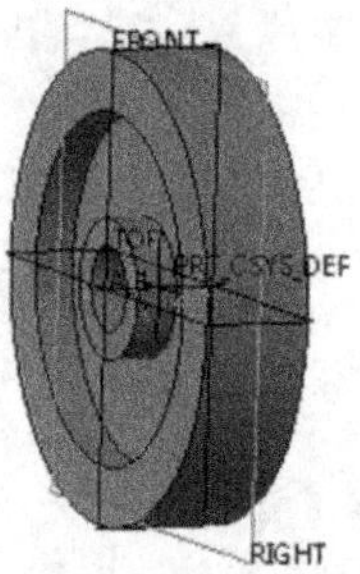	
8	单击【工具】选项卡【模型意图】组中的【d=关系】按钮	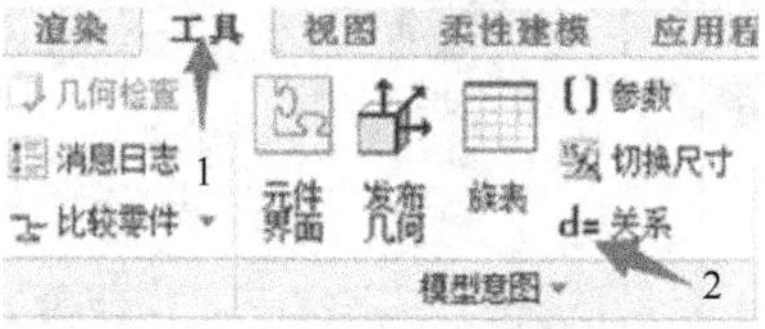	
9	弹出【关系】对话框，此时用鼠标单击上一步创建的齿轮基体模型，系统显示各个尺寸的内部代码。为箭头 1、2、3 三处尺寸添加以下关系式： $d6 = b$ $d3 = 0.25 * b$ $d5 = m * z + 4 * m$	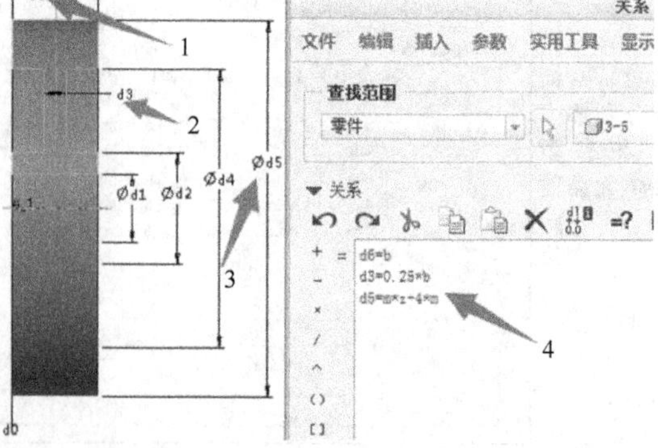	箭头 1、2、3 三处尺寸的代码未必和本图一致，读者只需单击相应箭头处的尺寸代码并添加关系式即可

步骤	操作说明	图　例	备　注
10	下面开键槽。单击【模型】选项卡【形状】组中的【拉伸】按钮，选择 Right 基准平面为草绘平面，进入草绘环境后绘制如右图所示草绘	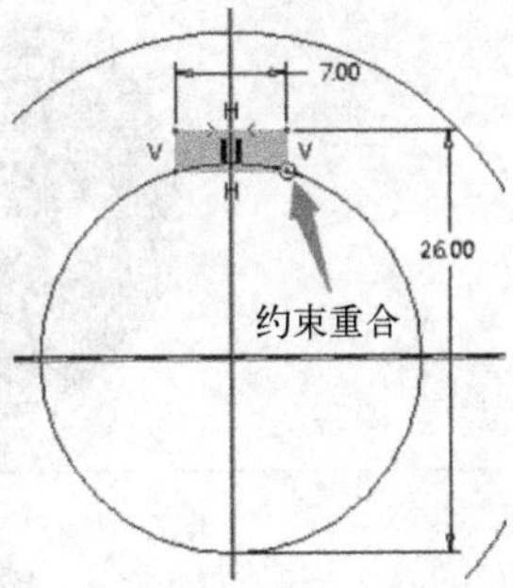 约束重合	键槽关于竖直中心左右对称，键槽草绘矩形下面两个角点和齿轮基体内孔重合
11	退出草绘环境，按右图完成键槽的切除	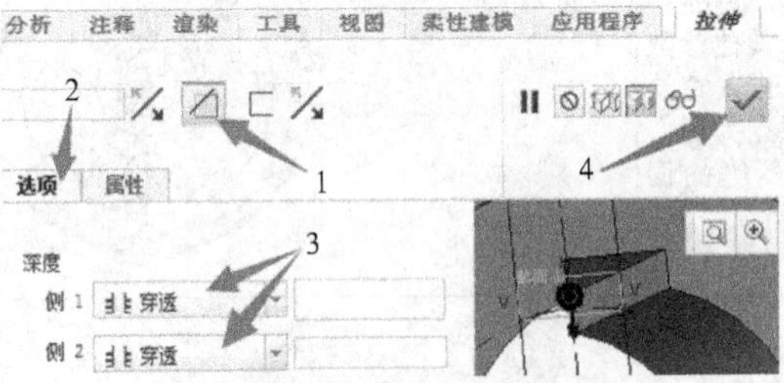	因键槽的草绘平面为 Right 基准平面，所以要设定两侧同时切除材料（均为穿透切除）
12	单击【模型】选项卡【形状】组中的【拉伸】按钮，在操控板上单击【移除材料】按钮，选择 Right 基准平面为草绘平面，进入草绘环境后绘制如右图所示 φ18 的圆	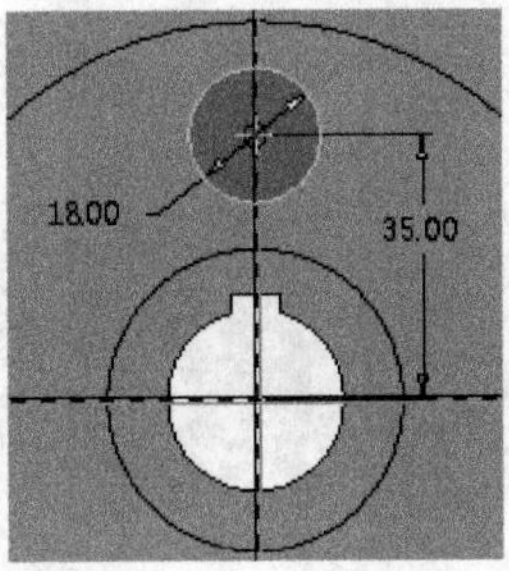	
13	退出草绘环境，按右图完成圆孔的切除	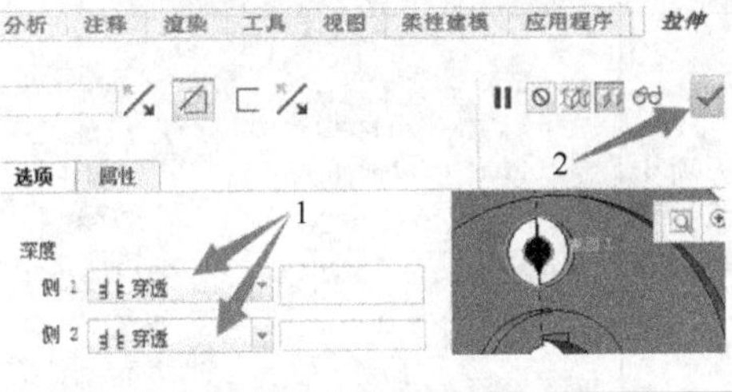	
14	选中刚刚创建好的圆孔，单击【模型】选项卡【编辑】组中的【阵列】按钮，在右图箭头 1 处选择【轴】阵列，箭头 2 处选择轴线 A_1，其他参数保持默认不变，完成 4 个圆孔圆周阵列	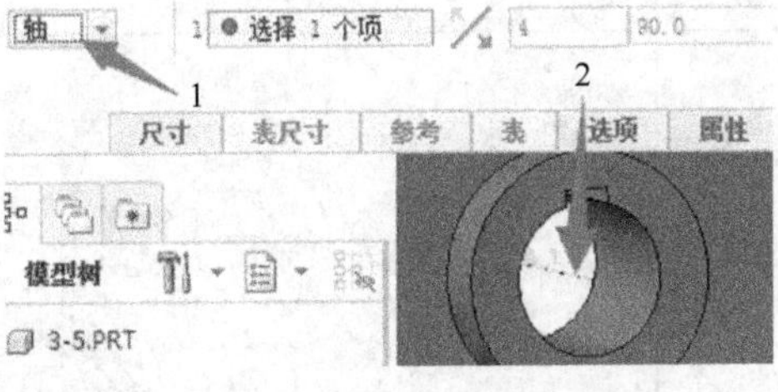	若轴线 A_1 不可见，则单击【视图】工具栏的【基准显示过滤器】按钮并勾选【轴显示】复选框

(续)

步骤	操作说明	图 例	备 注
15	完成阵列后的模型如右图所示	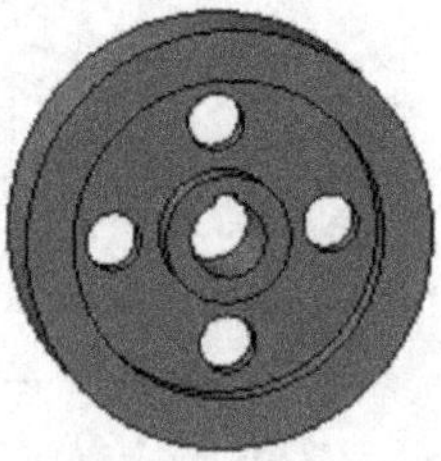	
16	单击【模型】选项卡【基准】组中的【草绘】按钮，选择 Right 基准平面为草绘平面，其他参数保持默认不变，进入草绘环境，以坐标原点为圆心绘制四个直径不等的同心圆	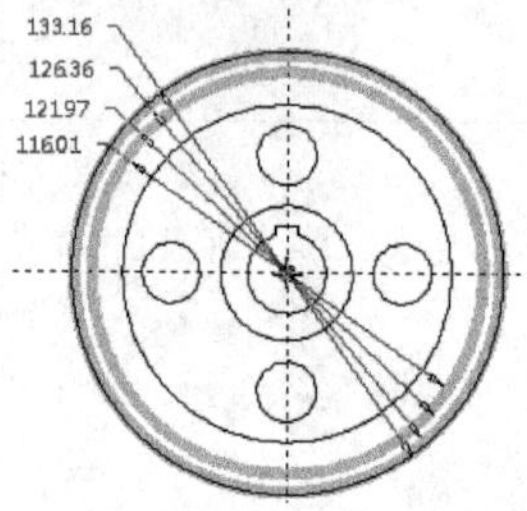 133.16 126.36 121.97 116.01	
17	单击【工具】选项卡【模型意图】组中的【d = 关系】按钮，在【关系】对话框中输入以下关系式： $sd0 = m * (z+2)$ $sd1 = m * z$ $sd2 = m * z * cos(alpha)$ $sd3 = m * (z-2.5)$ $db = sd2$ 单击【草绘】操控板右侧的确定按钮✔，退出草绘环境，结果如右图所示	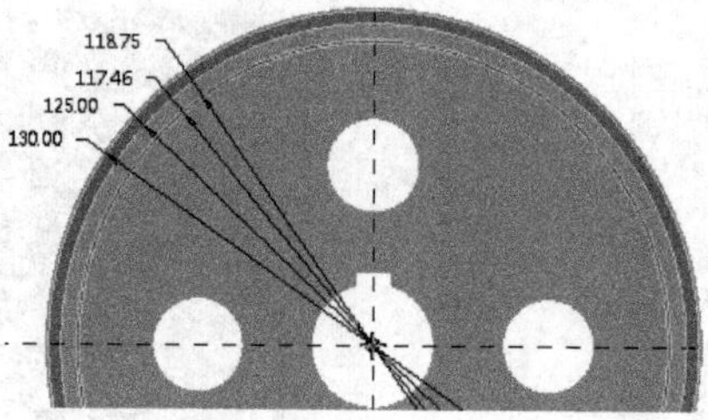 118.75 117.46 125.00 130.00	sd0 为齿顶圆直径；sd1 为分度圆直径；sd3 为齿根圆直径；sd2 和 db 为基圆直径，db 属于关系驱动的参数
18	单击【模型】选项卡【基准】组下【曲线】下的【来自方程的曲线】按钮，如右图所示	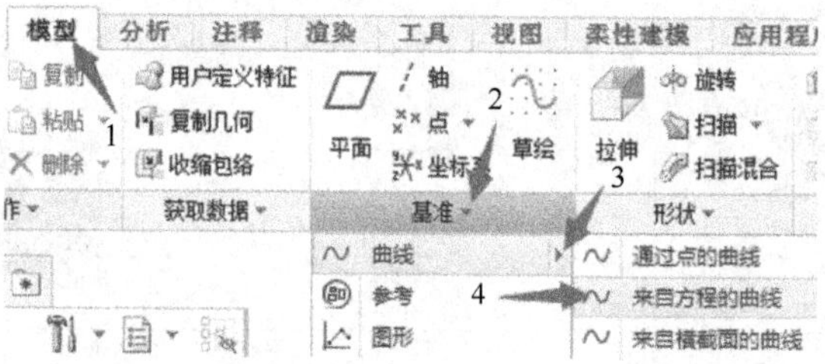	
19	在弹出的【曲线：从方程】选项卡中选择【笛卡尔】坐标系，并根据状态栏提示选择图中唯一的坐标系	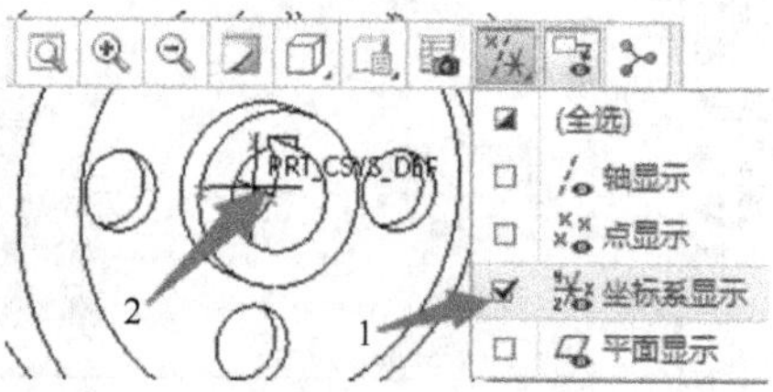	坐标系也可从模型树中直接选取，即单击 PRT_CSYS_DEF

104

步骤	操 作 说 明	图　　例	备　注
20	在【曲线：从方程】选项卡中单击【方程】按钮，在【方程】对话框中输入以下关系式： r=db/2 theta=t*60 x=0 y = r * cos（theta）+ r *（theta * pi/180）* sin（theta） z = r * sin（theta）−r *（theta * pi/180）* cos（theta）	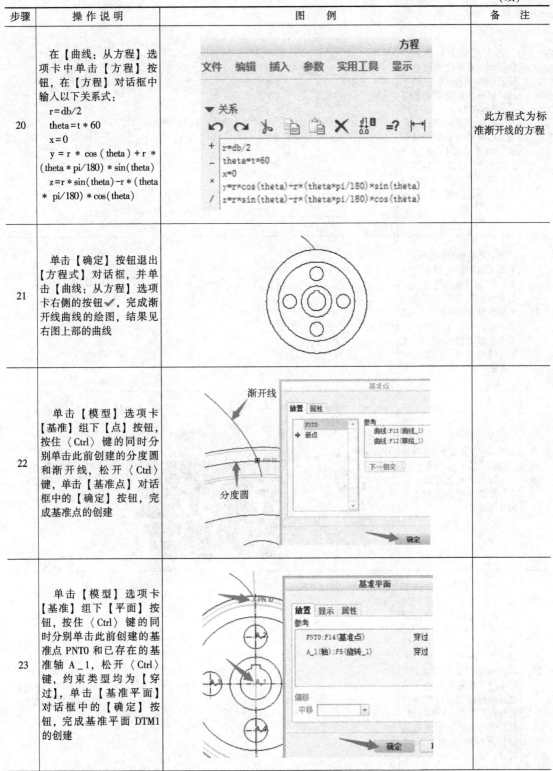	此方程式为标准渐开线的方程
21	单击【确定】按钮退出【方程式】对话框，并单击【曲线：从方程】选项卡右侧的按钮✔，完成渐开线曲线的绘图，结果见右图上部的曲线		
22	单击【模型】选项卡【基准】组下【点】按钮，按住〈Ctrl〉键的同时分别单击此前创建的分度圆和渐开线，松开〈Ctrl〉键，单击【基准点】对话框中的【确定】按钮，完成基准点的创建		
23	单击【模型】选项卡【基准】组下【平面】按钮，按住〈Ctrl〉键的同时分别单击此前创建的基准点 PNT0 和已存在的基准轴 A_1，松开〈Ctrl〉键，约束类型均为【穿过】，单击【基准平面】对话框中的【确定】按钮，完成基准平面 DTM1 的创建		

步骤	操 作 说 明	图 例	备 注
24	单击【模型】选项卡【基准】组下【平面】按钮，按住〈Ctrl〉键的同时分别单击此前创建的基准平面 DTM1 和已存在的基准轴 A_1，松开〈Ctrl〉键，约束类型分别为【偏移】和【穿过】，偏移角度为 0.7，单击【基准平面】对话框中的【确定】按钮，完成基准平面 DTM2 的创建	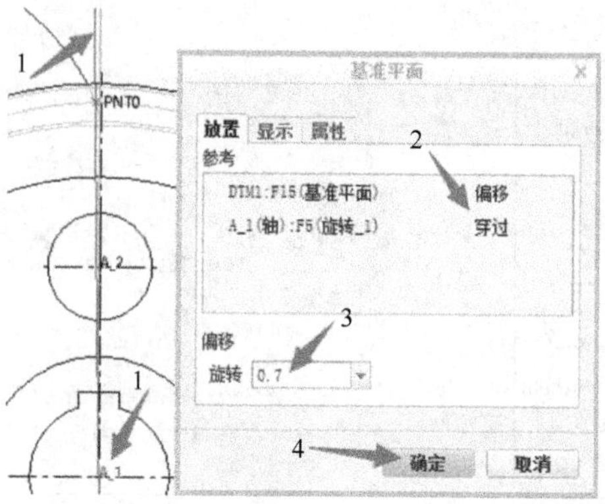	
25	选中之前创建的渐开线，单击【模型】选项卡【编辑】组下【镜像】按钮，根据状态栏的提示，选取上述基准平面 DTM2 为镜像平面，单击【镜像】选项卡右侧的按钮 ✔，完成渐开线的镜像，结果如右图所示	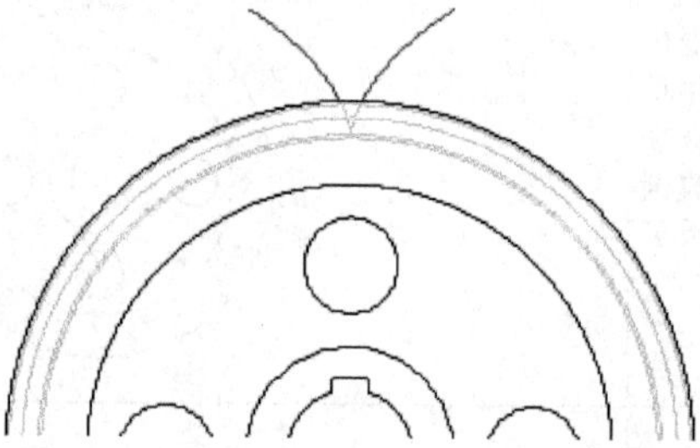	
26	单击【模型】选项卡【工程】组下【倒角】按钮，按右图步骤对圆柱体两条外边线和轴孔两条内边线倒角 C1	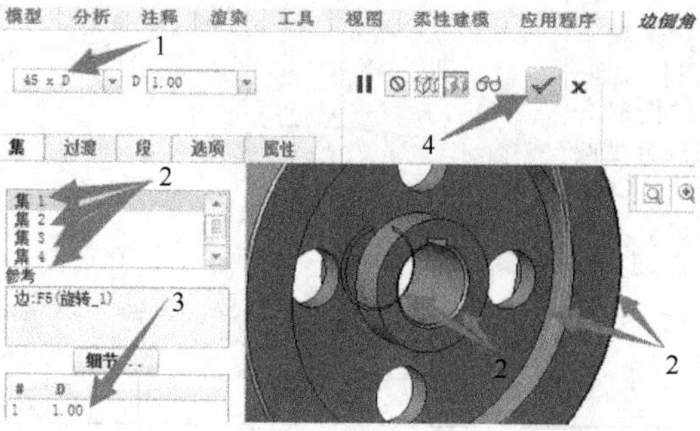	左图多个 2 箭头表明要重复多次操作
27	单击【模型】选项卡【形状】组下【拉伸】按钮，按下【拉伸】操控板上的【移除材料】命令，选取 Right 基准平面为草绘平面，按默认设置进入草绘环境，单击【草绘】组中的【投影】按钮，分别选中齿顶圆、齿根圆和两条渐开线进行投影绘图，然后用【编辑】组【删除段】命令将多余的线条删除	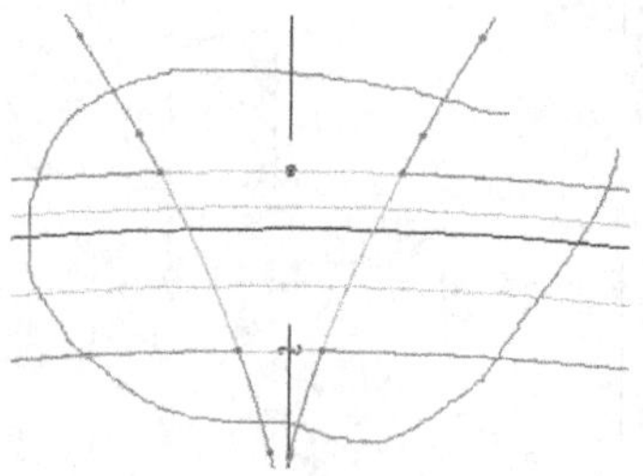	单击【删除段】按钮后按住鼠标并移动鼠标，所经过的曲线一律被删除

步骤	操作说明	图　例	备　注
28	单击【草绘】组中【圆角】按钮在齿根部倒圆角 $R0.5$，结果如右图所示	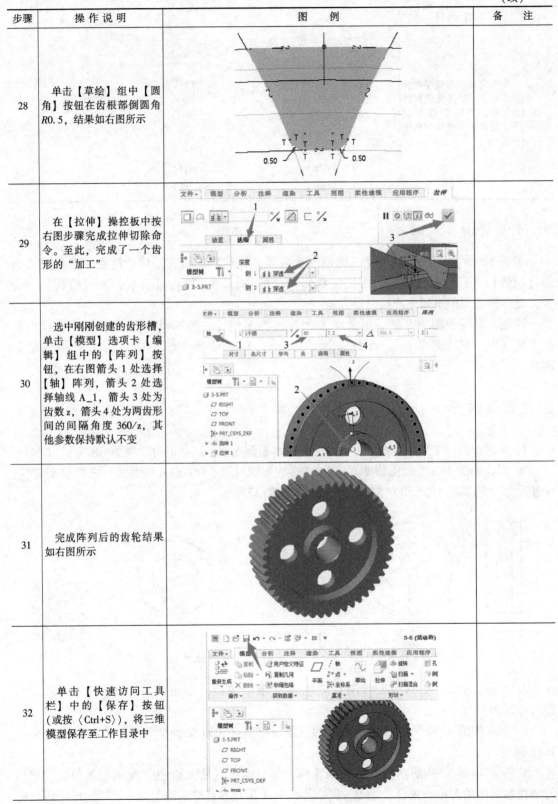	
29	在【拉伸】操控板中按右图步骤完成拉伸切除命令。至此，完成了一个齿形的"加工"		
30	选中刚刚创建的齿形槽，单击【模型】选项卡【编辑】组中的【阵列】按钮，在右图箭头 1 处选择【轴】阵列，箭头 2 处选择轴线 A_1，箭头 3 处为齿数 z，箭头 4 处为两齿形间的间隔角度 360/z，其他参数保持默认不变		
31	完成阵列后的齿轮结果如右图所示		
32	单击【快速访问工具栏】中的【保存】按钮（或按〈Ctrl+S〉），将三维模型保存至工作目录中		

步骤	操 作 说 明	图　　例	备　注
33	建模完成后的模型树如右图所示，从【旋转】特征开始，共用了 11 个特征，总体来说建模过程不算复杂	模型树　T| ▾ ▤　　　　　　　草绘 1 ▢ 3-5.PRT　　　　　　曲线 1 ▢ RIGHT　　　　　×× PNT0 ▢ TOP　　　　　　▢ DTM1 ▢ FRONT　　　　　▢ DTM2 ✖ PRT_CSYS_DEF　　▶ 镜像 1 ▶ 旋转 1　　　　　倒角 1 ▶ 拉伸 1　　　　　▶ 阵列 2 / 拉伸 3 ▶ 阵列 1 / 拉伸 2　　◆ 在此插入	

四、任务评价

图 3-5 所示的直齿圆柱齿轮三维建模难在渐开线齿廓的构建，建模过程中要用到 Creo 的【旋转】、【拉伸】、【基准平面】、【阵列】、【倒角】、【参数】、【关系】和【方程】等命令，是一种典型的系列化产品设计方法。

同理，只要模型中有可以用数学方程表达的曲线，一般都可以用上述的齿轮建模思路完成建模，这也是 Creo、SolidWorks、UG NX、CATIA 等三维参数化 CAD 软件的优势所在。

强化训练题三

1. 完成如图 3-7 所示垫圈工程图对应的三维模型建模，其标记为"垫圈 GB/T 97.1 14"。

2. 完成如图 3-8 所示工程图对应的 M12 六角螺母（GB/T 6170—2000）三维模型建模，未注尺寸（如螺距 1.25 等）按 GB/T 6170—2000 确定。

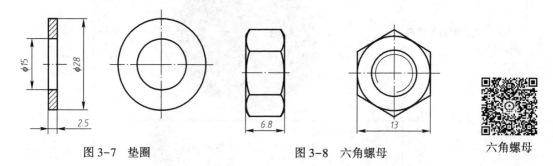

图 3-7　垫圈　　　　　　图 3-8　六角螺母　　　　　六角螺母

3. 完成如图 3-9 所示工程图对应的三维模型建模，六角头螺栓未注尺寸按 GB/T 5782—2000 确定。

4. 完成如图 3-10 所示工程图对应的三维模型建模，双头螺栓未注尺寸按 GB/T 897—1988 确定。

5. 完成如图 3-11 所示塑件的三维建模，并以绿色【带边着色】显示三维模型。建模时请注意图中的对称、重合、等距、同心等约束关系。零件壁厚均为 E。建模完成后请分析

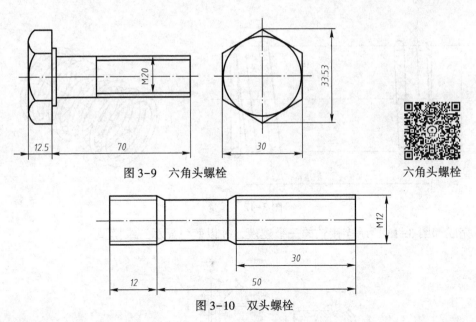

图 3-9　六角头螺栓

六角头螺栓

图 3-10　双头螺栓

查询该模型的体积（Creo【分析】选项卡【测量】组【体积】命令）。图中字母对应的尺寸见下表：

A	B	C	D	E
110	30	72	60	1.5

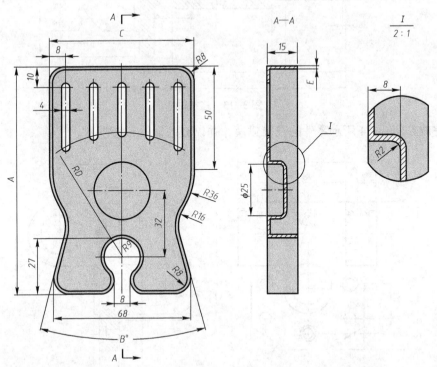

图 3-11　塑件

6. 完成如图 3-12 所示弹簧零件的三维建模，并以黄色显示三维模型。

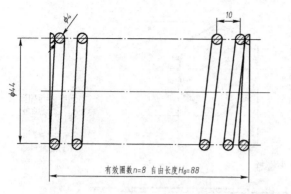
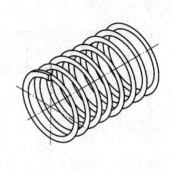

图 3-12 弹簧

7. 完成如图 3-13 所示连接轴的三维建模，并以蓝色显示三维模型。

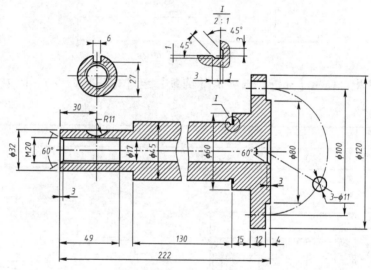

图 3-13 连接轴

8. 完成如图 3-14 所示零件的三维建模，并以红色显示三维模型。

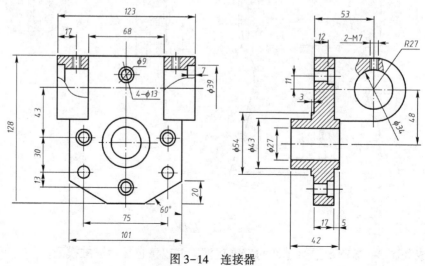

图 3-14 连接器

9. 完成如图 3-15 所示零件的三维建模，并按图示方向显示三维模型的轴测图。

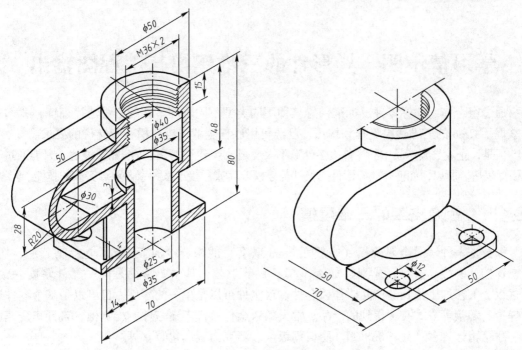

图 3-15　底座

10. 完成如图 3-16 所示直齿圆柱齿轮的三维模型建模（模数 $m=5$，齿数 $z=40$，齿形角 $\alpha=20°$）。

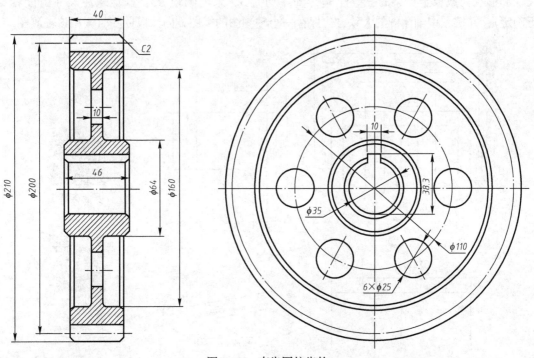

图 3-16　直齿圆柱齿轮

学习情境四 异形件的三维建模与工程图输出

通过组合体、非标零件、标准件等三种不同类型不同难度零件的三维建模训练，我们基本掌握了 Creo 的三维建模流程和技巧，已经可以胜任企业三维建模初级岗位的要求。

但是，企业真实产品中的零件大多外形不太规则，甚至无法用工程图完整表达，只能通过三维模型表达。所以，如何完成异形件的设计与建模，就成了接下来大家要重点突破的技能。

任务一 钣金支架的三维建模

钣金是一种针对金属薄板（一般在 6mm 以下）的综合冷加工工艺，包括剪、冲、切、折、焊接、铆接、拼接、成型（如汽车车身）等工艺，其主要特征是同一零件厚度一致。通过钣金工艺加工得到的产品叫作钣金件。钣金件可以是单一的零件，也可以是多个零件通过焊接、铆接等方式装配得到的产品。常见的钣金件有汽车覆盖件、配电柜、自行车变速齿轮、冰箱箱体、台式计算机机箱、防盗门钣金、巧克力金属包装盒等。

一、任务下达

本任务通过二维工程图和轴测图的方式下达（未给出全部尺寸），要求按如图 4-1 中的尺寸和形状完成钣金支架的三维建模（壁厚均为 3、未注圆角 R3，其他未注尺寸由读者自行确定），并按图中轴测图的大致方位保存一个轴测图的视图方向，以便随时调用该轴测图。

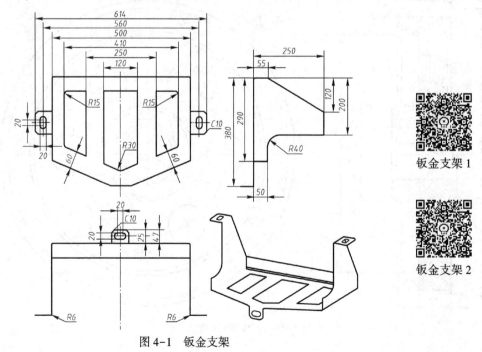

钣金支架 1

钣金支架 2

图 4-1 钣金支架

二、任务分析

图中的钣金支架是一个典型的壁厚均一的钣金零件，用于安装固定其他零部件（或产品）。考虑到这种零件一般通过冲压成型工艺制造，所以需计算钢板原材料的形状及大小，以便准确下料。这种薄壁件的建模与此前的实体零件建模不完全一样，最终需要在钣金专用设计环境下完成建模过程，所以很多特征命令与实体建模完全不一样。

完成该模型的创建需用到 Creo 的【草绘】、【拉伸】（含切除材料)、【转换为钣金件】、【转换】、【镜像】、【平整】、【倒角】、【展平】、【折回】等特征命令，可以看出，大多数特征命令此前都不曾用到。钣金支架主要建模流程如图 4-2 所示。

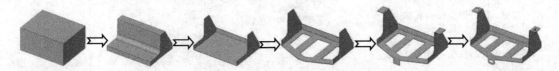

图 4-2　钣金支架主要建模流程

三、任务实施

表 4-1 详细讲解完成图 4-1 所示钣金支架的建模步骤及注意事项。

表 4-1　钣金支架建模步骤及注意事项

步骤	操作说明	图　例	备　注
1	按学习情境一中任务一的讲解完成 Creo 的安装与配置	（略）	进行三维建模前完成软件安装与配置
2	打开 Creo 软件，单击【快速访问工具栏】-【新建】按钮，新建一个文件名为"4-1"的零件文件（按右图步骤)，【确定】后在【新文件选项】对话框中选择公制模板 mmns_part_solid，可使建模时长度单位为 mm		Creo 为美国 PTC 公司所开发，默认模版均为英制单位
3	单击【模型】选项卡【形状】组中的【拉伸】按钮，选择 Front 基准面为草绘平面，其他保持默认设置，进入草绘环境后单击【草绘视图】按钮，使草绘平面与显示器平面平行，绘制如右图所示的草绘		先绘制水平和竖直中心线，再用矩形命令绘制矩形，可在绘制过程中自动捕捉对称约束，以提高绘图效率

步骤	操作说明	图　例	备　注
4	退出草绘后，输入拉伸深度为250，其他保持默认不变	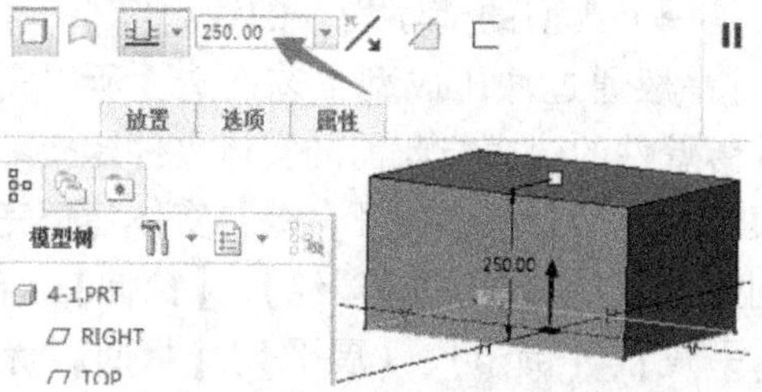	
5	单击【模型】选项卡【形状】组中的【拉伸】按钮，按右图步骤设置拉伸切除命令，选择长方体右端面为草绘平面，其他参数保持默认值，进入草绘环境	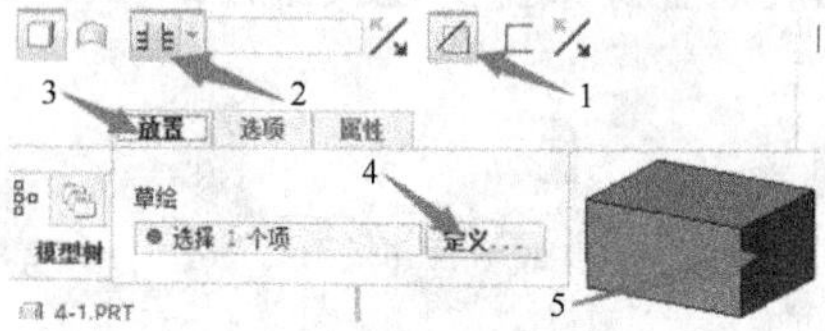	
6	单击【设置】组中的【参考】按钮，选择长方体的其他边为参考边，以便后续绘图时能自动捕捉已有边线（否则要手动添加【重合】约束）	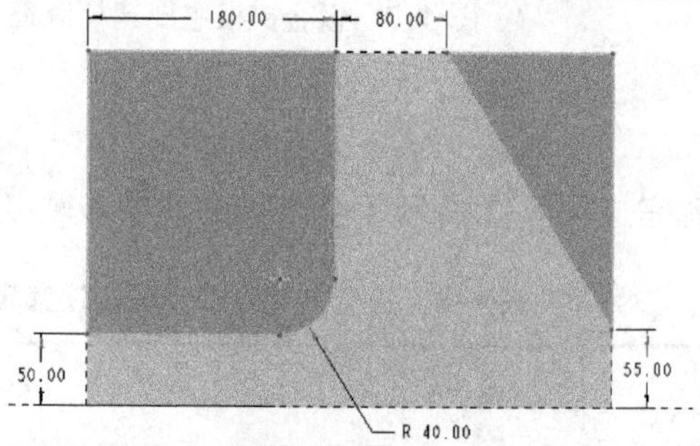	
7	退出草绘，结束拉伸切除特征命令，结果如右图所示	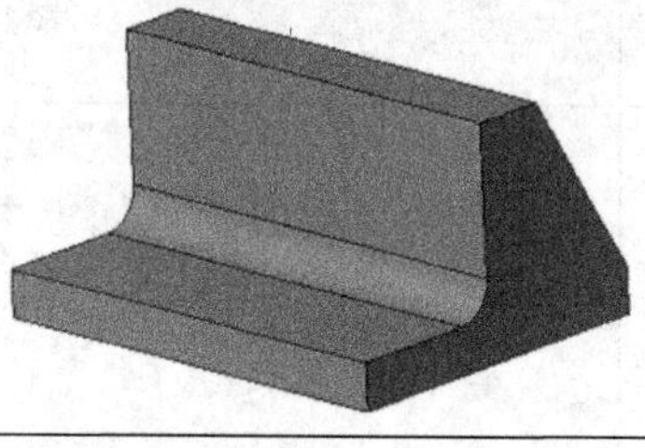	
8	单击【模型】选项卡【操作】组中的【转换为钣金件】按钮，见右图步骤	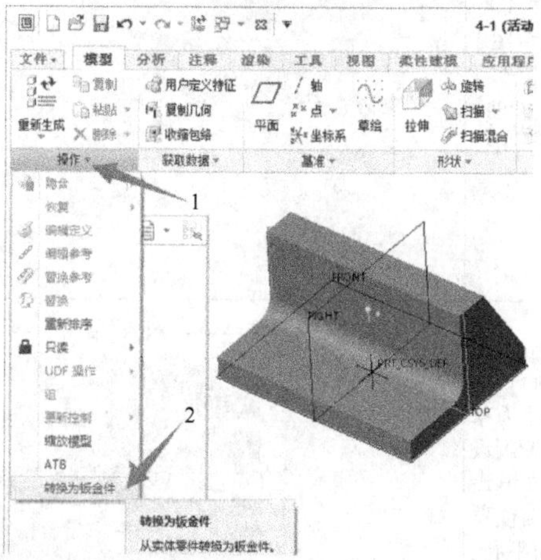	

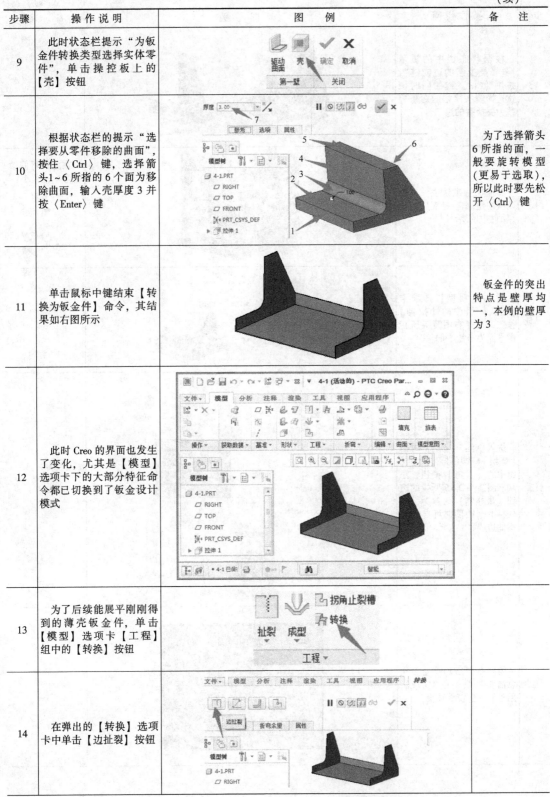

步骤	操 作 说 明	图 例	备 注
9	此时状态栏提示"为钣金件转换类型选择实体零件",单击操控板上的【壳】按钮		
10	根据状态栏的提示"选择要从零件移除的曲面",按住〈Ctrl〉键,选择箭头1~6所指的6个面为移除曲面,输入壳厚度3并按〈Enter〉键		为了选择箭头6所指的面,一般要旋转模型(更易于选取),所以此时要先松开〈Ctrl〉键
11	单击鼠标中键结束【转换为钣金件】命令,其结果如右图所示		钣金件的突出特点是壁厚均一,本例的壁厚为3
12	此时 Creo 的界面也发生了变化,尤其是【模型】选项卡下的大部分特征命令都已切换到了钣金设计模式		
13	为了后续能展平刚刚得到的薄壳钣金件,单击【模型】选项卡【工程】组中的【转换】按钮		
14	在弹出的【转换】选项卡中单击【边扯裂】按钮		

(续)

115

步骤	操作说明	图　例	备　注
15	根据状态栏中的提示"选择要扯裂的边或链"，按住〈Ctrl〉键的同时依次选择箭头所指的两条边线为要扯裂的边	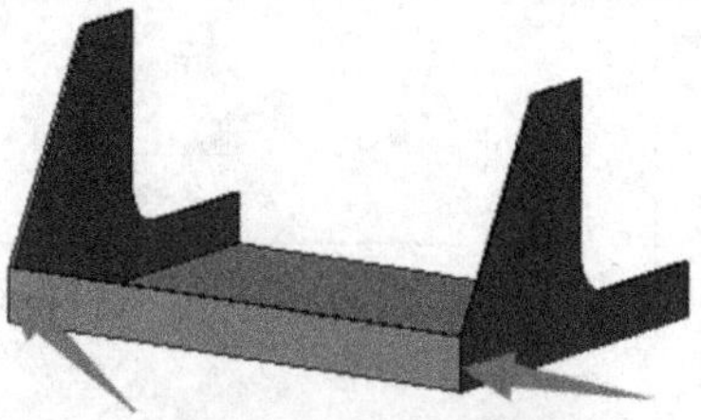	
16	其他保持默认值，单击两次按钮✔，扯裂后的结果如右图所示		在此处可修改折弯半径大小： 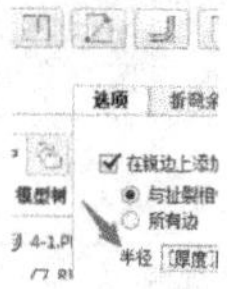 半径　厚度
17	单击【模型】选项卡【形状】组中的【拉伸】按钮，选择右图箭头所指的平面为草绘平面	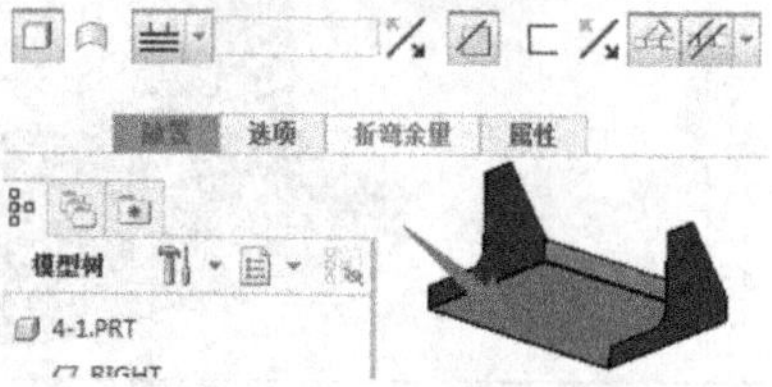	
18	进入草绘环境后，单击【草绘】选项卡【设置】组中的【参考】按钮，添加右图箭头 2~5 所指的边线（最外侧）为参考，以便接下来绘图时可自动捕捉此边线	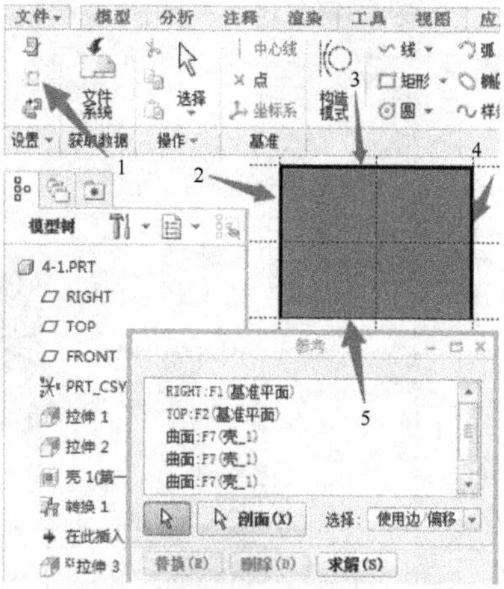	
19	绘制右图所示草绘。注意箭头处是一条中心线，用于下一步镜像草绘	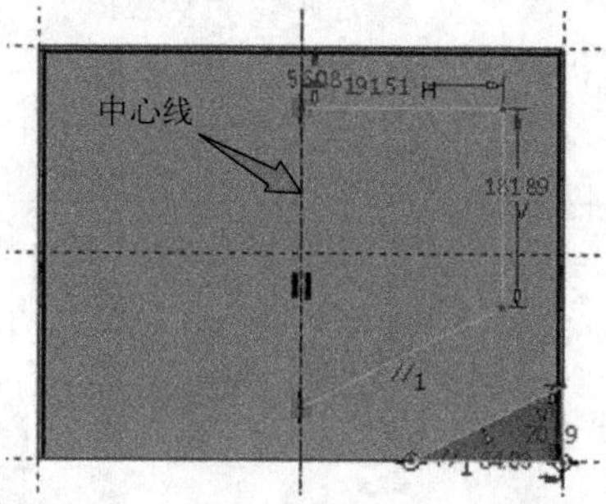	

步骤	操作说明	图　例	备　注
20	框选上一步的草绘，单击【草绘】选项卡【编辑】组中的【镜像】按钮，此时状态栏提示"选择一条中心线"，单击竖直中心线，结果如右图所示	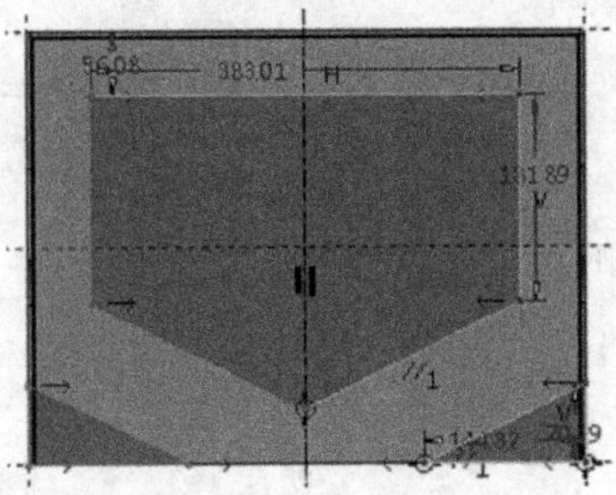	
21	继续修改完善草绘，添加约束和尺寸后，结果如右图所示	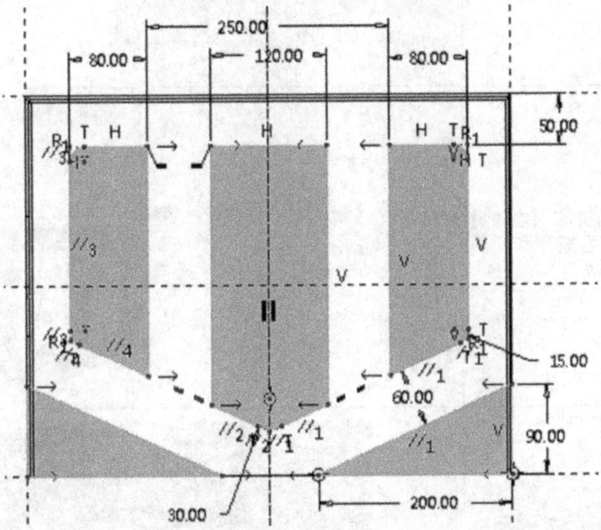	
22	退出草绘，按右图设置两侧的深度均为【穿透】	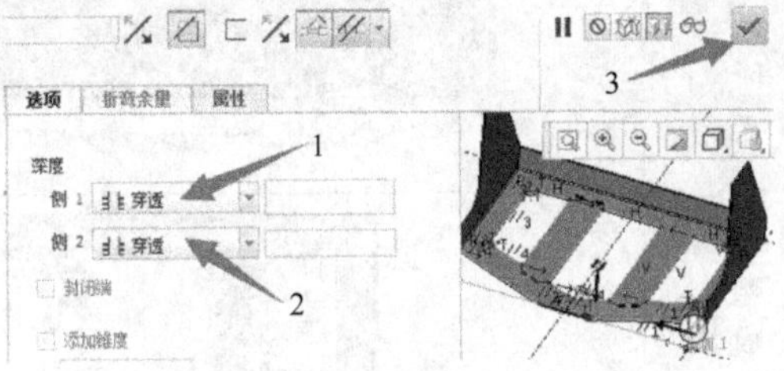	
23	以 Front 视图（即主视图）显示模型，发现右图箭头 3 所指的地方上下较窄，需要修改此处的尺寸	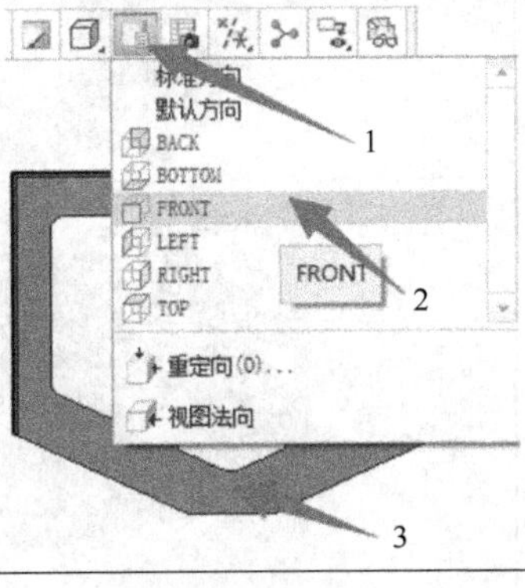	

步骤	操 作 说 明	图 例	备 注
24	在【模型树】中右击刚刚创建的拉伸3，在弹出的快捷菜单中选择【编辑定义】命令	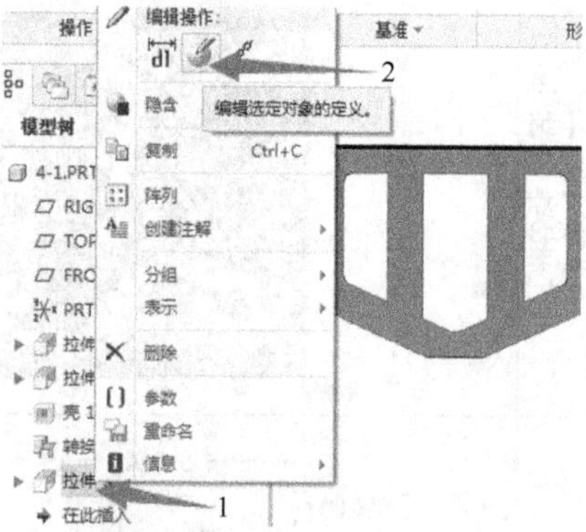	【编辑定义】用于修改此前完成的特征参数（包括草绘），在进行产品设计（而不是抄图建模）时经常被用到，读者要熟练掌握
25	系统自动弹出【拉伸】选项卡，按右图步骤重新进入草绘环境	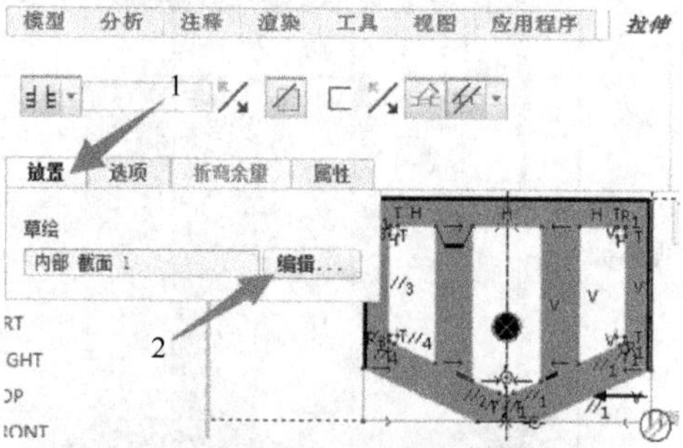	
26	双击箭头所指的尺寸200，修改为220	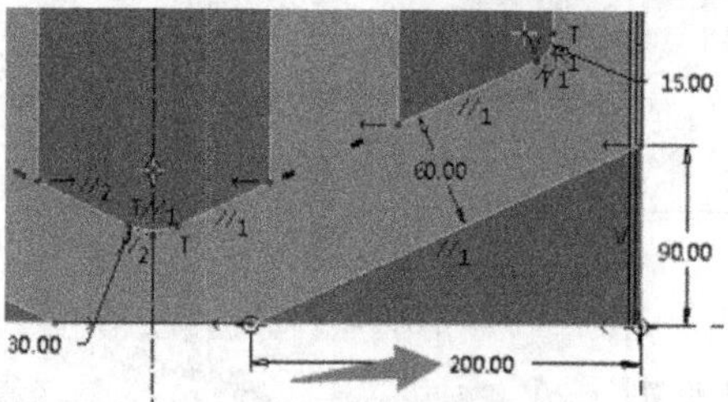	事实上，按国标要求，此处的尺寸220一般不标，要转化成对称标注
27	退出草绘，完成拉伸（切除）特征修改后的模型如右图所示		
28	单击【模型】选项卡【形状】组中的【平整】按钮，此时状态栏提示"选择一个边连到壁上"，旋转并缩放模型到合适的方位，用鼠标单击右图箭头所指的边线	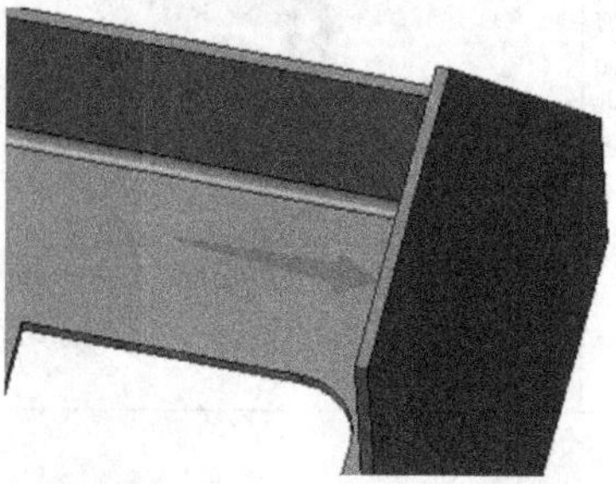	

步骤	操作说明	图　例	备　注
29	保持【矩形】【90】等参数不变，单击【形状】集，双击尺寸修改为60	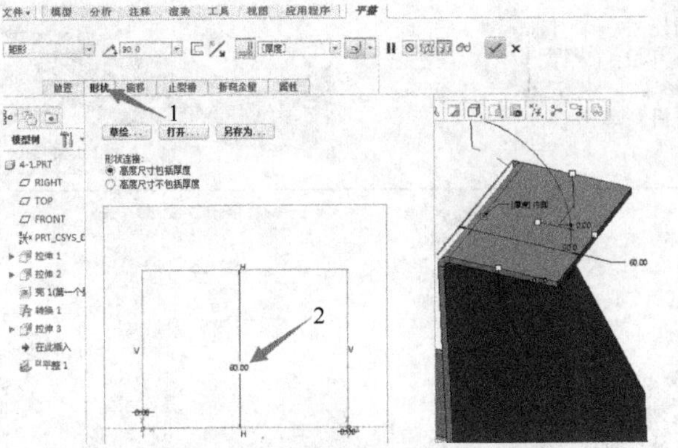	
30	单击【止裂槽】集，选择类型为【无止裂槽】	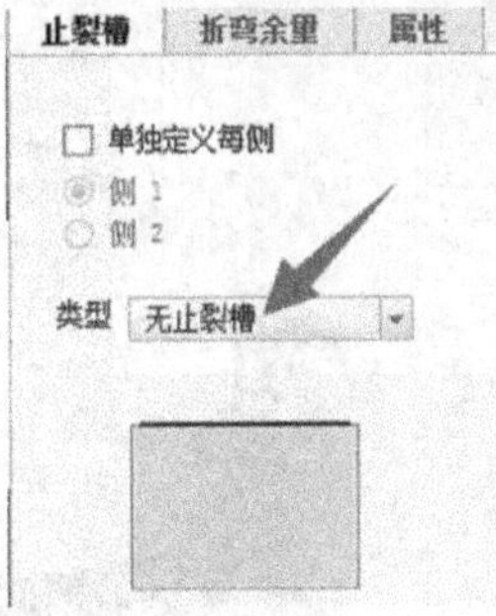	
31	单击【折弯余量】集，勾选【特征专用设置】复选框，单击【按折弯表】单选按钮	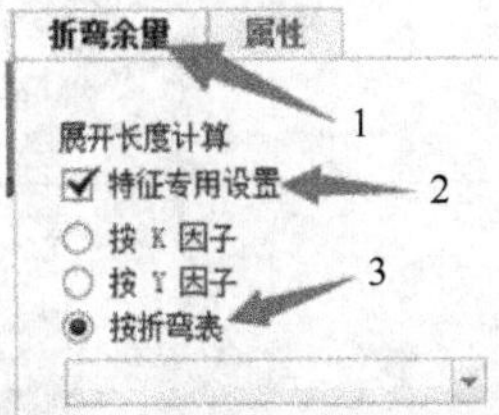	
32	单击【平整】选项卡右侧的按钮✔，完成【平整】特征建模，结果如右图所示		
33	选中刚才创建的【平整】特征，单击【模型】选项卡【编辑】组中的【镜像】按钮，状态栏提示"选择一个平面或目的基准平面作为镜像平面"，此时选择 Right 基准面为镜像平面，按中键结束，结果见右图	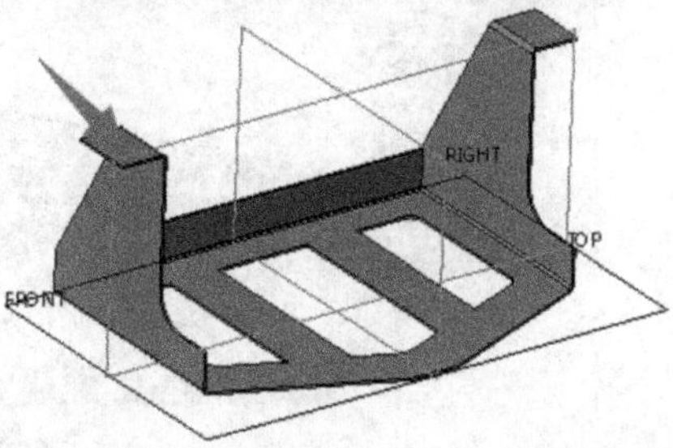	

步骤	操 作 说 明	图　　例	备　注
34	同理，创建另一个【平整】特征。单击【模型】选项卡【形状】组中的【平整】按钮，单击箭头所指的边线	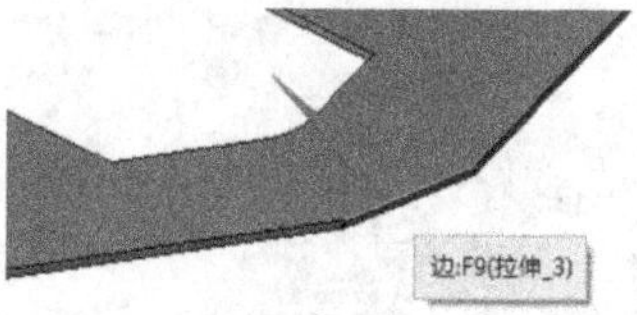 边:F9(拉伸_3)	
35	修改【形状】集中的尺寸为 50。其他所有参数按照前述【平整】特征设置	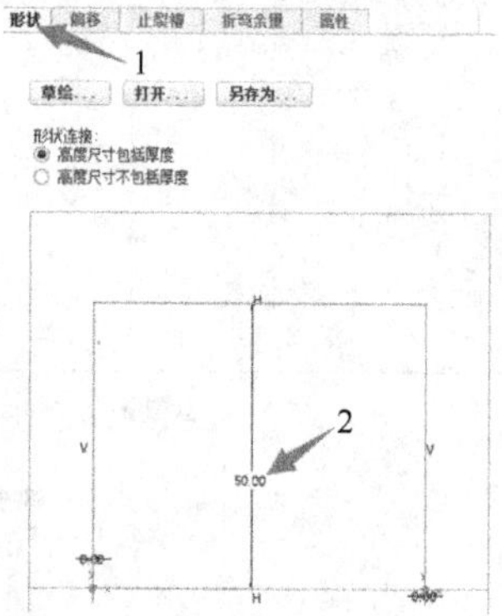 形状 偏移 止裂槽 折弯余量 属性 1 草绘... 打开... 另存为... 形状连接: ● 高度尺寸包括厚度 ○ 高度尺寸不包括厚度 2 50.00	
36	完成后的结果如右图所示	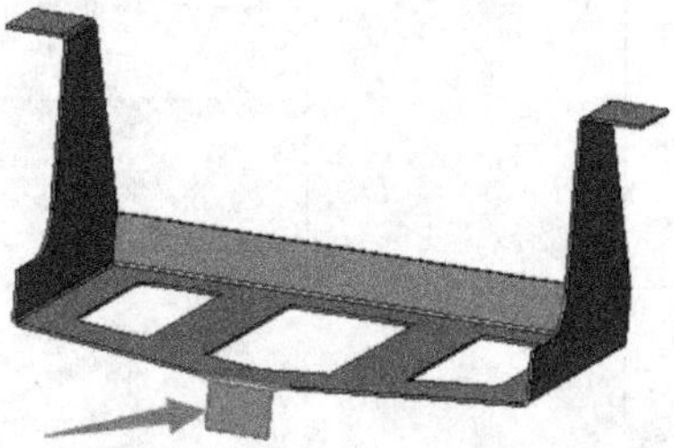	
37	单击【模型】选项卡【工程】组中的【倒角】下的【边倒角】按钮，选中前面创建的三个【平整】钣金壁的六条短边，按右图参数完成 6 个 C10 的倒角建模	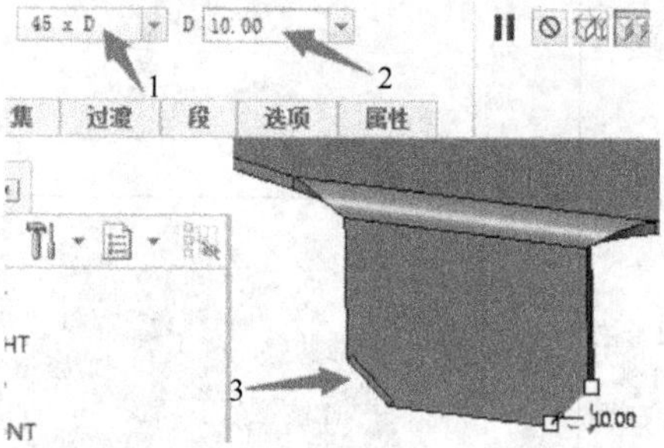 45 x D D 10.00 1 2 集 过滤 段 选项 属性 HT 3 10.00 NT	
38	结果如右图所示	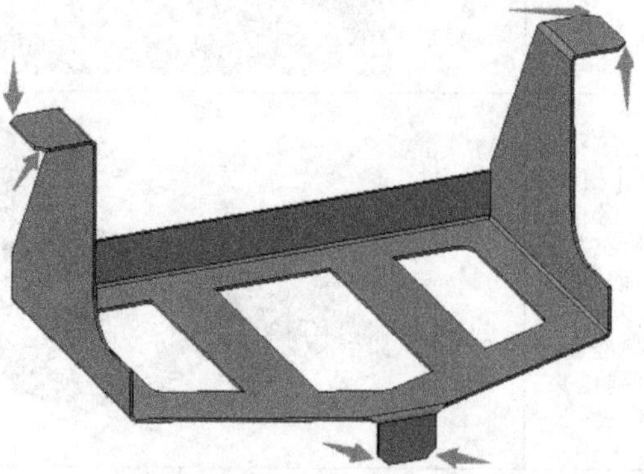	

步骤	操作说明	图例	备注
39	单击【模型】选项卡【形状】组中的【拉伸】按钮，按右图设置有关参数后，选择箭头所指的平面为草绘平面	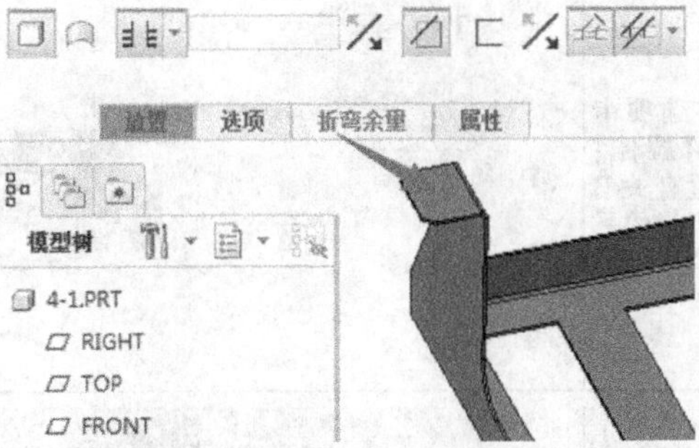	
40	绘制右图所示的草绘	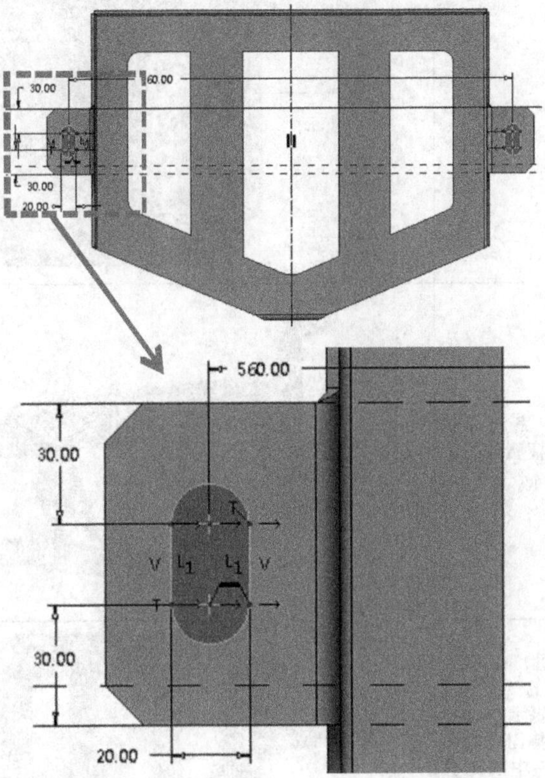	为了适应安装间距误差的需要，安装孔一般不宜设计成圆孔
41	退出草绘，完成【拉伸】切除后的模型如右图所示	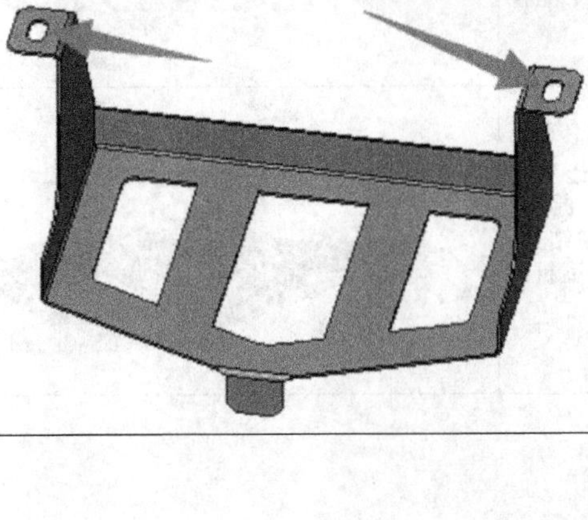	

步骤	操作说明	图　例	备　注
42	单击【模型】选项卡【形状】组中的【拉伸】按钮，按右图设置有关参数后，选择箭头所指的平面为草绘平面	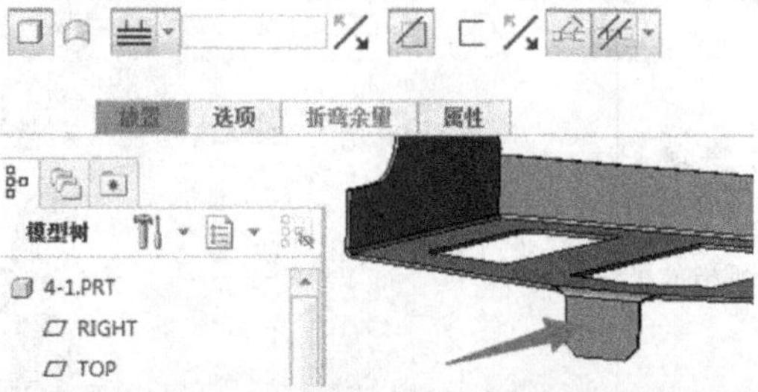	
43	绘制右图所示的草绘	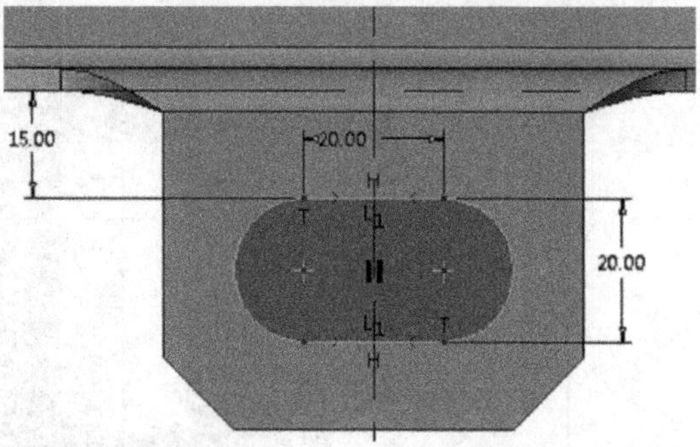	
44	退出草绘，完成【拉伸】切除后的模型如右图所示		
45	单击【模型】选项卡【折弯】组中的【展平】按钮，状态栏提示"选择要在展平时保持固定的曲面或边"，选择中间部分为固定曲面，结果如右图所示		
46	单击【模型】选项卡【折弯】组中的【折回】按钮，按鼠标中键结束，即可将展平后的模型折回此前的模型状态		要回退到展平前的模型状态，也可在模型树中右击选择【隐含】命令实现。【隐含】的对象可恢复

步骤	操作说明	图　例	备　注
47	接下来按照任务要求，将模型旋转一个轴测图的大致方位，将其保存为名为"轴测图"的视图方向。单击【视图工具栏】中的【已保存视图方向】按钮，选择【重定向】，在弹出的【方向】对话框中命名当前视图为"轴测图"，以后即可随时调用该方位的轴测图	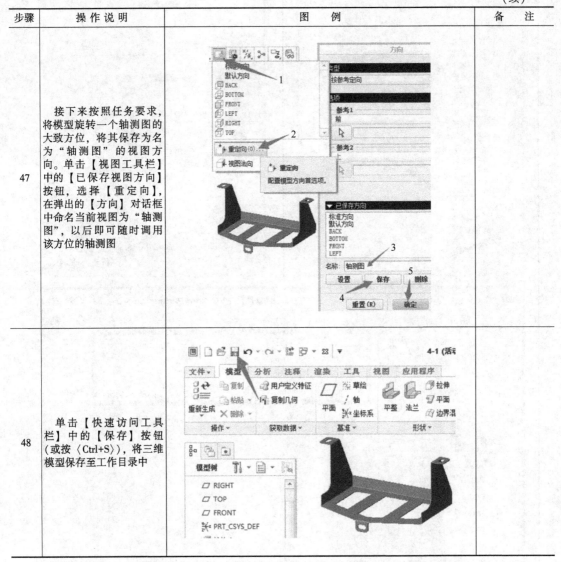	
48	单击【快速访问工具栏】中的【保存】按钮（或按〈Ctrl+S〉），将三维模型保存至工作目录中		

四、任务评价

一般来说，Creo 钣金建模应在新建文件时直接进入钣金建模环境，以便使用钣金设计专用的特征命令，如图 4-3 所示。

Creo 也提供了从实体设计到钣金设计环境转换的功能，所以图 4-1 的钣金支架的建模就是先从实体设计开始的。

不管是先设计部分实体然后转成钣金，还是直接进入钣金建模环境设计的钣金件，都能从最终成型状态展平为平板状态，这为准确计算原材料大小及设计下料图提供了有力的帮助。

钣金功能一般用于金属件的建模。当然，厚度均一的纸质包装箱等非金属件也可用 Creo 钣金功能进行建模。

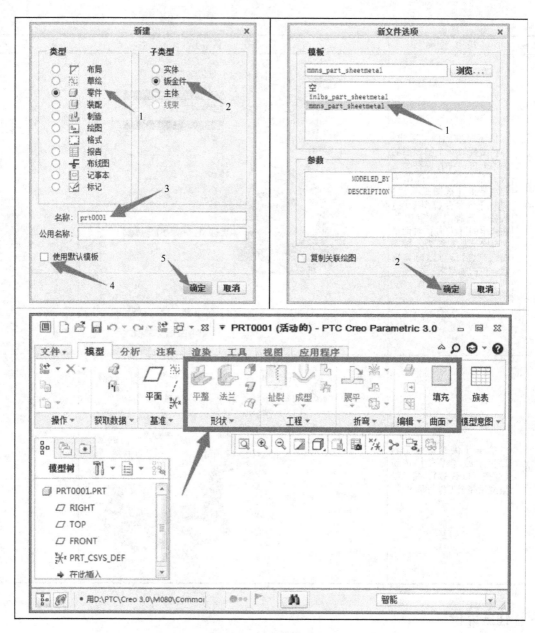

图 4-3 钣金建模环境

任务二 花盆的三维建模

花盆是一种种花用的器皿，大多为口大底小的倒圆台或倒棱台形状，其形式多样，大小不一。大多数花盆外表面均有不同类型的花纹，有些花纹是印上去的，但也有不少是和花盆主体一体成型出来的。

一、任务下达

本任务通过二维工程图及轴测图的方式下达（未标全尺寸），要求按如图 4-4 中的部分尺寸完成花盆的三维建模，未注尺寸可根据轮廓形状自行确定。建模完成后将模型着色为黄色，并以轴测图视图（如图所示的大致方位）输出为背景为白色的 .jpg 的图片文件。

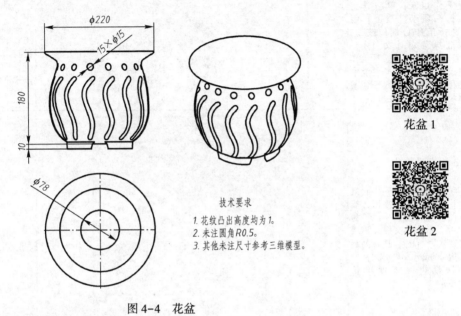

技术要求
1. 花纹凸出高度均为1。
2. 未注圆角R0.5。
3. 其他未注尺寸参考三维模型。

花盆 1

花盆 2

图 4-4　花盆

二、任务分析

如果不考虑花盆外表面凸起的花纹，可直接用旋转特征完成花盆主体的建模。但是上图花盆外表面有高度均匀的凸起花纹，所以无法用旋转的方式进行建模。

完成该模型的创建需用到 Creo 的【草绘】、【拉伸】、【倒圆角】、【环形折弯】、【拔模】等特征命令，主要建模流程如图 4-5 所示。

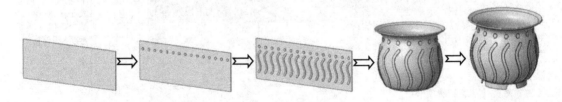

图 4-5　花盆建模流程

三、任务实施

表 4-2 详细说明完成图 4-4 所示花盆的建模步骤及注意事项。

表 4-2　花盆的建模步骤及注意事项

步骤	操 作 说 明	图　例	备　注
1	按学习情境一中任务一的讲解完成 Creo 的安装与配置	（略）	
2	打开 Creo 软件，在未新建任何文件之前，首先设置工作目录：单击【主页】选项卡【数据】组【选择工作目录】按钮，或选择菜单【文件】-【管理会话】-【选择工作目录】命令，选择硬盘中已存在的目录（或新建某目录）作为工作目录	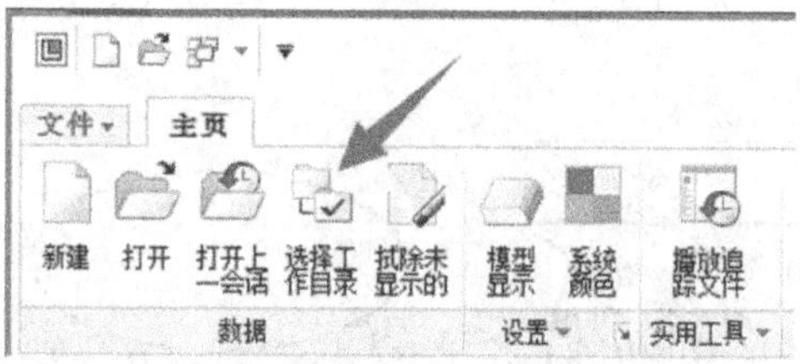	设置工作目录是 Creo 中非常重要的理念，对于非单个零件的设计（如装配、模具设计等）此步骤不能省略
3	单击【快速访问工具栏】-【新建】按钮，按右图步骤新建一个名为"4-4"的实体文件（扩展名默认为 .prt），选择公制模板 mmns_part_solid，即确保建模时长度单位为 mm	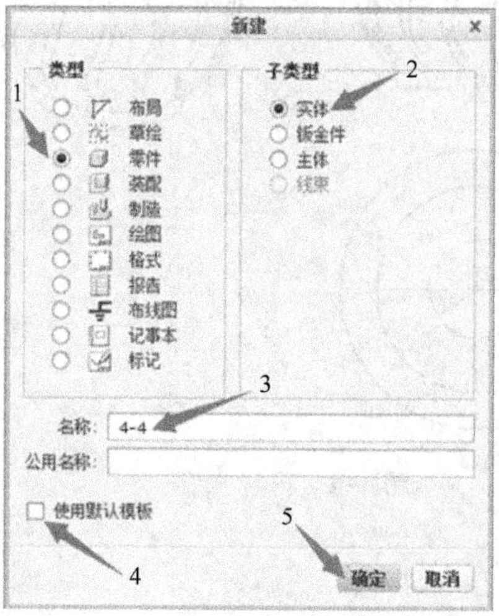	
4	单击【模型】选项卡【形状】组中的【拉伸】按钮，选择 Front 基准面为草绘平面，随即打开【拉伸】和【草绘】选项卡，系统自动进入 Creo 的草绘环境，分别用【草绘】组中的【中心线】、【线链】命令绘制如右图所示草绘（经过坐标原点，分别绘有水平和竖直中心线），并标注尺寸	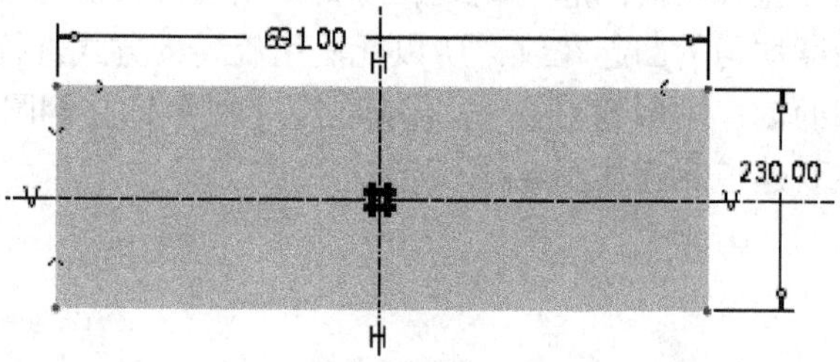	长度尺寸 691 并未出现在工程图中，实为 ϕ220 口部的周长。高度尺寸 230 也未出现在工程图中，而是大于高度 180 的某个数值（需折弯至底部）
5	单击【草绘】选项卡中的【确定】按钮，系统自动保存草绘图形并退出草绘环境。按右图步骤完成双侧对称【拉伸】特征建模	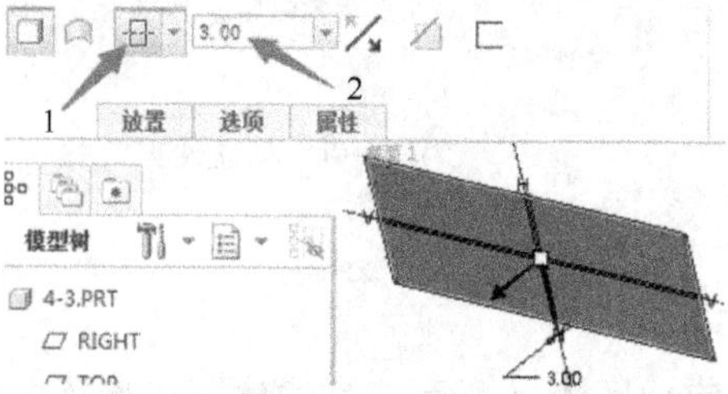	对称拉伸总厚度为 3，Front 基准平面两侧各为 1.5

126

步骤	操作说明	图　例	备　注
6	单击【模型】选项卡【形状】组中的【拉伸】按钮，在操控板上单击【放置】集的【定义】按钮进入草绘环境，在刚刚创建的前端表面左上角绘制如右图所示的草绘，并修改尺寸	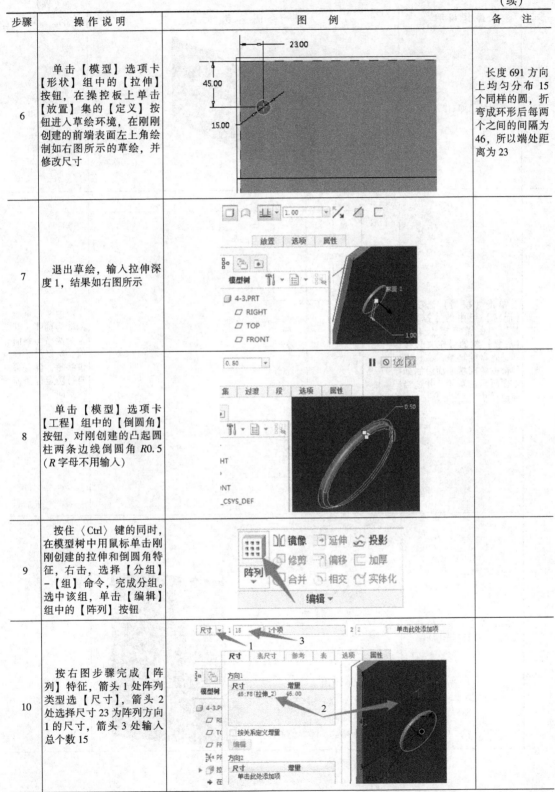	长度691方向上均匀分布15个同样的圆，折弯成环形后每两个之间的间隔为46，所以距端处距离为23
7	退出草绘，输入拉伸深度1，结果如右图所示		
8	单击【模型】选项卡【工程】组中的【倒圆角】按钮，对刚创建的凸起圆柱两条边线倒圆角 R0.5（R字母不用输入）		
9	按住〈Ctrl〉键的同时，在模型树中用鼠标单击刚刚创建的拉伸和倒圆角特征，右击，选择【分组】-【组】命令，完成分组。选中该组，单击【编辑】组中的【阵列】按钮		
10	按右图步骤完成【阵列】特征，箭头1处阵列类型选【尺寸】，箭头2处选择尺寸23为阵列方向1的尺寸，箭头3处输入总个数15		

步骤	操作说明	图　例	备　注
11	阵列结果如右图所示	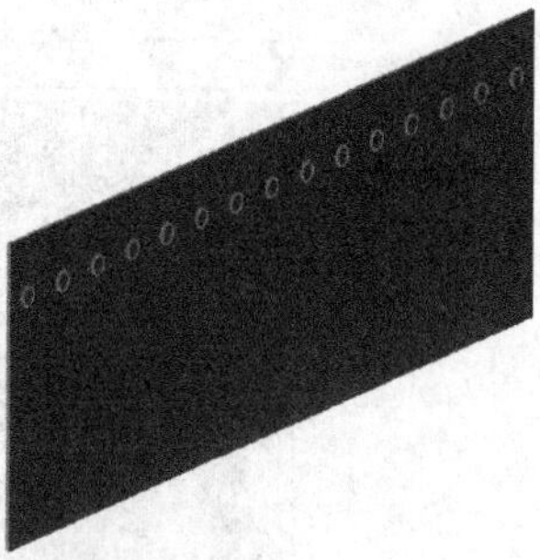	
12	单击【模型】选项卡【形状】组中的【拉伸】按钮，在操控板上单击【放置】集的【定义】按钮进入草绘环境，在长方体薄板的前端表面绘制如右图所示的草绘，并适当修改尺寸	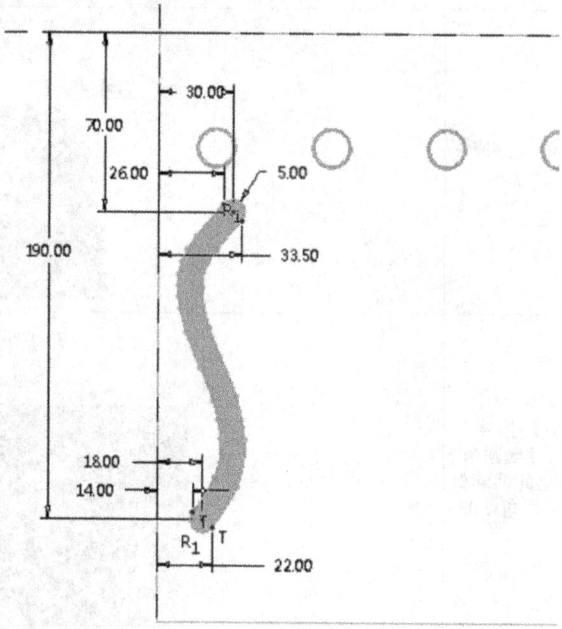	图中S形草绘两端为圆弧，其余为两条样条曲线，所以尺寸仅供参考，读者可自行确定样条曲线走向
13	退出草绘，输入拉伸深度1，结果如右图所示	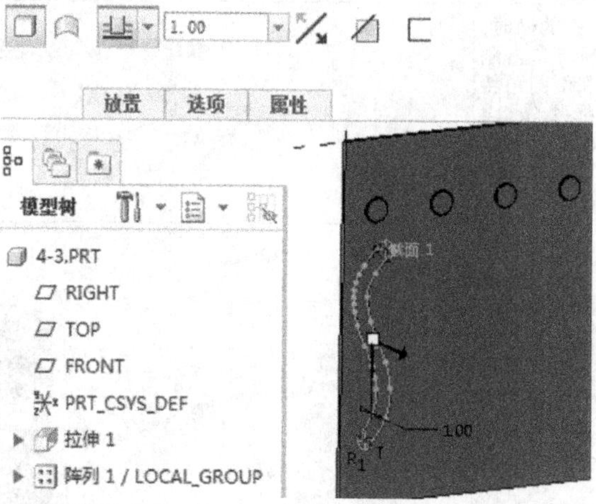	

步骤	操作说明	图 例	备 注
14	单击【模型】选项卡【工程】组中的【倒圆角】按钮，对刚创建的凸起 S 形边线倒圆角 $R0.5$（R 字母不用输入）	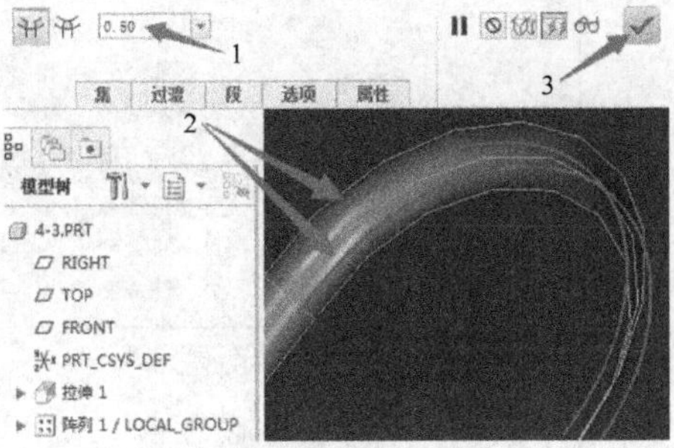	按住〈Ctrl〉键，分别单击左图箭头 2 处两条边线，系统自动选中其他与之相切的边线
15	按住〈Ctrl〉键的同时，在模型树中用鼠标单击刚刚创建的拉伸和倒圆角特征，右击，选择【分组】-【组】命令，完成分组。选中该组，单击【编辑】组中的【阵列】按钮	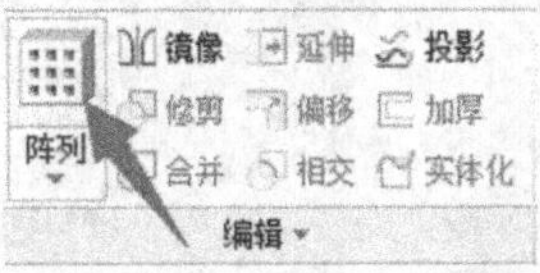	
16	按右图步骤完成【阵列】特征，箭头 1 处阵列类型选【方向】，单击箭头 2 处后选择箭头 3 处的边线，箭头 4 处输入总个数 15，箭头 5 处输入间距 46	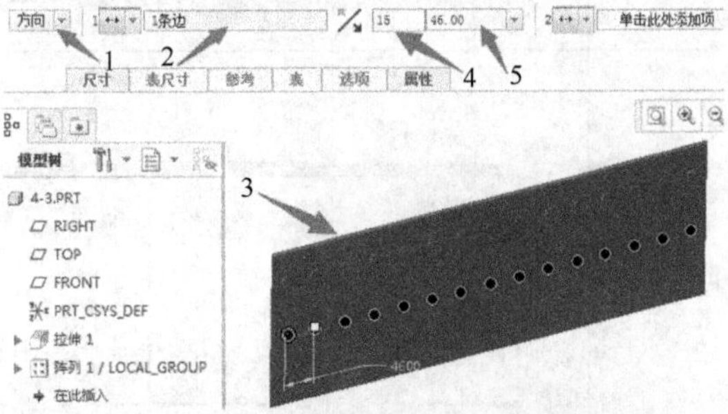	阵列类型有"尺寸""方向""轴"等 8 种，读者可根据实际情况选择。本例的"方向"与此前的"尺寸"能达到同样的阵列效果
17	阵列结果如右图所示	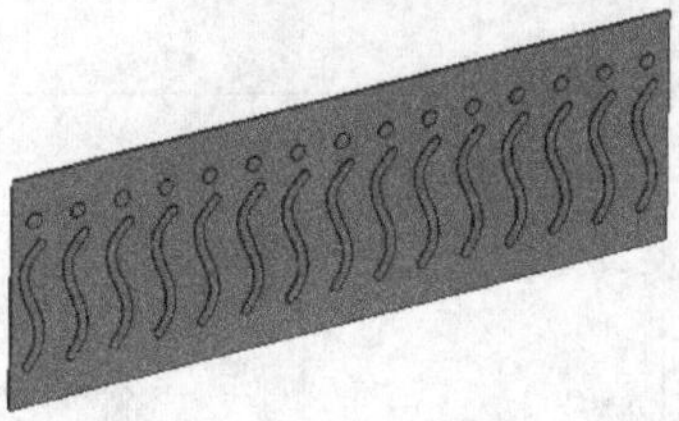	
18	单击【模型】选项卡【工程】组中的【倒圆角】按钮，单击右图【参考】框，按住〈Ctrl〉键的同时，分别单击长方体的前后面；单击【驱动曲面】框，然后单击长方体的顶面，完成【完全倒圆角】特征	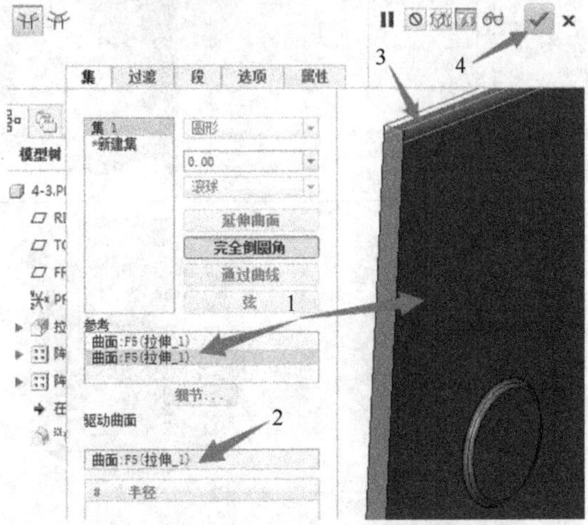	【完全倒圆角】特征无需输入圆角半径，系统根据选择的参考面和驱动曲面自动确定，结果如下图所示 

步骤	操作说明	图　　例	备　注
19	按右图所示步骤，单击【模型】选项卡【工程】组中的【环形折弯】按钮	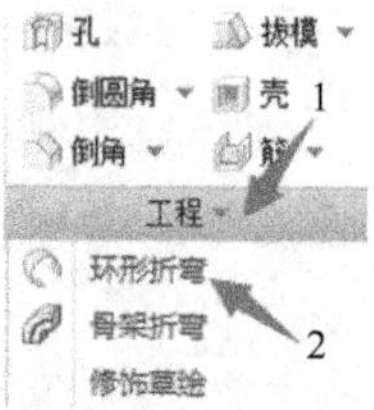	
20	按右图所示步骤，单击【定义内部草绘】按钮，选择长方体的左端面为草绘平面	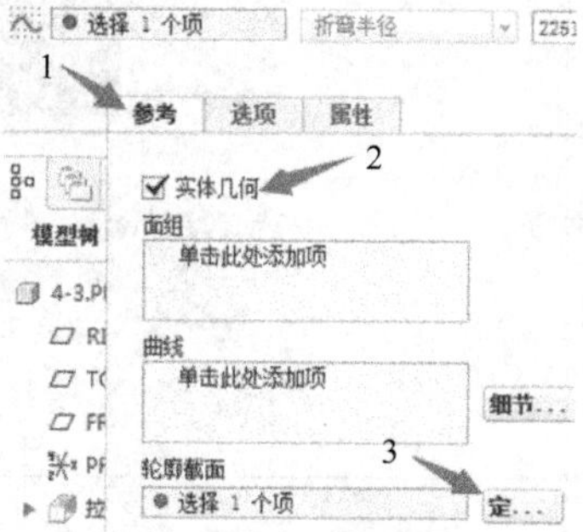	
21	绘制右图所示的草绘	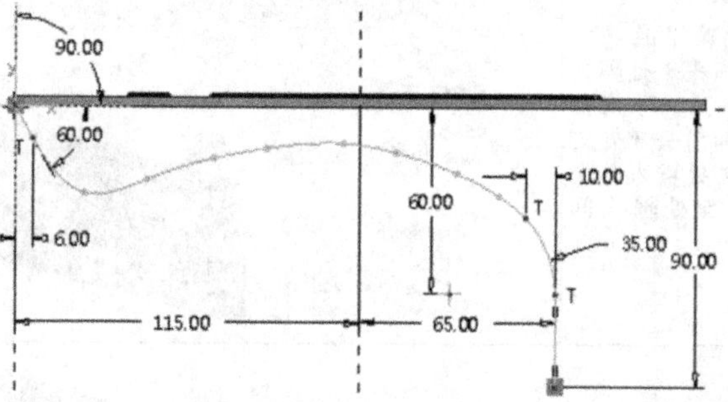	在图中左侧与下表面左端重合的位置，一定要创建一个几何坐标系。
22	退出草绘后，按右图步骤完成环形折弯特征建模。图中箭头 1 处选择【360度折弯】；箭头 2、3 分别选择长方体的左右端面（以拼接成环形）	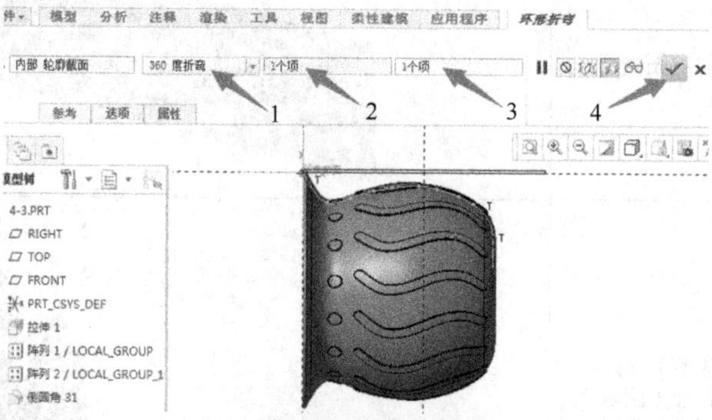	
23	环形折弯的结果如右图所示		

130

步骤	操 作 说 明	图 例	备 注
24	至此，花盆的主体已建模完毕，接下来设计花盆底脚。单击【模型】选项卡【基准】组中的【平面】按钮，按右图步骤新建一个自底部底面向下偏移 10 mm 的基准平面	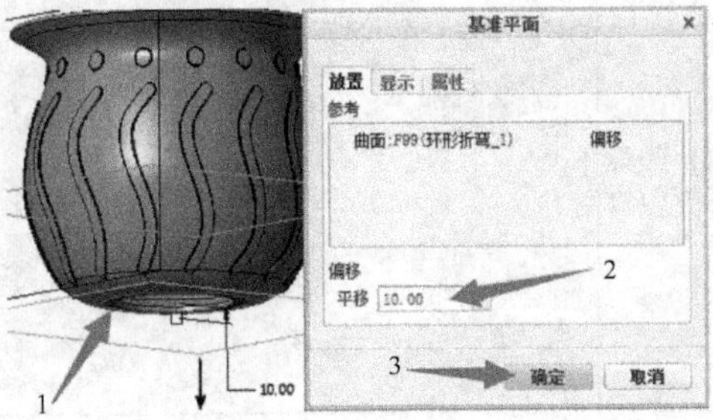	
25	单击【模型】选项卡【形状】组中的【拉伸】按钮，在操控板上单击【放置】集的【定义】按钮进入草绘环境，选择刚刚创建的基准平面 DTM1 为草绘平面，其他参数保持默认值，进入草绘环境后绘制如右图所示的草绘。为了利用草绘镜像命令快速完成草绘图形的绘制，右图绘有水平和竖直两条中心线	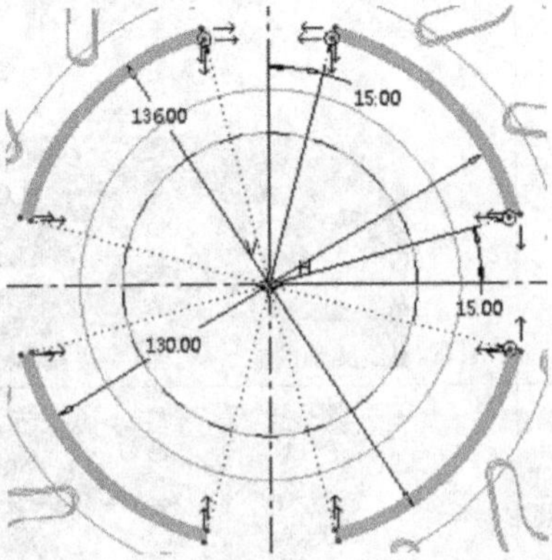	
26	退出草绘，按右图步骤完成拉伸特征。箭头 1 为【拉伸至下一曲面】，单击箭头 2 所指的黑色箭头可更改拉伸方向，改为向上拉伸即可	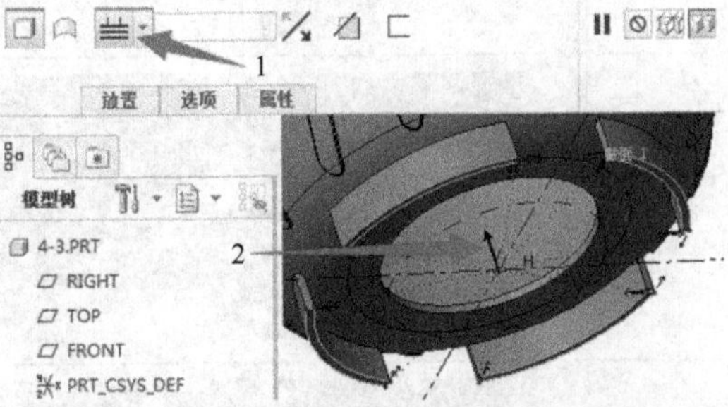	
27	单击【模型】选项卡【工程】组中的【拔模】按钮。按右图步骤完成【拔模曲面】的选择，注意选择箭头 3 所指的两个拔模曲面时，要先按住〈Ctrl〉键	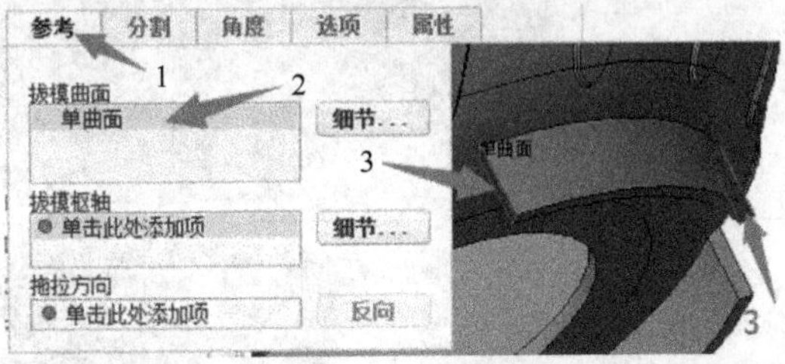	
28	单击【拔模枢轴】收集器，然后选择花盆底脚的底面为拔模枢轴平面	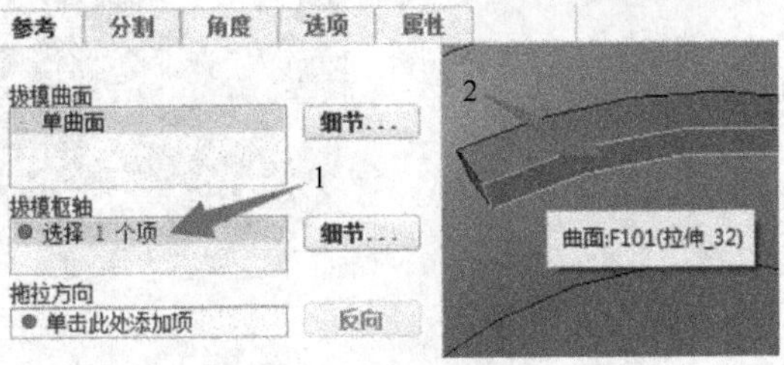	拔模枢轴既可以是平面，也可以是曲线

步骤	操作说明	图 例	备 注
29	单击【拖拉方向】收集器后选择箭头 2 所指的边线为拖拉方向	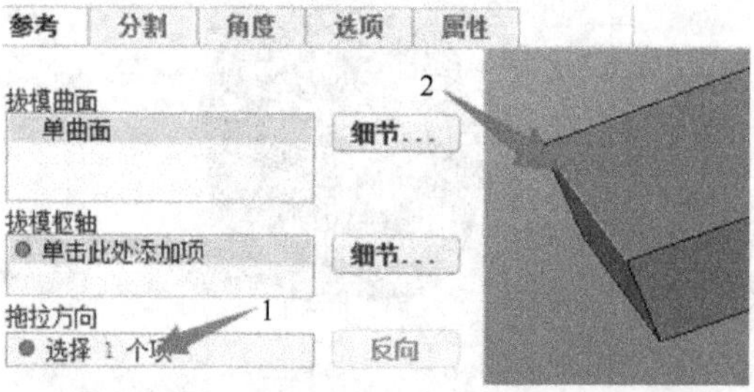	
30	在右图箭头 1 所指角度处输入 15，单击按钮☑完成【拔模】特征的创建	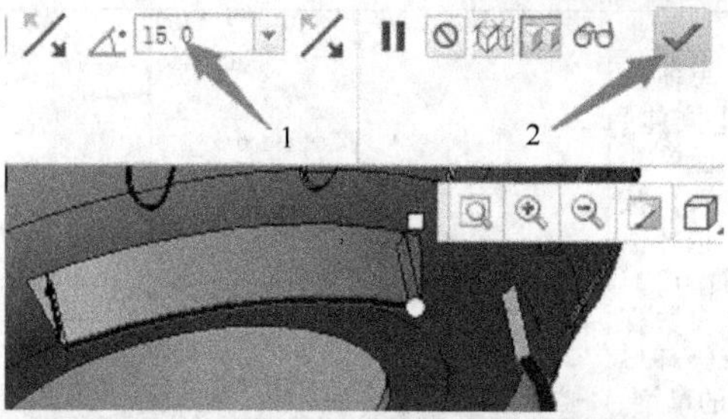	拔模斜度 15°可根据实际情况适当调整
31	同理，完成其他三个底脚的拔模，结果如右图所示	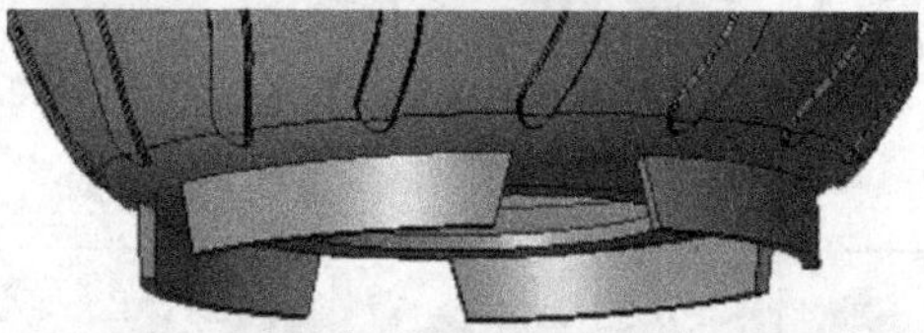	四个底脚的拉伸和拔模，也可先做一个，然后用轴阵列的方式完成
32	单击【模型】选项卡【工程】组中的【倒圆角】按钮，对四个底脚与花盆盆身连接处倒圆角 $R5$（R字母不用输入）	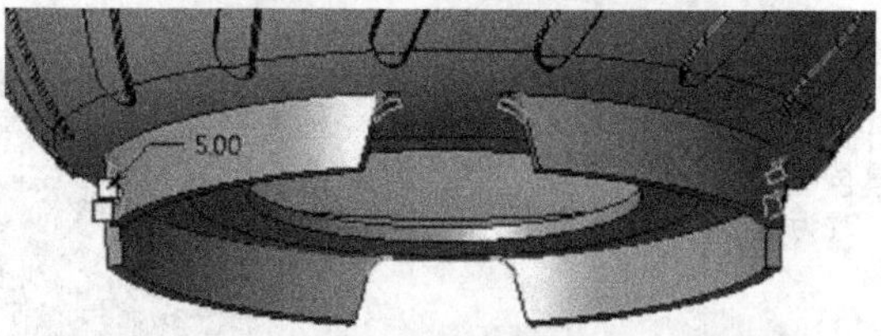	
33	最后完成底脚底部八个角倒圆角 $R2$	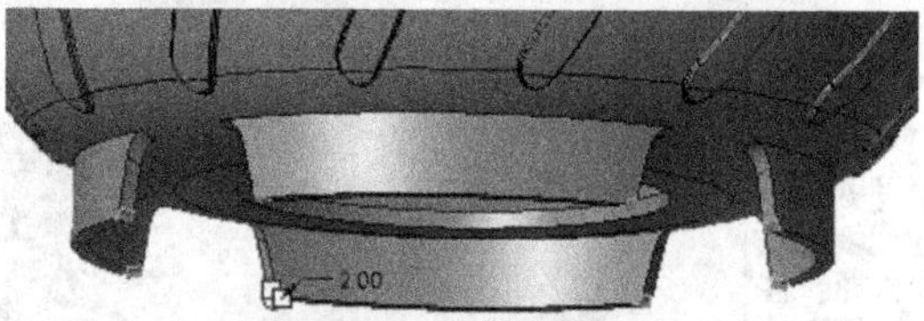	
34	至此，完成了整个花盆的建模，如右图所示	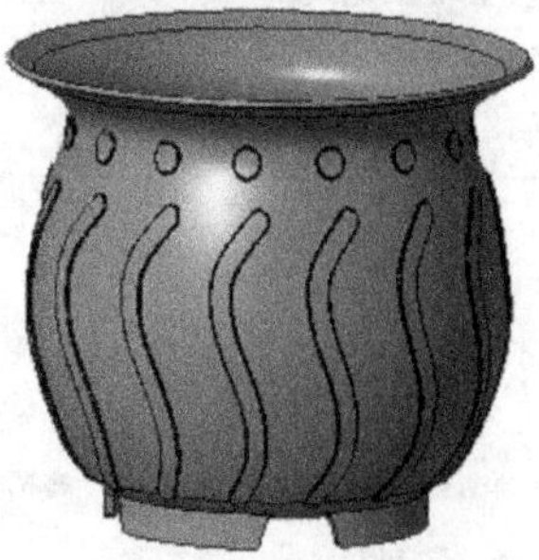	

步骤	操作说明	图　例	备　注
35	最后按右图步骤将模型外观颜色改为黄色。第三步选好黄色后，单击 Creo 界面右下方的【选择过滤器】中的［零件］，在图形区单击零件的任一部位，按中键结束，即可将整个零件着色为黄色	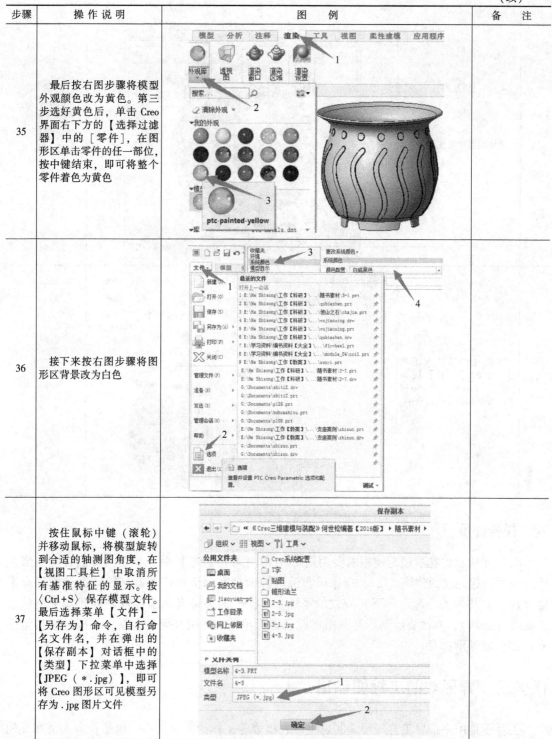	
36	接下来按右图步骤将图形区背景改为白色		
37	按住鼠标中键（滚轮）并移动鼠标，将模型旋转到合适的轴测图角度，在【视图工具栏】中取消所有基准特征的显示。按〈Ctrl+S〉保存模型文件。最后选择菜单【文件】-【另存为】命令，自行命名文件名，并在弹出的【保存副本】对话框中的【类型】下拉菜单中选择【JPEG（＊.jpg）】，即可将 Creo 图形区可见模型另存为.jpg 图片文件		

步骤	操作说明	图　例	备　注
38	最终结果如右图所示	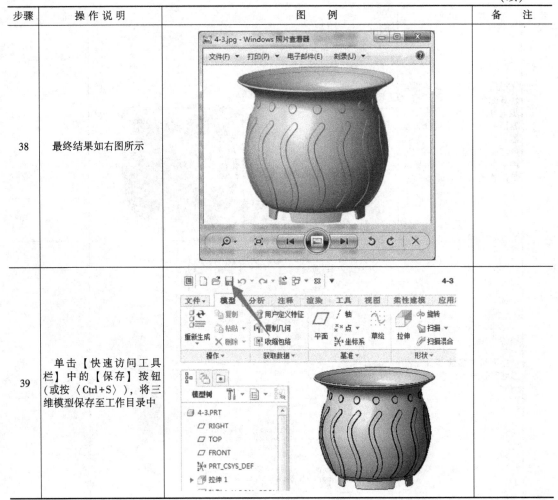	
39	单击【快速访问工具栏】中的【保存】按钮（或按〈Ctrl＋S〉），将三维模型保存至工作目录中		

四、任务评价

图 4-4 所示的花盆模型建模时要用到 Creo 的【环形折弯】命令，否则无法合理完成盆体外表面凸起花纹的建模。Creo 的【环形折弯】命令常用于创建花盆、轮胎这类圆周有高度（深度）均匀的凸起（凹下）花纹的零件，其操作的关键有两步：首先创建好平整状态的模型（条料），其次要绘制折弯截面（注意截面草绘中要用几何坐标系，不能是构造坐标系）以生成环形折弯。

任务三　异形块的工程图输出

工程图是用来指导工艺规程编制、生产、维修等工作的技术文档，也是技术人员和其他人员进行交流沟通的工程技术语言。在数字化设计与制造一体化的今天，虽然大多数零件和产品都可以做到无图纸生产，但不等于无图生产，而且很多情况下还必须用二维工程图进行存档，用于查询、备案、奖惩等用途，所以如何将三维模型转换成二维工程图就成了设计人员必须要掌握的技能。

一、任务下达

与之前任何一个建模任务都有所不同，本任务的重点是将三维模型转换输出为二维工程图，所以任务下达时仅提供轴测图，且部分尺寸间需符合一定的数学关系。要求完成零件的三维建模，建模完成后按照国标要求完成其工程图的转换，并在保存 drw 文件后输出为 dwg 或 dxf 格式的工程图，供 AutoCAD、CAXA 电子图板之类的二维 CAD 软件编辑、查看、打印等。图 4-6 中的孔均为通孔，尺寸参数 $A = 60$，$B = 35$，$C = 60$，$D = 2 \times A + 10$。

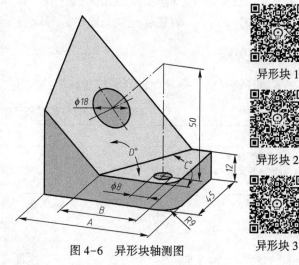

异形块 1

异形块 2

异形块 3

图 4-6　异形块轴测图

二、任务分析

要将图 4-6 所示的轴测图转换成符合国标要求的工程图，方法有二：一是直接用二维 CAD 软件绘图；二是先完成三维建模，然后再转换成二维工程图。考虑到图 4-6 所示工程图的部分尺寸间有数学关系式的要求，所以采用第二种方法出图。但是 Creo 软件由美国 PTC 公司所开发，工程图在中国国标化方面做得还不够成熟，出图效率也低，因此完成本任务需要用到三维 CAD 软件（如 Creo）和二维 CAD 软（如 CAXA 电子图板），前者用于三维建模和三维转二维，后者用于二维工程图的国标化处理。

但是要注意，上述两种方法都未充分用 Creo 的"单一数据库"特点，即在 Creo 中，零件、装配、工程图等各功能模块统一使用同一个数据库，彼此间是相关联的，也就是说，如果修改了零件的形状和尺寸，其工程图的形状和尺寸会自动变更，不需要人为干预。这种单一数据库技术为后续产品设计变更、产品推陈出新提供了强有力的手段。所以，在转换为 dwg 或 dxf 格式之前，一般先要在 Creo 中最终确定产品的三维模型，否则就要反复转换工程图以及在其他二维 CAD 软件中进行国标化处理。

完成该模型的创建需用到的 Creo 特征命令种类不多，建模思路较为简单，仅用到【草绘】、【拉伸】、【基准点】、【基准轴】、【基准平面】、【参数】和【关系】等特征命令。异形块主要建模流程如图 4-7 所示。

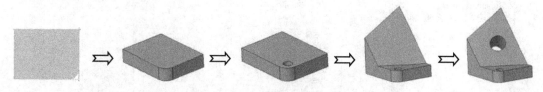

图 4-7　异形块主要建模流程

除了三维建模外，任务下达时还要求在建模完成后按照国家标准的有关要求完成其工程图的转换，并在保存 drw 文件后输出为 dwg 或 dxf 格式的工程图，供 AutoCAD、CAXA 电子图板之类的二维 CAD 软件编辑、查看、打印等，所以更大的工作量在三维建模完成后的工程图输出。而要做好工程图的国标化处理工作，前期应有较好的《机械制图与识图》《计算机应用基础》《AutoCAD 图样绘制与输出》等课程学习基础。

三、任务实施

下面开始对图 4-6 所示的异形块进行三维建模，有关步骤和说明详见表 4-3。

表 4-3　异形块的建模步骤及详细说明

步骤	操 作 说 明	图　　例	备　　注
1	按学习情境一中任务一的讲解完成 Creo 的安装与配置	（略）	
2	打开 Creo 软件，在未新建任何文件之前，首先设置工作目录：单击【主页】选项卡【数据】组【选择工作目录】按钮，或选择菜单【文件】-【管理会话】-【选择工作目录】命令，选择硬盘中已存在的目录（或新建某目录）作为工作目录。本例按右图步骤新建"异形块"文件夹	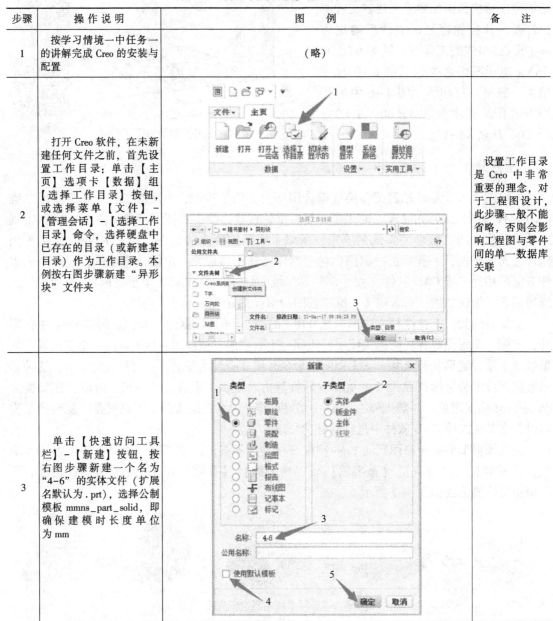	设置工作目录是 Creo 中非常重要的理念，对于工程图设计，此步骤一般不能省略，否则会影响工程图与零件间的单一数据库关联
3	单击【快速访问工具栏】-【新建】按钮，按右图步骤新建一个名为"4-6"的实体文件（扩展名默认为 .prt），选择公制模板 mmns_part_solid，即确保建模时长度单位为 mm		

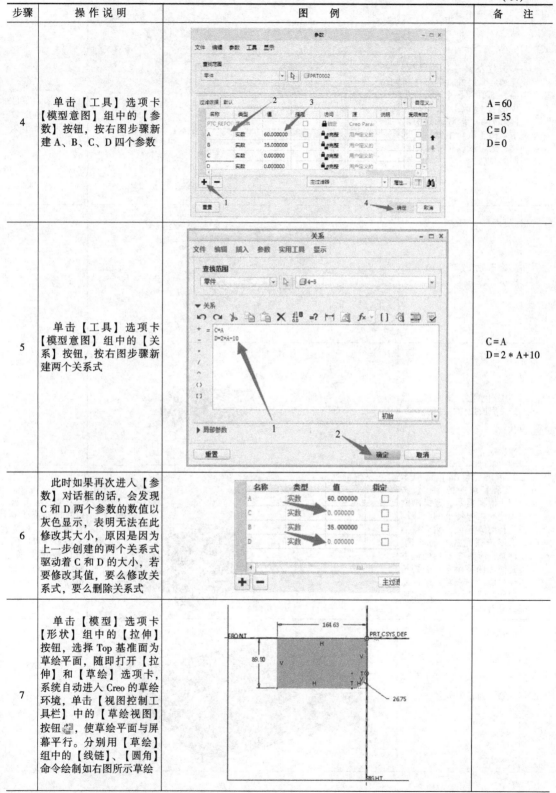

步骤	操 作 说 明	图 例	备 注
4	单击【工具】选项卡【模型意图】组中的【参数】按钮，按右图步骤新建A、B、C、D四个参数		A = 60 B = 35 C = 0 D = 0
5	单击【工具】选项卡【模型意图】组中的【关系】按钮，按右图步骤新建两个关系式		C = A D = 2 * A + 10
6	此时如果再次进入【参数】对话框的话，会发现C和D两个参数的数值以灰色显示，表明无法在此修改其大小，原因是因为上一步创建的两个关系式驱动着C和D的大小，若要修改其值，要么修改关系式，要么删除关系式		
7	单击【模型】选项卡【形状】组中的【拉伸】按钮，选择Top基准面为草绘平面，随即打开【拉伸】和【草绘】选项卡，系统自动进入Creo的草绘环境，单击【视图控制工具栏】中的【草绘视图】按钮🖼️，使草绘平面与屏幕平行。分别用【草绘】组中的【线链】、【圆角】命令绘制如右图所示草绘		

步骤	操作说明	图 例	备 注
8	按住左键并移动鼠标，框选全部尺寸，单击【草绘】选项卡下【编辑】组中的【修改】按钮，在【修改尺寸】对话框中取消勾选【重新生成】复选框，然后修改尺寸至轴测图的要求	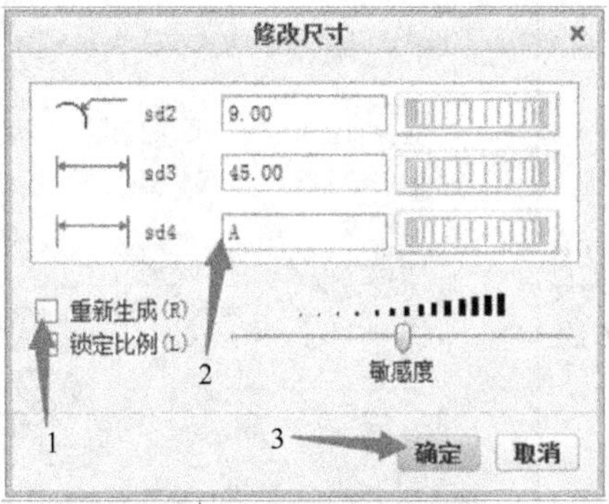	步骤 2 中可直接输入参数字母或关系，系统会提示是否要添加关系
9	修改后的草绘如右图所示	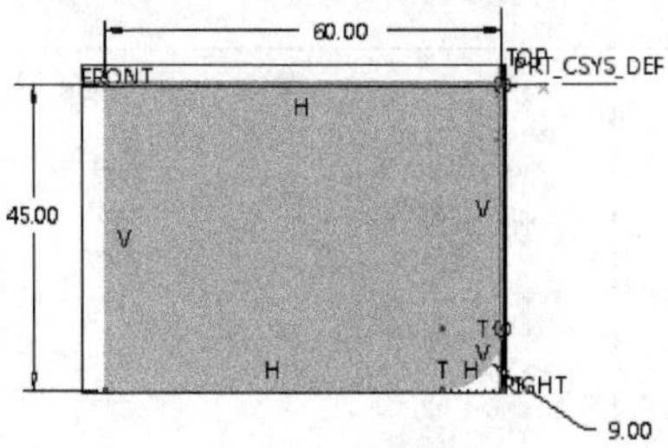	
10	退出草绘，输入深度值12，完成拉伸特征的构建	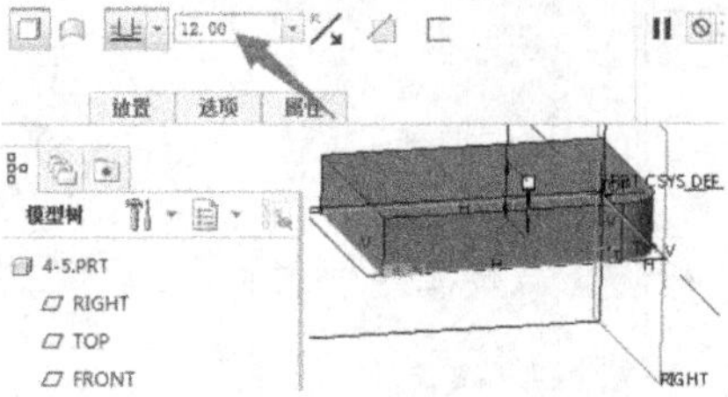	
11	单击【模型】选项卡【工程】组中的【孔】按钮，根据提示，选择刚刚创建的拉伸特征的上表面为孔的放置面，然后按照右图步骤完成孔的创建。注意，箭头 3 所指的地方是两个偏移参考，需要按住〈Ctrl〉键同时选择图中所示圆角的两个相邻竖直平面	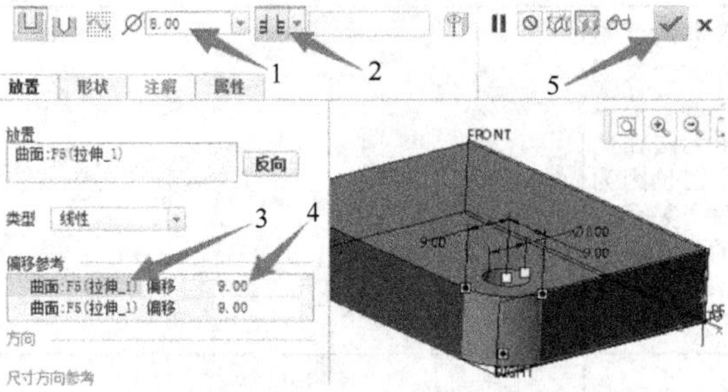	其实这个孔可以在拉伸特征中直接完成，但为了该零件以后的设计变更方便，建议尽量将特征拆分为好
12	结果如右图所示	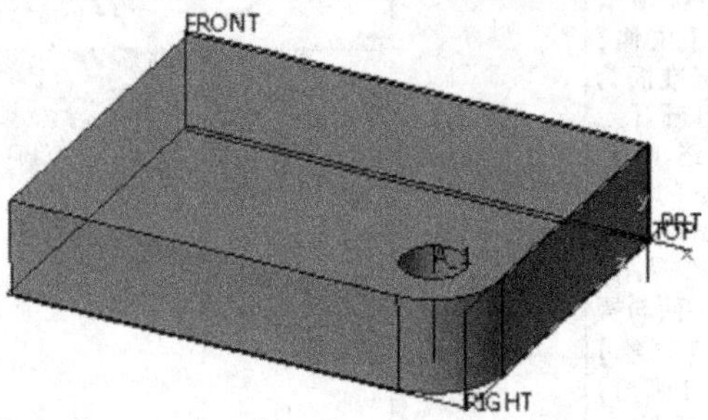	

138

步骤	操作说明	图 例	备 注
13	单击【模型】选项卡【基准】组中的【点】按钮，按右图步骤创建一个基准点。其中箭头 1 所指的是圆柱孔的轴线 A_1，箭头 2 所指的是拉伸特征的上表面	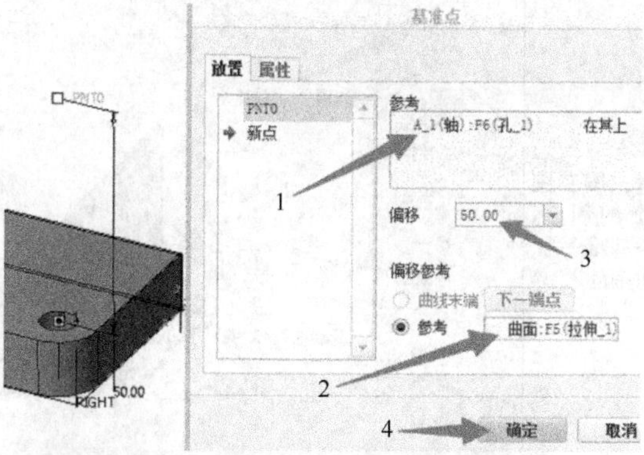	
14	单击【模型】选项卡【基准】组中的【草绘】按钮，选择拉伸特征的上表面为草绘平面，绘制如右图所示的草绘。草绘中仅有两个尺寸，可换个双击修改，输入尺寸值时直接输入相应的字母 B 和 C，系统提示是否要添加关系，单击【是】按钮即可	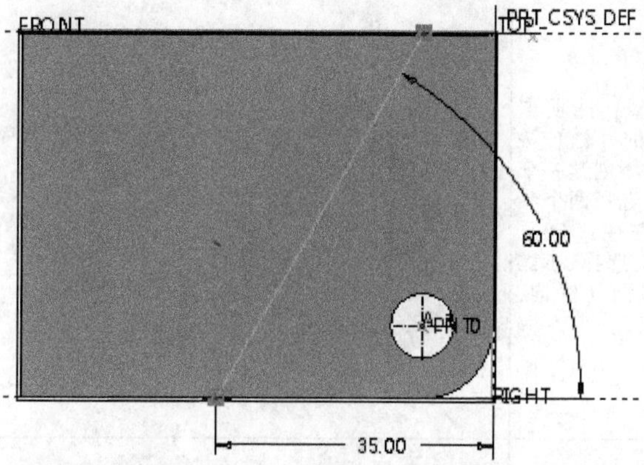	$B=35$ $C=60°$
15	单击【模型】选项卡【基准】组中的【平面】按钮，按右图步骤创建一个基准平面。箭头 3 所指的角度为轴测图标注的 D=130 换算而来	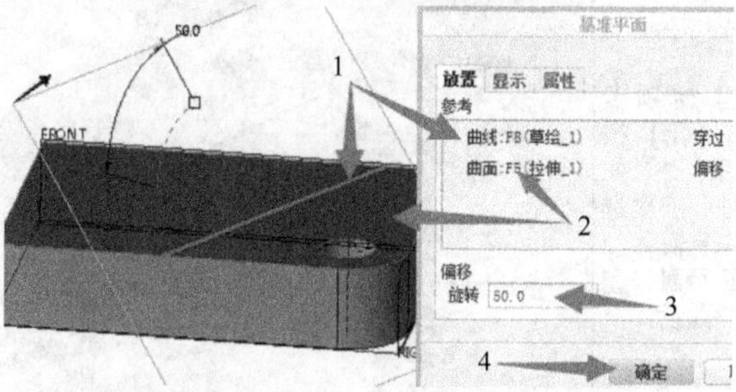	
16	单击【模型】选项卡【形状】组中的【拉伸】按钮，选择拉伸特征上表面为草绘面，进入草绘环境后用【草绘】组中的【投影】命令配合【删除段】命令完成右图所示草图的创建	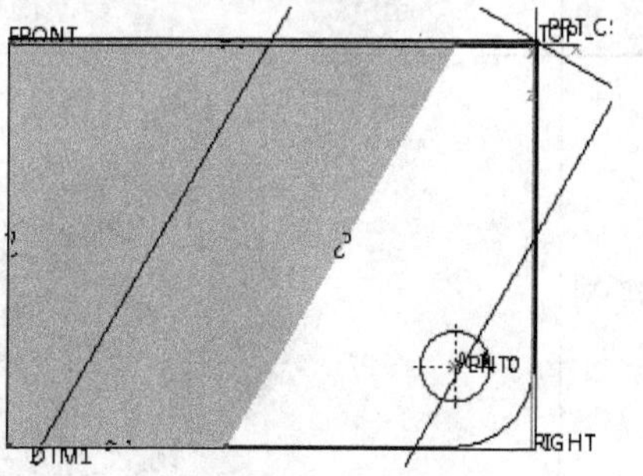	

步骤	操作说明	图　例	备　注
17	退出草绘环境，按右图步骤完成拉伸 2 的创建。箭头 3 所指的是基准平面（用于拉伸的截止面）	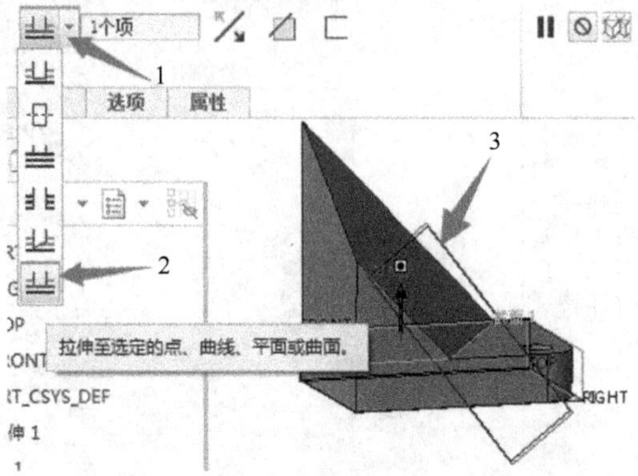	
18	单击【模型】选项卡【基准】组中的【轴】按钮，按右图步骤创建一个基准轴。为了选择两个参考，也需要按住〈Ctrl〉键的同时依次选择 PNT0（穿过）和斜面（法向，即垂直）	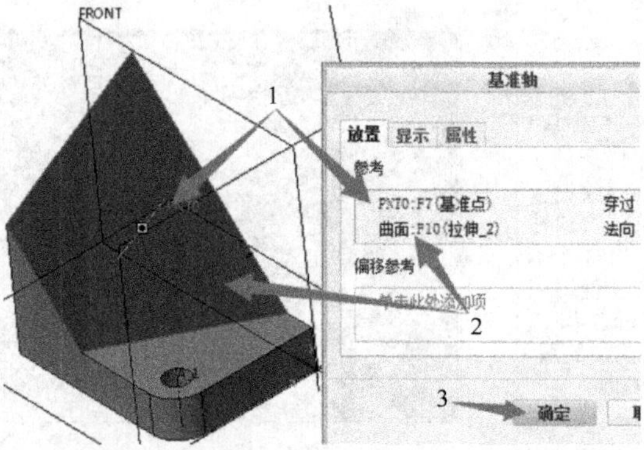	
19	单击【模型】选项卡【工程】组中的【孔】按钮，根据提示，按住〈Ctrl〉键的同时，依次选择刚刚创建的基准轴 A_2 和斜面作为放置元素，完成直径为 18 的通孔设计	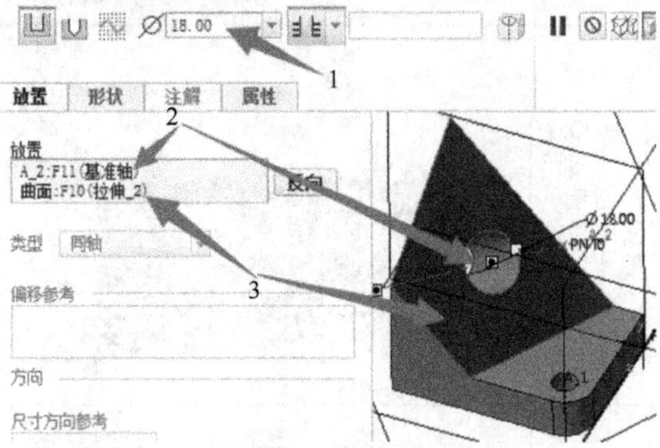	
20	至此，完成了轴测图对应的三维模型创建		

步骤	操 作 说 明	图 例	备 注
21	接下来按右图步骤将模型外观颜色改为绿色。第三步选好绿色后，单击Creo界面右下方的【选择过滤器】中的【零件】，在图形区单击零件的任一部位，按中键结束，即可将整个零件着色为绿色	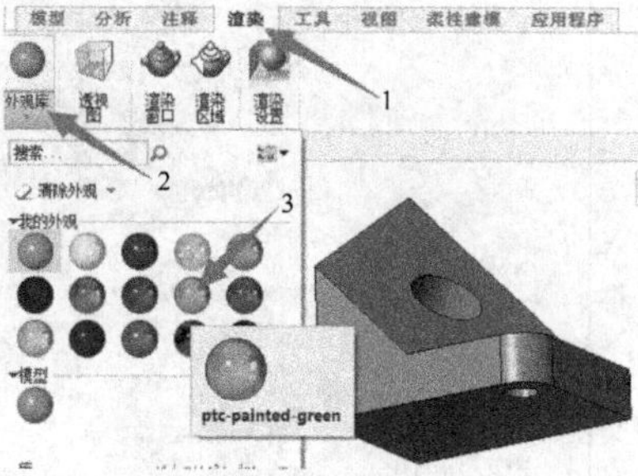	
22	着色效果如右图所示	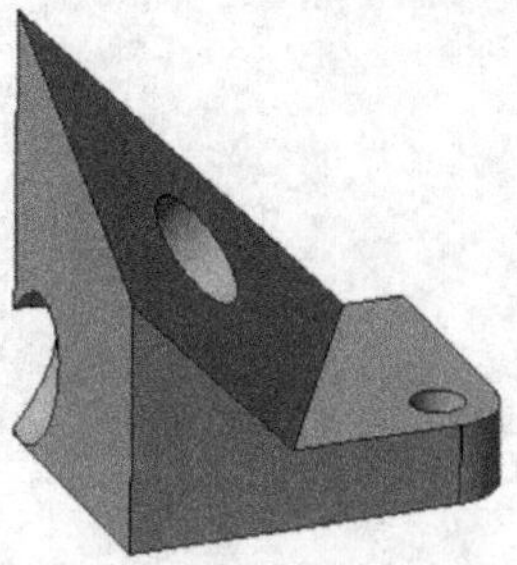	
23	单击【快速访问工具栏】中的【保存】按钮（或按〈Ctrl+S〉），将三维模型保存至工作目录中	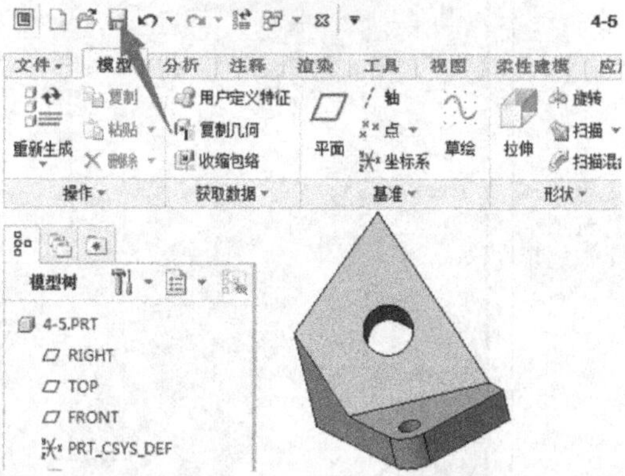	
24	接下来开始进行3D模型转2D工程图的工作。单击【快速访问工具栏】-【新建】按钮，按右图步骤新建一个名为"4-6"的绘图文件（扩展名默认为.drw）	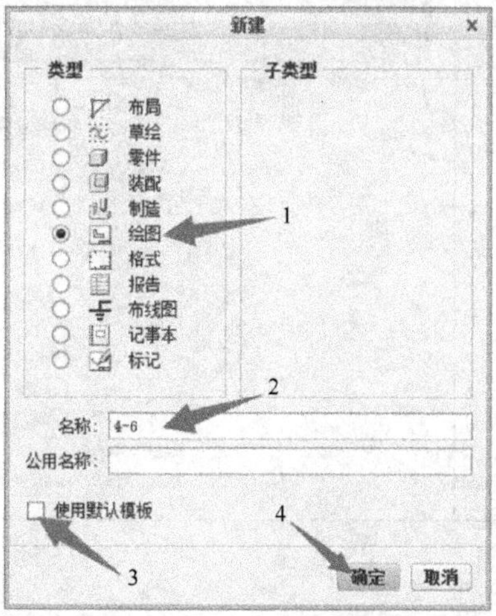	左图界面中的"绘图"实则工程图。同时也要注意"绘图"与"草绘"不要混淆

（续）

步骤	操作说明	图　　例	备　注
25	按右图步骤完成新建绘图。箭头 1 所指的是即将要转换工程图的原有三维模型文件，若此前已打开，则 Creo 将内存中的模型文件自动放入此位置；若此前未打开要转换工程图的对应三维模型文件，则单击【浏览】按钮打开即可	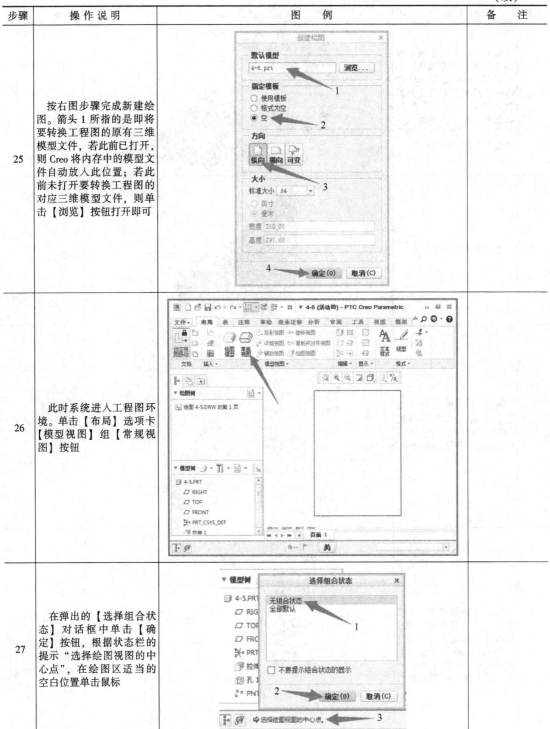	
26	此时系统进入工程图环境。单击【布局】选项卡【模型视图】组【常规视图】按钮		
27	在弹出的【选择组合状态】对话框中单击【确定】按钮，根据状态栏的提示"选择绘图视图的中心点"，在绘图区适当的空白位置单击鼠标		

142

步骤	操作说明	图　例	备　注
28	在弹出的【绘图视图】对话框中双击 Front 模型视图名，单击【确定】按钮，完成主视图的生成	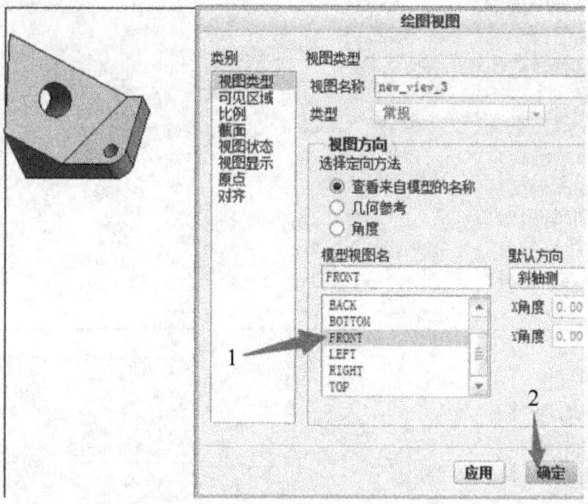	3D 模型转 2D 工程图的过程实际上是一个调用已有三维模型视图的过程，所以在设计三维模型时要考虑好主视图的方位，当然，也可在左图选视图名时纠正过来
29	若此时的工程图是着色工程图，单击【视图控制工具栏】的【显示样式】中的【消隐】按钮，可将其显示为消隐工程图	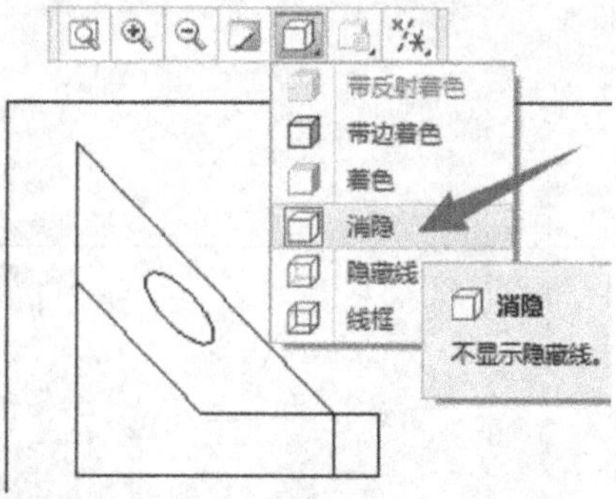	用鼠标弹起【布局选项卡】【文档】组【锁定视图移动】命令后，单击某视图，按住左键可任意移动该视图位置
30	单击选中刚刚创建的主视图，单击【布局】选项卡【模型视图】组【投影视图】按钮，根据状态栏的提示"选择绘图视图的中心点"，在主视图左方单击鼠标，即可生成右视图。为了符合国标默认的第一角投影法，用鼠标移动至主视图右侧适当位置	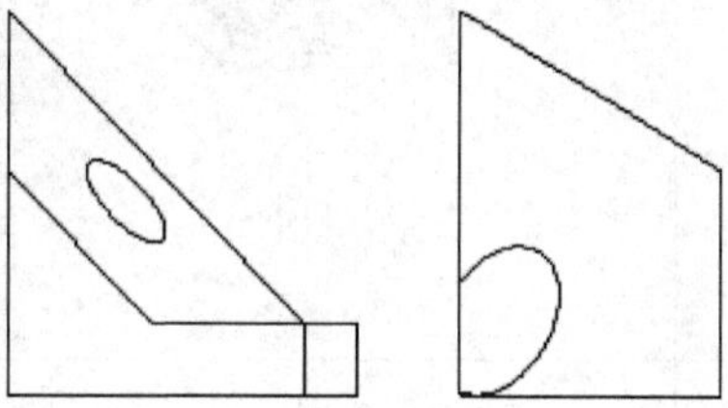	安装并运行 Creo，如果没有设置工程图环境的有关参数，默认情况下，Creo 按照第三角投影法进行投影
31	单击选中主视图，单击【布局】选项卡【模型视图】组【投影视图】按钮，根据状态栏的提示"选择绘图视图的中心点"，在主视图上方单击鼠标，即可生成俯视图，用鼠标移动至主视图下方适当位置	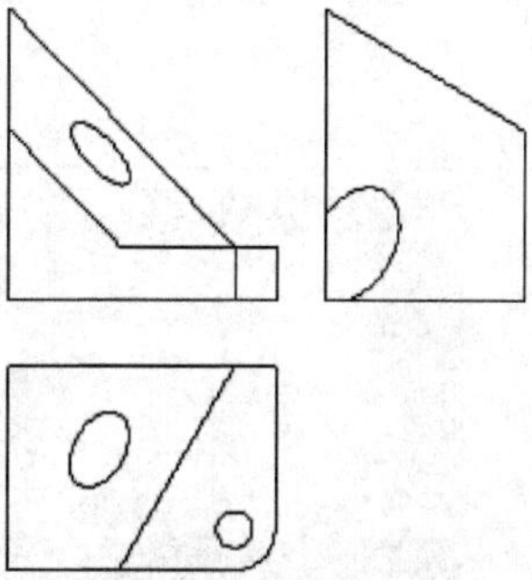	

步骤	操 作 说 明	图 例	备 注
32	此时已完成了符合中国国家标准的三视图。但两个通孔的内部结构还没有表达出来，所以接下来要在主视图的基础上完成两个通孔的局部剖视图。为了更好地设计剖切面，右击工程图模型树中的零件名，在弹出的快捷菜单中选择【打开】命令，Creo 单独打开"4-6.prt"三维模型文件	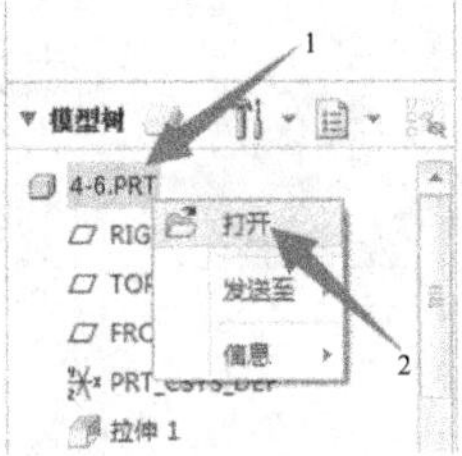	
33	首先新建两个均通过孔的中心线的基准平面。在零件界面中单击【模型】选项卡【基准】组【平面】按钮，按住〈Ctrl〉键的同时依次选择两根基准轴 A_1、A_2，保证均为【穿过】约束后【确定】即可	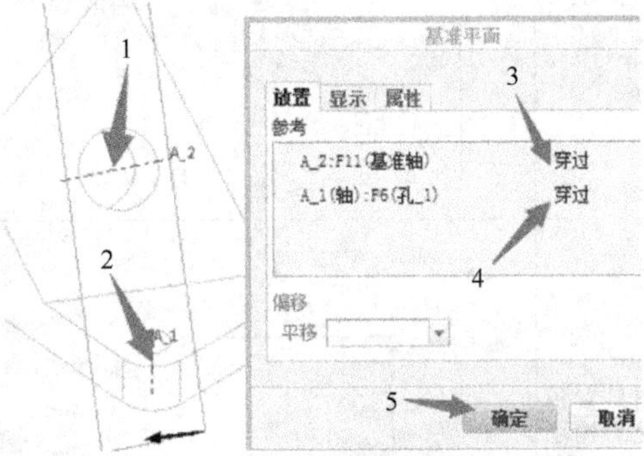	
34	单击【视图控制工具栏】的【已保存视图】下的【重定向】按钮，按右图步骤完成一个名为"向视图"的视图	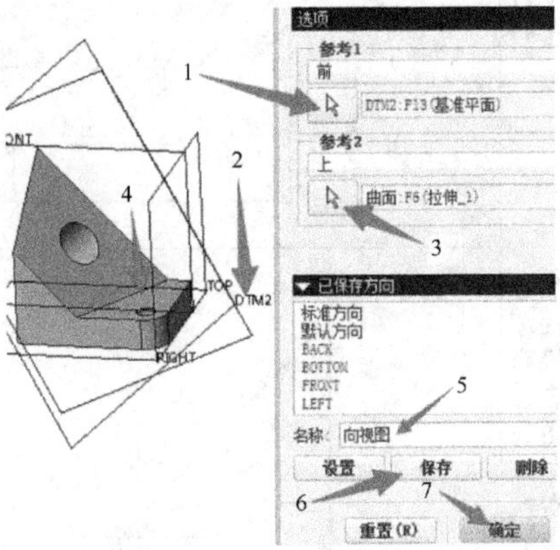	
35	单击【快速访问工具栏】中的【保存】按钮（或按〈Ctrl+S〉），将三维模型保存至工作目录中	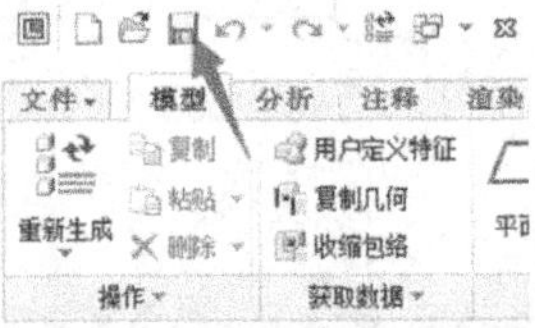	
36	在 Windows 任务栏中切换至 Creo 工程图界面		

步骤	操作说明	图　例	备　注
37	单击【布局】选项卡【模型视图】组【常规视图】按钮，在弹出的【绘图视图】对话框中双击之前在 Creo 零件环境中设计的"向视图"，确定后即可自动生成该方位的视图	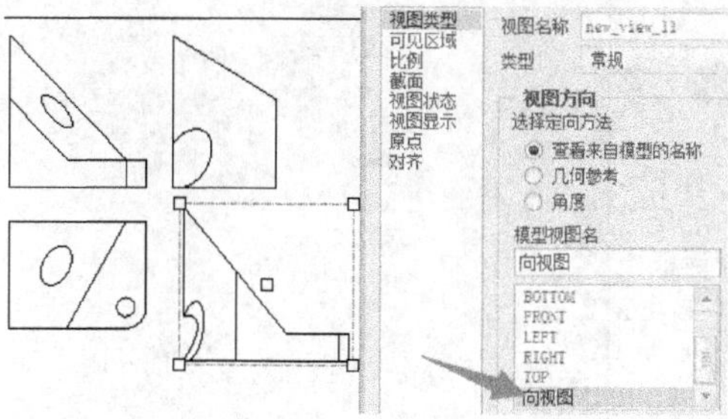	
38	双击该"向视图"，在弹出的【绘图视图】对话框中完成右图步骤	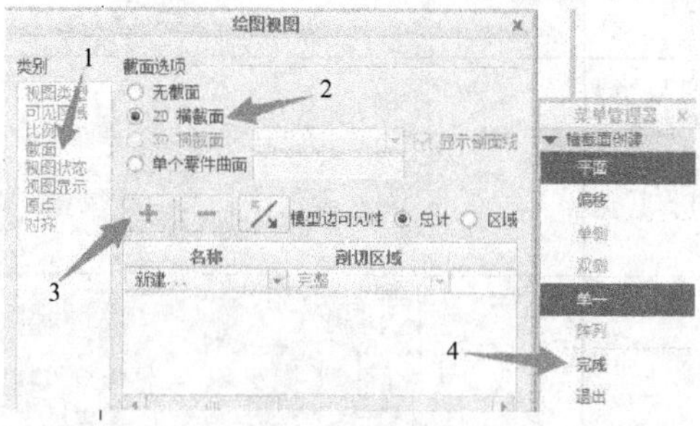	
39	单击【菜单管理器】的【完成】按钮后，根据提示，输入横截面名称"A"，按〈Enter〉键		
40	此时状态栏提示选择剖切平面，在俯视图中单击之前创建的基准平面 DTM_2，单击【绘图视图】对话框中的【确定】按钮即完成了横跨两个通孔的全剖视图的创建	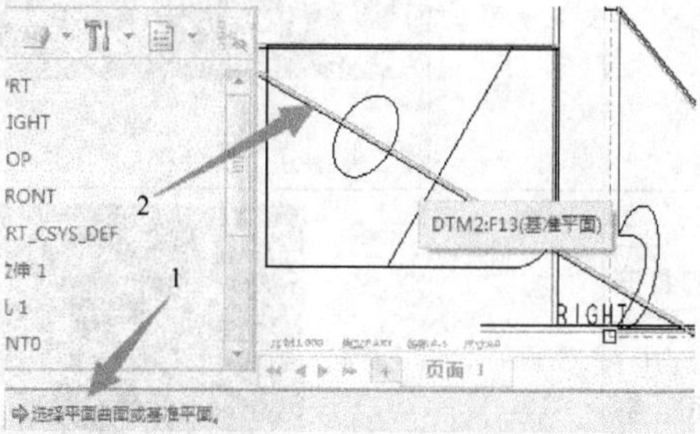	双击该全剖视图，在弹出的【绘图视图】对话框中可将其修改为局部剖视图
41	至此，已完成了三个基本视图及一个全剖视图的创建。Creo 使用单一的数据库驱动技术，即在零件环境下修改了模型的尺寸和形状，工程图会自动变更，反之亦然。但 Creo 作为一款非国产软件，对国标的支持并不太好。而本任务下达时要求建模完成后按照国标要求完成其工程图的转换，所以工程图后续的国标化工作转到 CAXA 电子图板、AutoCAD 等完全支持国标的 2D 软件中完成	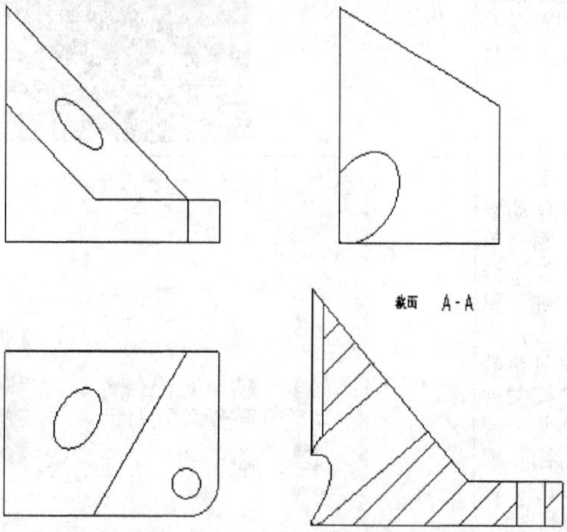	国标化工作包括图框、标题栏、尺寸标准、几何公差、表面粗糙度等技术要求的标注、明细栏（装配图）等

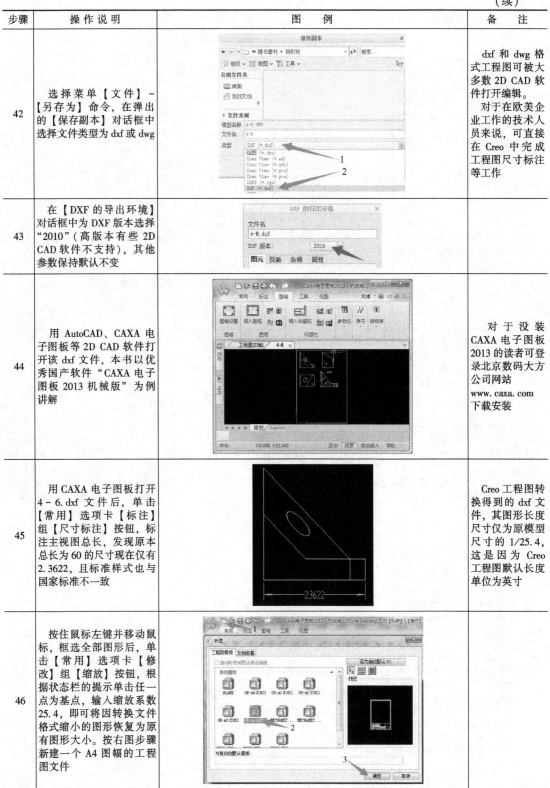

（续）

步骤	操 作 说 明	图 例	备 注
42	选择菜单【文件】-【另存为】命令，在弹出的【保存副本】对话框中选择文件类型为 dxf 或 dwg		dxf 和 dwg 格式工程图可被大多数 2D CAD 软件打开编辑。 对于在欧美企业工作的技术人员来说，可直接在 Creo 中完成工程图尺寸标注等工作
43	在【DXF 的导出环境】对话框中为 DXF 版本选择"2010"（高版本有些 2D CAD 软件不支持），其他参数保持默认不变		
44	用 AutoCAD、CAXA 电子图板等 2D CAD 软件打开该 dxf 文件，本书以优秀国产软件"CAXA 电子图板 2013 机械版"为例讲解		对于没装 CAXA 电子图板 2013 的读者可登录北京数码大方公司网站 www.caxa.com 下载安装
45	用 CAXA 电子图板打开 4-6. dxf 文件后，单击【常用】选项卡【标注】组【尺寸标注】按钮，标注主视图总长，发现原本总长为 60 的尺寸现在仅有 2.3622，且标准样式也与国家标准不一致		Creo 工程图转换得到的 dxf 文件，其图形长度尺寸仅为原模型尺寸的 1/25.4，这是因为 Creo 工程图默认长度单位为英寸
46	按住鼠标左键并移动鼠标，框选全部图形后，单击【常用】选项卡【修改】组【缩放】按钮，根据状态栏的提示单击任一点为基点，输入缩放系数 25.4，即可将因转换文件格式缩小的图形恢复为原有图形大小。按右图步骤新建一个 A4 图幅的工程图文件		

步骤	操作说明	图　例	备　注
47	按右图步骤完成符合国标的图幅设置	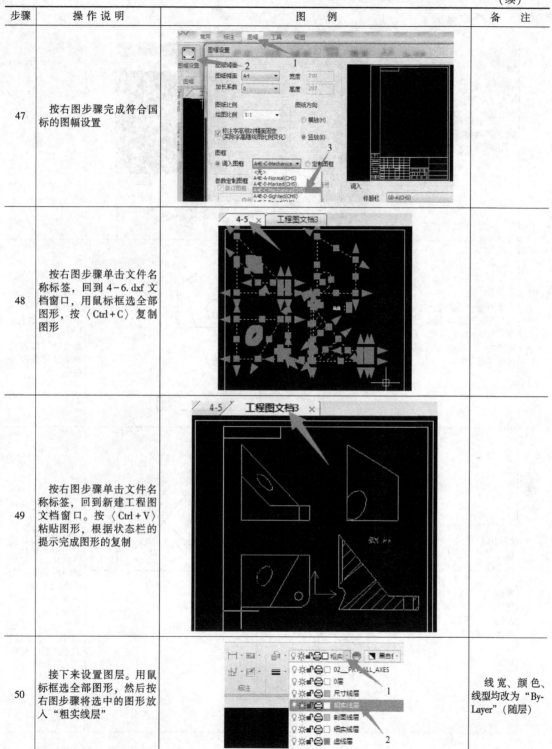	
48	按右图步骤单击文件名称标签，回到 4-6.dxf 文档窗口，用鼠标框选全部图形，按〈Ctrl+C〉复制图形		
49	按右图步骤单击文件名称标签，回到新建工程图文档窗口。按〈Ctrl+V〉粘贴图形，根据状态栏的提示完成图形的复制		
50	接下来设置图层。用鼠标框选全部图形，然后按右图步骤将选中的图形放入"粗实线层"		线宽、颜色、线型均改为"By-Layer"（随层）

步骤	操作说明	图 例	备 注
	双击全剖视图中的剖面线，将剖面线类型改为"无图案"	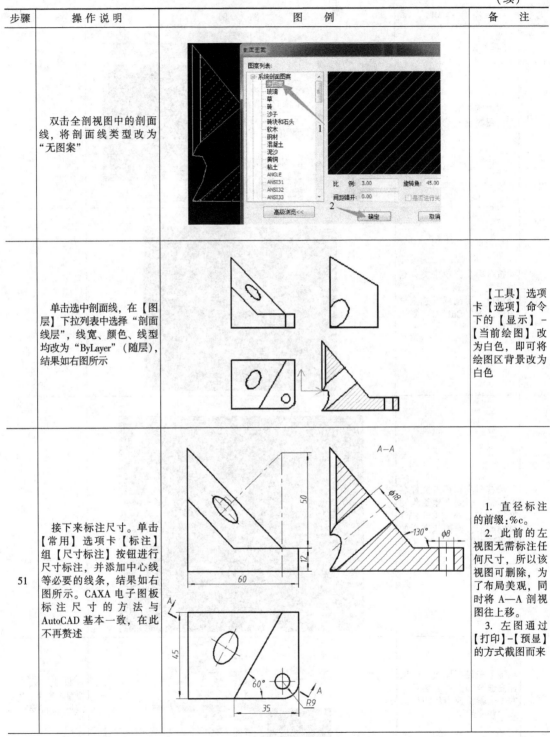	
	单击选中剖面线，在【图层】下拉列表中选择"剖面线层"，线宽、颜色、线型均改为"ByLayer"（随层），结果如右图所示		【工具】选项卡【选项】命令下的【显示】-【当前绘图】改为白色，即可将绘图区背景改为白色
51	接下来标注尺寸。单击【常用】选项卡【标注】组【尺寸标注】按钮进行尺寸标注，并添加中心线等必要的线条，结果如右图所示。CAXA 电子图板标注尺寸的方法与 AutoCAD 基本一致，在此不再赘述		1. 直径标注的前缀:%c。 2. 此前的左视图无需标注任何尺寸，所以该视图可删除，为了布局美观，同时将 A—A 剖视图往上移。 3. 左图通过【打印】-【预显】的方式截图而来

步骤	操作说明	图　　例	备　注
52	接下来填写标题栏。单击【图幅】选项卡【标题栏】组【填写标题栏】按钮进行标题栏填写，结果如右图所示	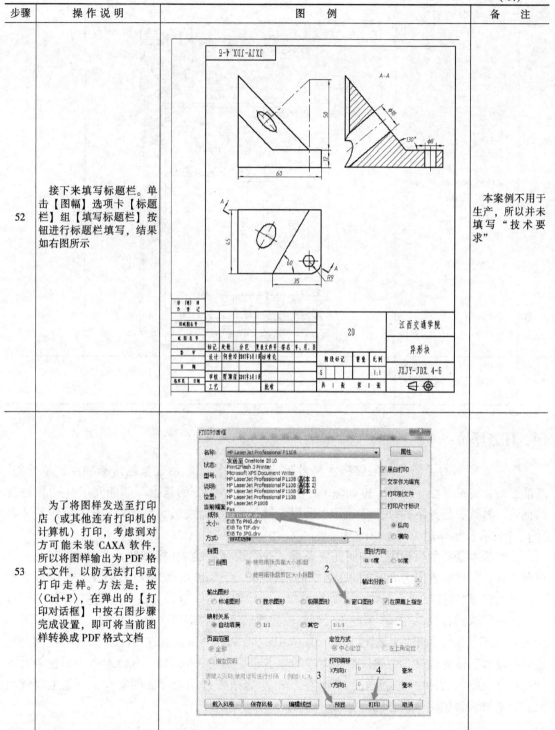	本案例不用于生产，所以并未填写"技术要求"
53	为了将图样发送至打印店（或其他连有打印机的计算机）打印，考虑到对方可能未装 CAXA 软件，所以将图样输出为 PDF 格式文件，以防无法打印或打印走样。方法是：按〈Ctrl+P〉，在弹出的【打印对话框】中按右图步骤完成设置，即可将当前图样转换成 PDF 格式文档		

（续）

步骤	操 作 说 明	图 例	备 注
54	转换成 PDF 格式文档后的结果如右图所示	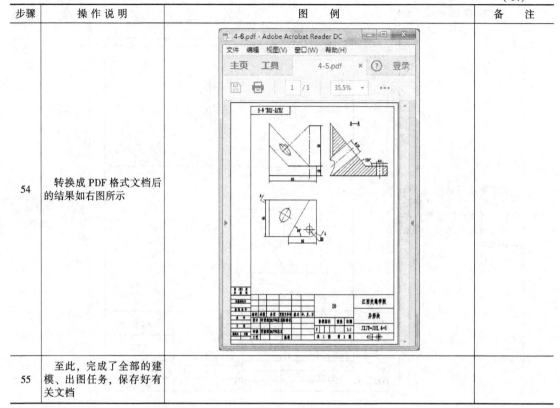	
55	至此，完成了全部的建模、出图任务，保存好有关文档		

四、任务评价

图 4-6 所示的异形块三维建模主要考验的是基准特征的创建，包括基准点、基准轴、基准平面、基准草绘，同时，也训练了在不用【拉伸】命令的情况下如何完成【孔】特征的创建。另外，任务下达时，部分尺寸是用参数的形式标注的，所以本任务还用到了【参数】、【关系】等体现设计意图的命令。

在实施本任务的过程中，按照任务要求，先将设计好的 3D 模型转换成 2D 工程图，并在保存 drw 文件后输出为 dwg 或 dxf 格式的工程图，后续在 AutoCAD、CAXA 电子图板之类的二维 CAD 软件按照国标有关要求进行编辑、打印输出等。这种方法一般是在 3D 模型定稿之后的一种选择，如果 3D 模型需要反复修改完善，则一般都是在 Creo 中完成 2D 工程图的转换（但不标尺寸、不填标题栏等），3D 模型一旦修改，Creo 中的 2D 工程图会自动变更，这样可以提高设计效率，但建议最终图样的输出还是改在 AutoCAD、CAXA 电子图板等对国标有良好支持的软件中完成为好，否则在 Creo 中修改工程图至国标的要求，一是工作量太大，二是没法做到完全符合国标要求。

强化训练题四

1. 完成如图 4-8 所示零件的三维建模，并以紫色［带边着色］显示三维模型。提示：

建模时注意其中的相切、等壁厚、同心等几何关系。请问模型体积是多少（参考答案：15734.60)？图中字母对应的尺寸见下表：

A	B	C	D	E	F	G
120	4	65	22	40	32	15

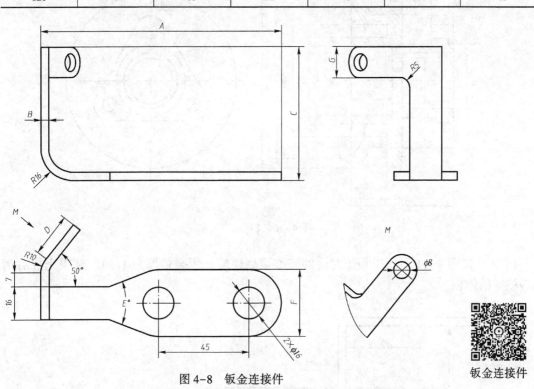

图 4-8　钣金连接件

钣金连接件

2. 完成如图 4-9 所示工程图对应的三维模型建模（未注尺寸自行补充）。

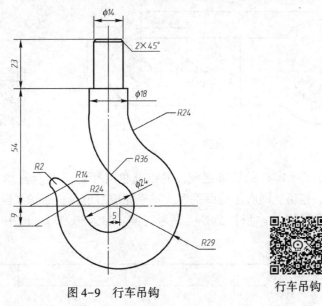

图 4-9　行车吊钩

行车吊钩

3. 完成如图 4-10 所示工程图对应的三维模型建模，建模完成后请回答模型的体积。

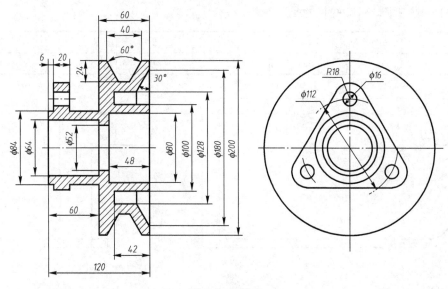

图 4-10 转盘

4. 完成如图 4-11 所示工程图对应的三维模型建模（钣金壁厚为 1.5），建模完成后请回答模型的体积。

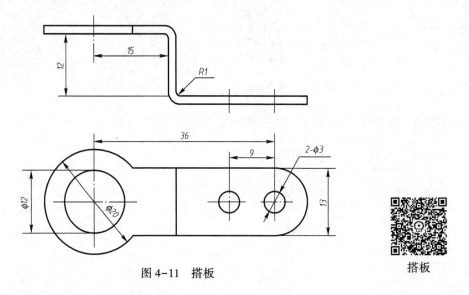

图 4-11 搭板

搭板

5. 完成如图 4-12 所示零件的三维建模，并以蓝色【带边着色】显示三维模型。建模时请注意图中的对称、相切、同心等约束关系。建模完成后请分析查询该模型的体积（Creo【分析】选项卡【测量】组【体积】命令，参考答案：119456.97）。图中字母对应的尺寸见下表：

A	B	C	D	E
137	115	150	24	60

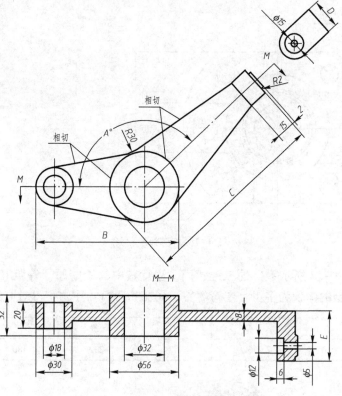

图 4-12 转接件

6. 完成如图 4-13 所示零件的三维建模，并以黄色显示三维模型。建模完成后请回答模型的体积。

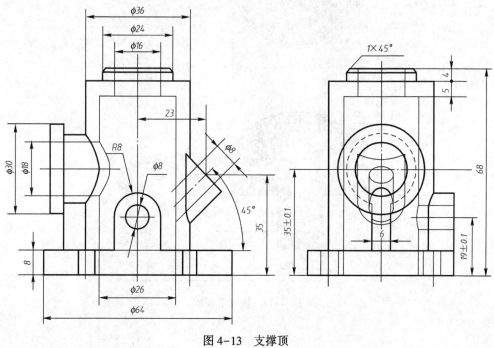

图 4-13 支撑顶

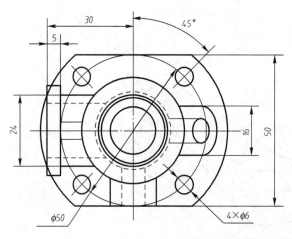

图 4-13　支撑顶（续）

7. 完成如图 4-14 所示零件的三维建模，注意其中的等壁厚、等距（尺寸 B 处）等几何关系。请问模型的体积为多少（参考答案：602630.07）？图中字母对应的尺寸见下表：

A	B	C	D	E	F	T
108	10	132	32	232	180	5

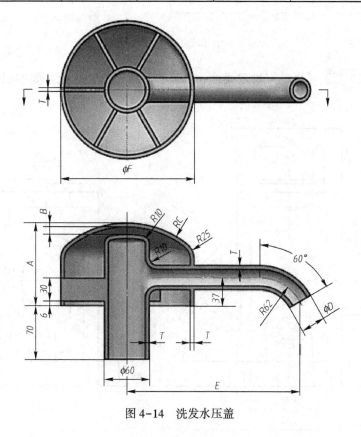

图 4-14　洗发水压盖

8. 完成如图 4-15 所示异形盖板的三维模型建模，建模完成后请回答模型的体积。最终将三维模型转换为符合国家标准的 2D 工程图，将工程图以 PDF 格式文件发送至打印店打印在 A4 图纸后上交。

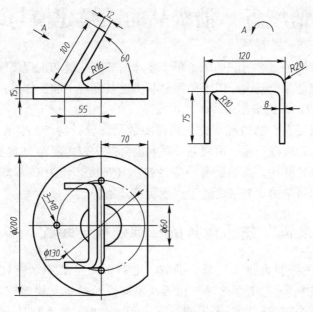

图 4-15　异形盖板

9. 完成如图 4-16 所示异形铁（圆孔及腰孔均为通孔）的三维模型建模，建模完成后请回答模型的体积。最终将三维模型转换为符合国家标准的 2D 工程图，将工程图以 PDF 格式文件发送至打印店打印在 A4 图纸后上交。

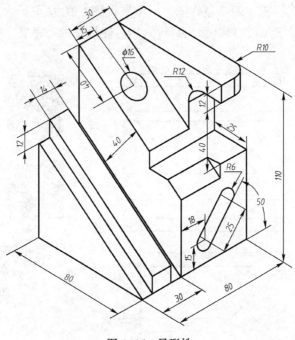

图 4-16　异形铁

学习情境五　消费品的三维建模与装配

前面四个学习情境主要学习和训练了单个零件的三维建模和工程图输出，但是生产和生活中绝大多数产品都是两个或两个以上的零件有机地装配在一起工作的，所以接下来就要学习在 Creo 中如何完成产品的虚拟装配。

消费品是用来满足人们物质和文化生活需要的那部分社会产品，在日常生活中随处可见。总体来说，相比于机械产品，消费品外观和内部结构较为复杂（也更为美观），所以消费品上的很多零件是异形件，其装配有一定的技巧和难度。作为 Creo 虚拟装配的首个学习任务，下面先从较为简单的"T 字之谜"拼板玩具开始。

任务一　"T 字之谜"拼板玩具的三维建模与装配

"T 字之谜"是一种智力拼板玩具，类似于七巧板。而 T 字之谜只有四块，所以也称"四巧板"，两者性质相同。"T 字之谜"由四块不同形状的单元块组成：一个长直角梯形、一个短直角梯形、一个三角形、一个不规则五边形。"T 字之谜"是一种"少而精"的拼板，"少"指用的拼板少，"精"指拼出的图案很精彩。区区四块，却可以拼出上百种有意义的图案，是老少咸宜的休闲智力玩具。

一、任务下达

本任务通过二维工程图（四个零件图、一个装配图）的方式下达，要求完成如图 5-1 所示工程图对应零件的三维模型建模（自行命名）。建模完成后完成"T"字的虚拟装配。

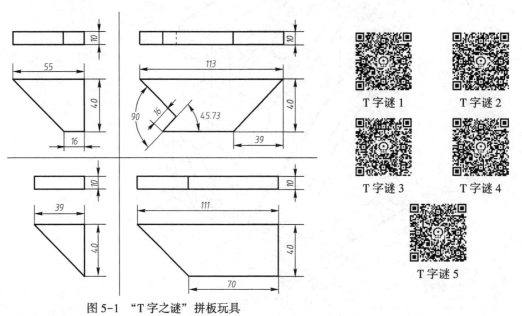

图 5-1　"T 字之谜"拼板玩具

二、任务分析

"T字之谜"拼板玩具共有四个零件,分别命名为5-1-1、5-1-2、5-1-3和5-1-4。这四个零件的工程图中俯视图都是反映其形状的特征视图,从形状特征视图中可以知道5-1-1是小直角梯形,5-1-2是不规则五边形,5-1-3为直角三角形,5-1-4与5-1-1一样,也是直角梯形,但比5-1-1要长,可称为长直角梯形。利用这四个零件可以完成多种难易程度不同的图形的拼装,本任务是利用这四个零件拼装成IQ值要求最高的"T"字(有了思路之后,Creo的装配工作倒是很容易)。

完成该任务需用到Creo软件的"零件"模块和"装配"模块。考虑到前面大家已学习了各种难易程度不等的零件建模,本任务的重点是如何在Creo中实现产品的虚拟装配。在"零件"模块中需要用到【草绘】、【拉伸】、【外观库】等特征命令;在"装配"模块需要用到装配约束中的【默认】约束和【重合】约束。"T字之谜"拼板任务的主要装配流程如图5-2所示。

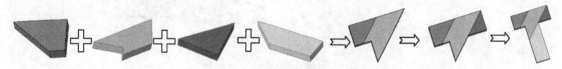

图5-2 "T字之谜"的三维建模与装配流程

三、任务实施

表5-1详细讲解完成图5-1所示"T字之谜"拼板玩具三维建模与装配的步骤及注意事项。

表5-1 "T字之谜"拼板玩具三维建模与装配步骤及注意事项

步骤	操作说明	图 例	备 注
1	按学习情境一中任务一的讲解完成Creo的安装与配置	(略)	进行三维建模前完成软件安装与配置
2	首先设计零件5-1-1拼板。打开Creo软件,单击【快速访问工具栏】-【新建】按钮,新建一个文件名为"5-1-1"的零件文件(按右图步骤),【确定】后在【新文件选项】对话框中选择公制模板mmns_part_solid,可使建模时长度单位为mm		Creo为美国PTC公司所开发,默认模版均为英制单位

步骤	操作说明	图　例	备　注
3	单击【模型】选项卡【形状】组中的【拉伸】按钮，选择 Front 基准面为草绘平面，其他保持默认设置，进入草绘环境后单击【草绘视图】按钮，使草绘平面与显示器平面平行，绘制如右图所示的草绘	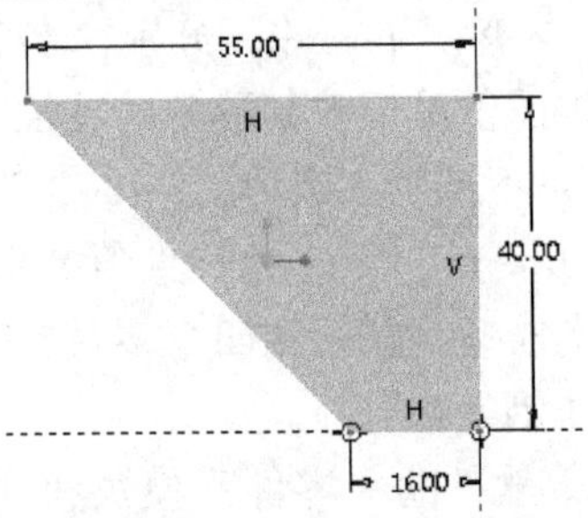	先绘制出 5-1-1 零件的大致形状，再创建出图样中的尺寸，最后按照图样中的尺寸修改尺寸数字
4	退出草绘后，输入拉伸深度为 10，其他保持默认不变	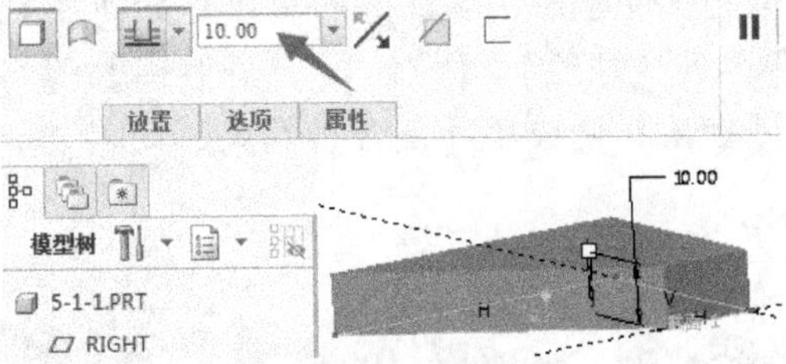	
5	接下来将模型着色为红色。单击【视图】选项卡【模型显示】组中的【外观库】按钮，选择右图箭头所指红色外观，此时鼠标光标显示为毛笔状	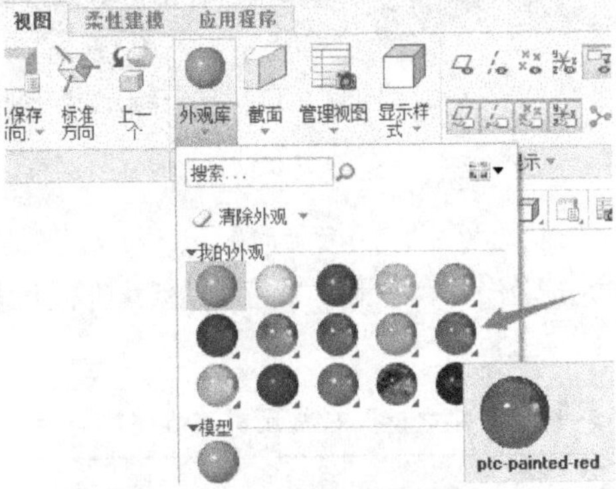	Creo 的三维模型可修改为任意颜色，亦可将自己的照片以贴图的方式覆盖在模型外表面上
6	单击 Creo 界面右下角【选择过滤器】中的【零件】后，单击绘图区中的三维模型，按鼠标中键结束，此时三维模型被着色为红色。至此，完成 5-1-1 零件的创建工作，将三维模型保存至工作目录中	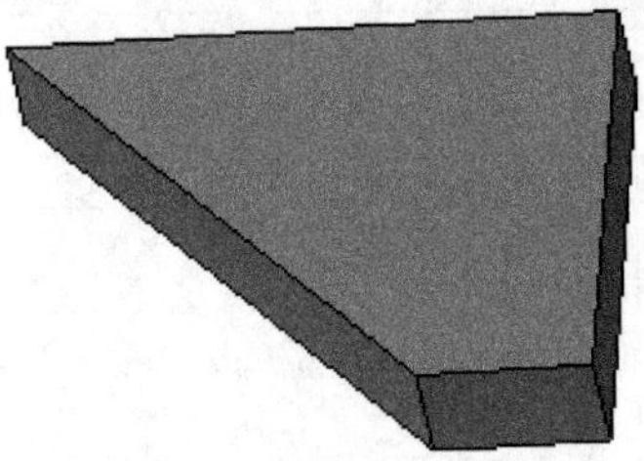	
7	设计零件 5-1-2：单击【快速访问工具栏】-【新建】按钮，新建一个文件名为 "5-1-2" 的零件文件（按右图步骤）	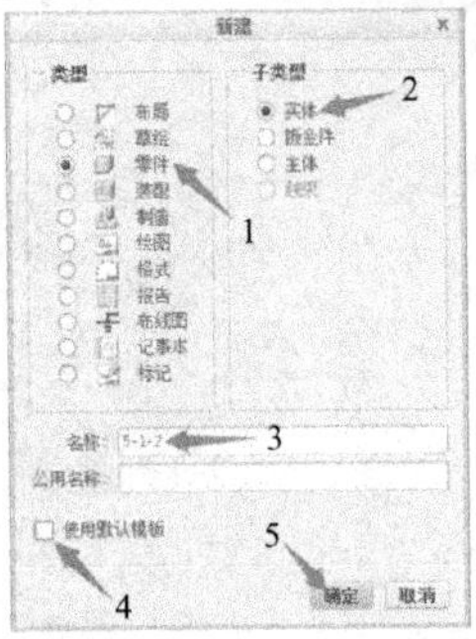	Creo 为美国 PTC 公司所开发，默认模版均为英制单位

步骤	操 作 说 明	图 例	备 注
8	单击【模型】选项卡【形状】组中的【拉伸】按钮，选择 Front 基准面为草绘平面，其他保持默认设置，进入草绘环境后单击【草绘视图】按钮，使草绘平面与显示器平面平行，绘制如右图所示的草绘	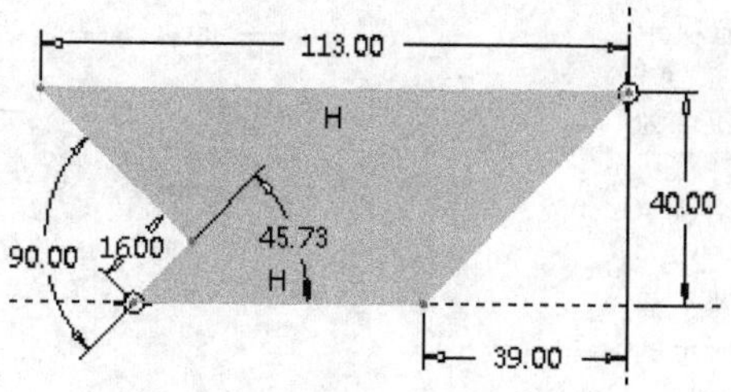	先绘制出 5-1-2 零件的大致形状，再创建出图样中的尺寸，最后按照图样中的尺寸修改尺寸数字
9	退出草绘后，输入拉伸深度为 10，其他保持默认不变	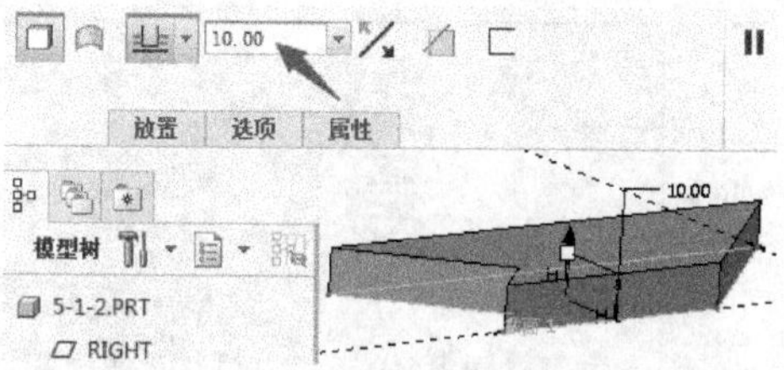	
10	接下来将模型着色为绿色。单击【视图】选项卡【模型显示】组中的【外观库】按钮，选择右图箭头所指绿色外观，此时鼠标光标显示为毛笔状	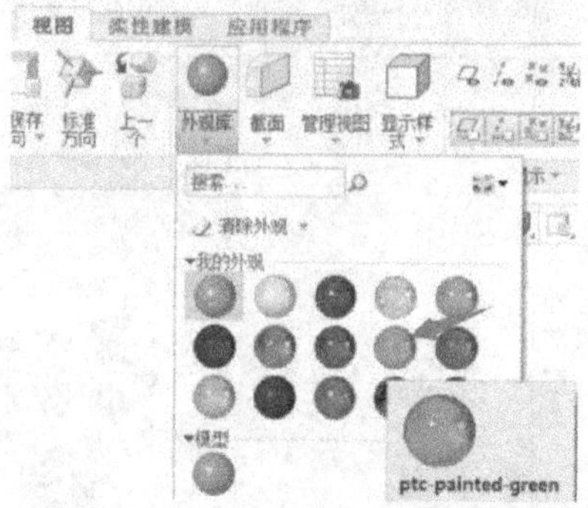	Creo 的三维模型可修改为任意颜色，亦可将自己的照片以贴图的方式覆盖在模型外表面上
11	单击 Creo 界面右下角【选择过滤器】中的【零件】后单击绘图区中的三维模型，按鼠标中键结束，此时三维模型被着色为绿色。至此，完成 5-1-2 零件的创建工作，将三维模型保存至工作目录中	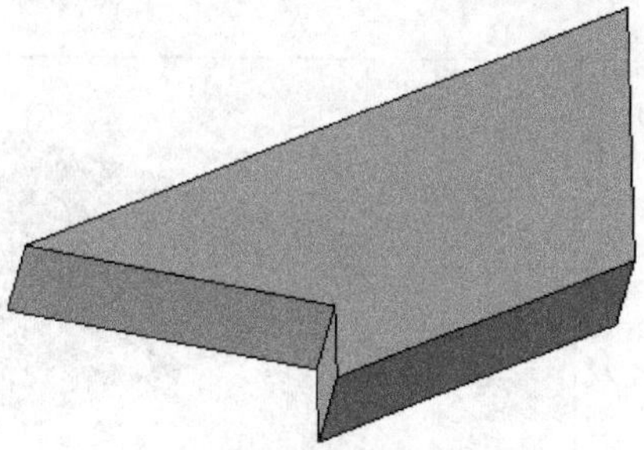	
12	设计零件 5-1-3：单击【快速访问工具栏】-【新建】按钮，新建一个文件名为"5-1-3"的零件文件（按右图步骤）	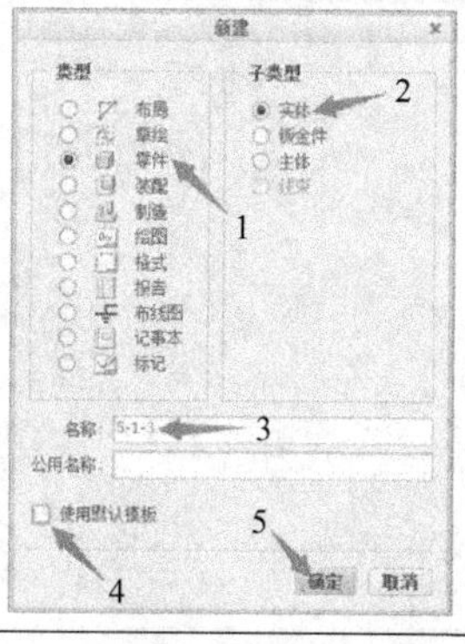	Creo 为美国 PTC 公司所开发，默认模版均为英制单位

（续）

步骤	操 作 说 明	图 例	备 注
13	单击【模型】选项卡【形状】组中的【拉伸】按钮，选择 Front 基准面为草绘平面，其他保持默认设置，进入草绘环境后单击【草绘视图】按钮，使草绘平面与显示器平面平行，绘制如右图所示的草绘	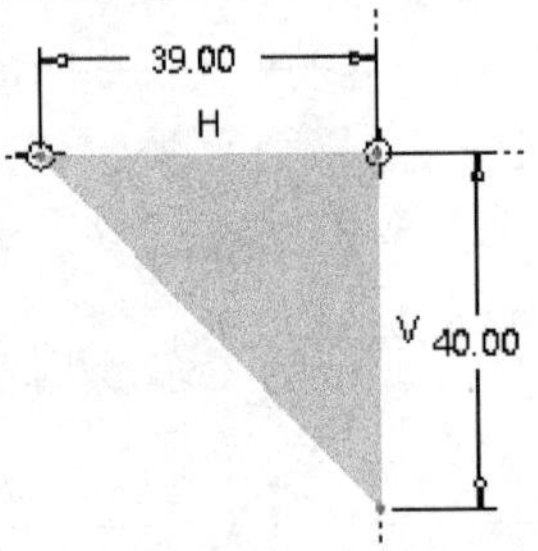	先绘制出 5-1-3 零件的大致形状，再创建出图样中的尺寸，最后按照图样中的尺寸修改尺寸数字
14	退出草绘后，输入拉伸深度为 10，其他保持默认不变	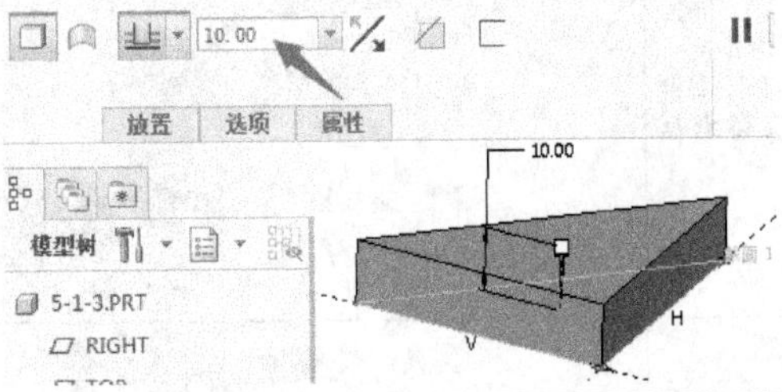	
15	接下来将模型着色为蓝色。单击【视图】选项卡【模型显示】组中的【外观库】按钮，选择右图箭头所指蓝色外观，此时鼠标光标显示为毛笔状	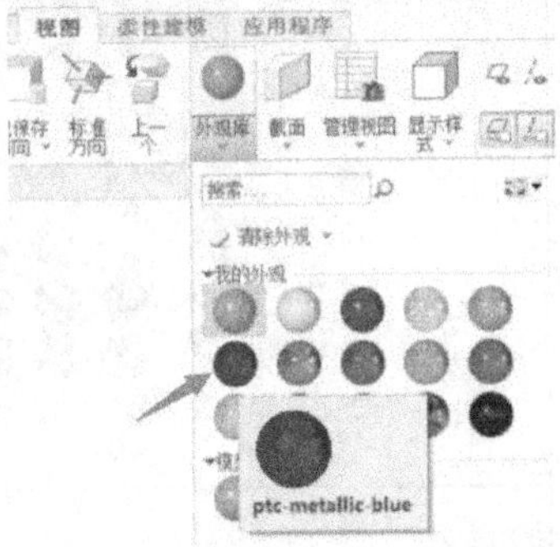	Creo 的三维模型可修改为任意颜色，亦可将自己的照片以贴图的方式覆盖在模型外表面上
16	单击 Creo 界面右下角【选择过滤器】中的【零件】后单击绘图区中的三维模型，按鼠标中键结束，此时三维模型被着色为蓝色。至此，完成 5-1-3 零件的创建工作，将三维模型保存至工作目录中	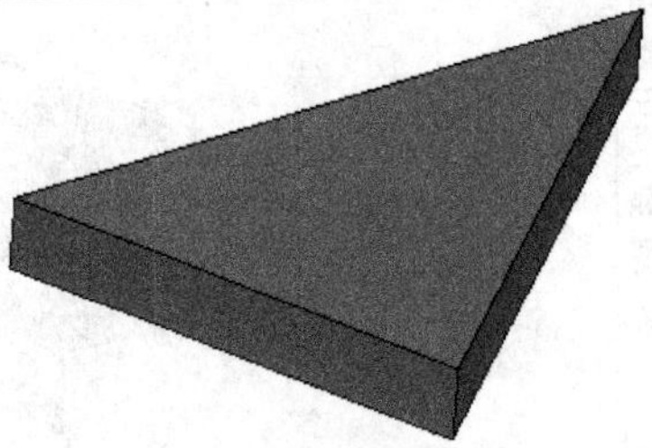	
17	设计零件 5-1-4：单击【快速访问工具栏】-【新建】按钮，新建一个文件名为"5-1-4"的零件文件（按右图步骤）	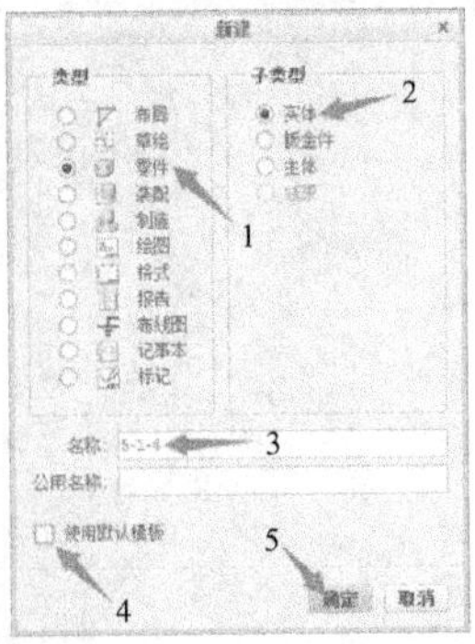	Creo 为美国 PTC 公司所开发，默认模版均为英制单位

步骤	操作说明	图　例	备　注
18	单击【模型】选项卡【形状】组中的【拉伸】按钮，选择 Front 基准面为草绘平面，其他保持默认设置，进入草绘环境后单击【草绘视图】按钮，使草绘平面与显示器平面平行，绘制如右图所示的草绘	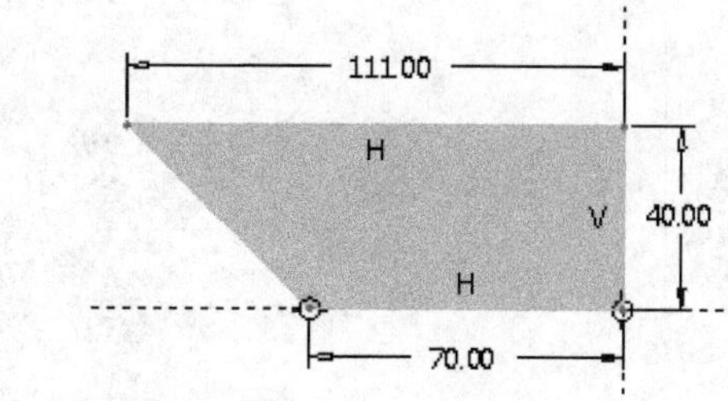	先绘制出 5-1-4 零件的大致形状，再创建出图样中的尺寸，最后按照图样中的尺寸修改尺寸数字
19	退出草绘后，输入拉伸深度为 10，其他保持默认不变	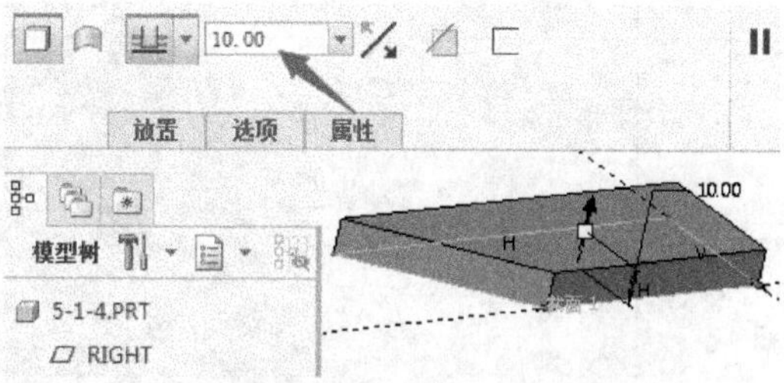	
20	接下来将模型着色为黄色。单击【视图】选项卡【模型显示】组中的【外观库】按钮，选择右图箭头所指黄色外观，此时鼠标光标显示为毛笔状	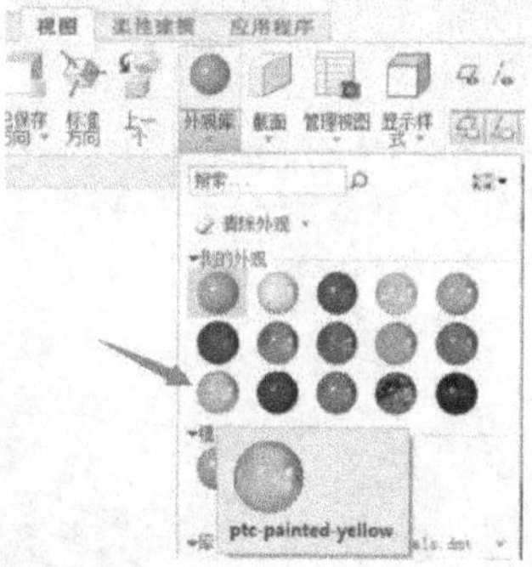	Creo 的三维模型可修改为任意颜色，亦可将自己的照片以贴图的方式覆盖在模型外表面上
21	单击 Creo 界面右下角【选择过滤器】中的【零件】后单击绘图区中的三维模型，按鼠标中键结束，此时三维模型被着色为黄色。至此，完成 5-1-4 零件的创建工作，将三维模型保存至工作目录中	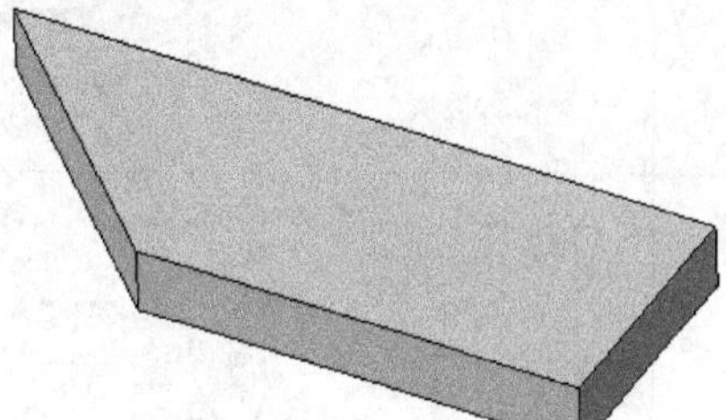	至此，"T 字之谜"装配体设计所需的零件全部创建完成。接下来进行装配设计
22	单击【快速访问工具栏】-【新建】按钮，新建一个文件名为"5-1"的装配文件（按右图步骤），【确定】后在【新文件选项】对话框中选择公制模板 mmns_asm_design，可使装配设计时长度单位为 mm	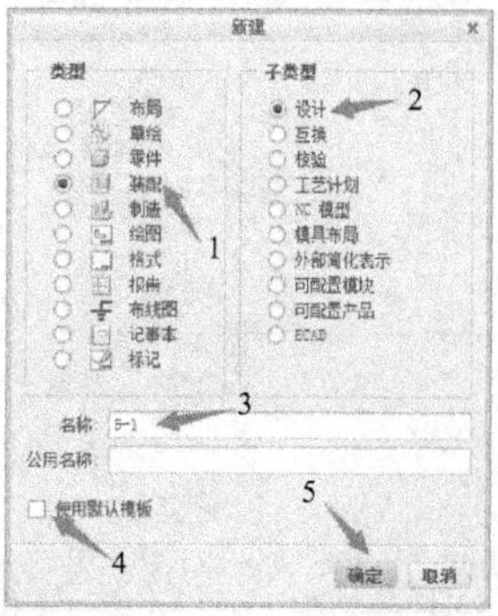	Creo 为美国PTC 公司所开发，默认模版均为英制单位

步骤	操作说明	图 例	备 注
23	装配零件 5-1-1：单击【模型】选项卡【元件】组中的【组装】按钮	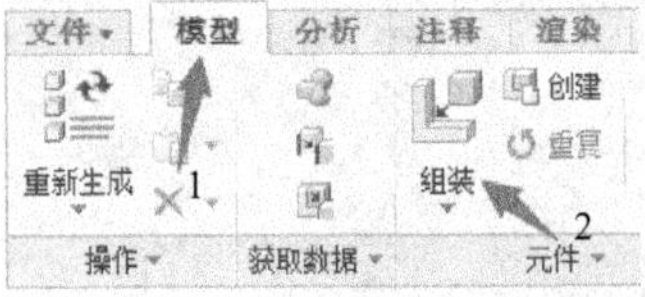	在创建 5-1 装配体文件时，由于选取了 mmns_asm_design 模板，系统便自动创建三个正交的装配基准平面，所以无需再创建装配基准平面
24	在弹出的【打开】对话框中，选择 5-1-1 零件，单击【打开】按钮	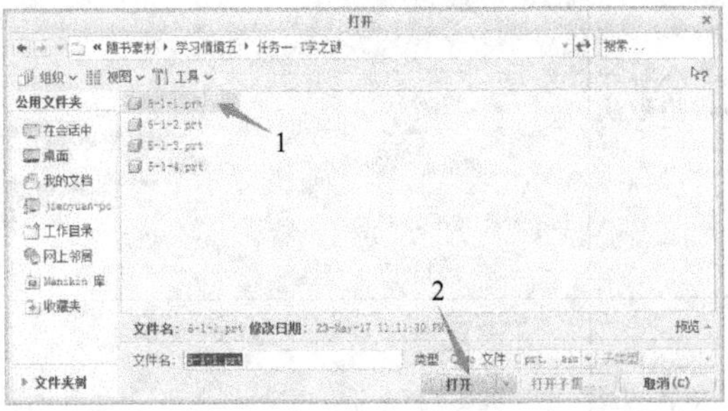	
25	随即打开【元件放置】选项卡，按照右图所示的步骤完成 5-1-1 零件的装配	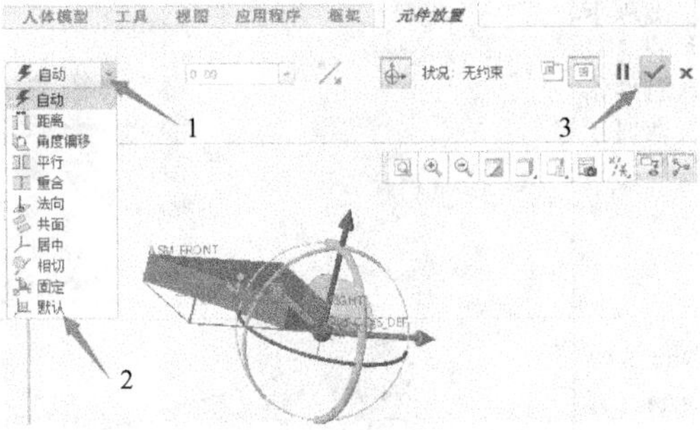	"默认"约束是将元件上的默认坐标系与装配环境的默认坐标系重合。当向装配环境引入第一个元件（零件）时，常对该元件实施这种约束形式
26	5-1-1 零件装配在 5-1 装配体中的效果如右图所示	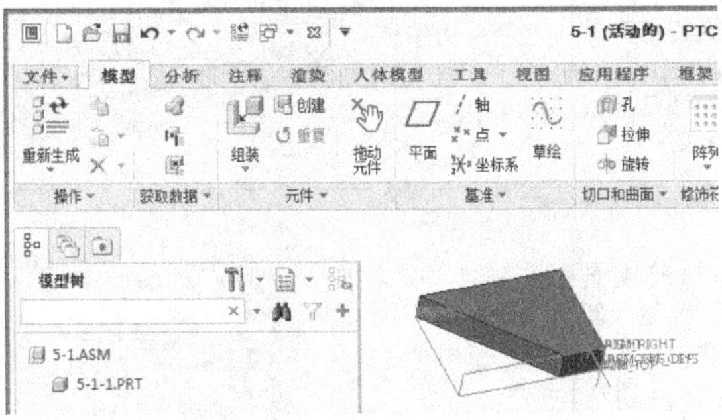	
27	装配 5-1-2 零件：单击【模型】选项卡【元件】组中的【组装】按钮	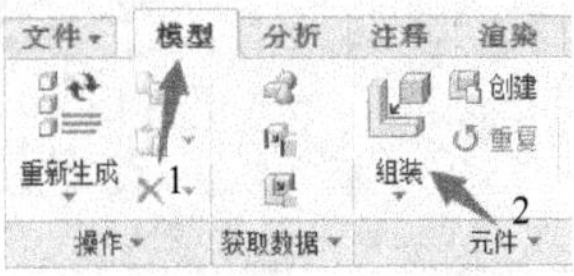	

步骤	操 作 说 明	图　　例	备　　注
28	在弹出的【打开】对话框中，选择 5-1-2 零件，单击【打开】按钮	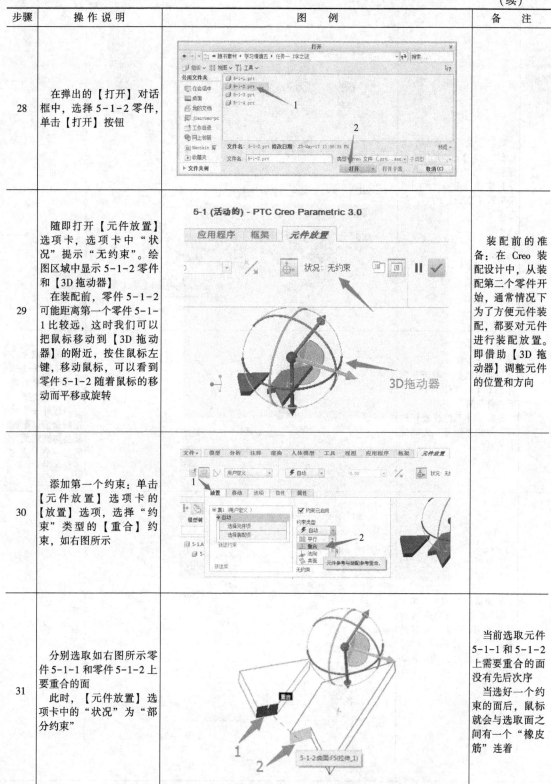	
29	随即打开【元件放置】选项卡，选项卡中"状况"提示"无约束"。绘图区域中显示 5-1-2 零件和【3D 拖动器】 在装配前，零件 5-1-2 可能距离第一个零件 5-1-1 比较远，这时我们可以把鼠标移动到【3D 拖动器】的附近，按住鼠标左键，移动鼠标，可以看到零件 5-1-2 随着鼠标的移动而平移或旋转		装配前的准备：在 Creo 装配设计中，从装配第二个零件开始，通常情况下为了方便元件装配，都要对元件进行装配放置。即借助【3D 拖动器】调整元件的位置和方向
30	添加第一个约束：单击【元件放置】选项卡的【放置】选项，选择"约束"类型的【重合】约束，如右图所示		
31	分别选取如右图所示零件 5-1-1 和零件 5-1-2 上要重合的面 此时，【元件放置】选项卡中的"状况"为"部分约束"		当前选取元件 5-1-1 和 5-1-2 上需要重合的面没有先后次序 当选好一个约束的面后，鼠标就会与选取面之间有一个"橡皮筋"连着

（续）

步骤	操 作 说 明	图 例	备 注
32	添加第二个约束，单击【元件放置】选项卡【放置】选项中的【新建约束】按钮，选择"约束"类型的【重合】约束，如右图所示	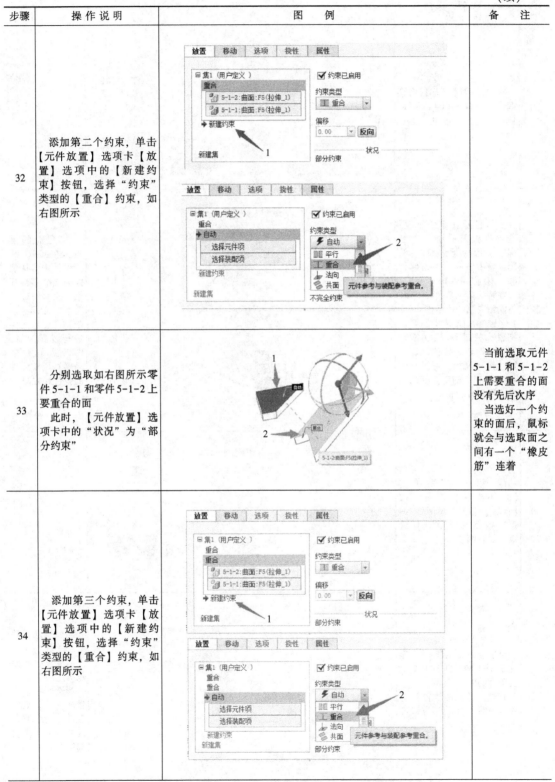	
33	分别选取如右图所示零件5-1-1和零件5-1-2上要重合的面 此时，【元件放置】选项卡中的"状况"为"部分约束"		当前选取元件5-1-1和5-1-2上需要重合的面没有先后次序 当选好一个约束的面后，鼠标就会与选取面之间有一个"橡皮筋"连着
34	添加第三个约束，单击【元件放置】选项卡【放置】选项中的【新建约束】按钮，选择"约束"类型的【重合】约束，如右图所示		

164

步骤	操 作 说 明	图 例	备 注
35	分别选取如右图所示零件 5-1-1 和零件 5-1-2 上要重合的面。此时，【元件放置】选项卡中的"状况"为"完全约束"	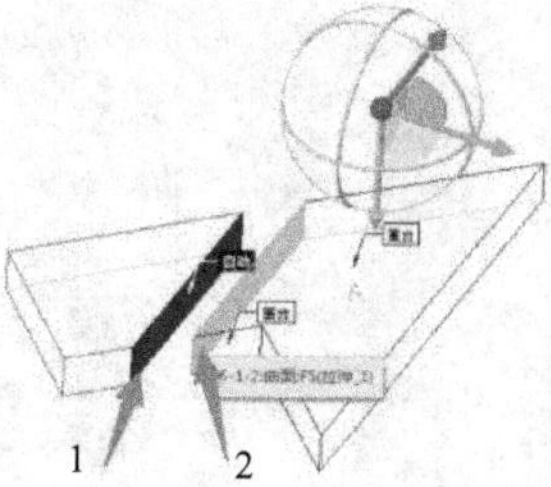	当前选取元件 5-1-1 和 5-1-2 上需要重合的面没有先后次序 当选好一个约束的面后，鼠标就会与选取面之间有一个"橡皮筋"连着
36	至此，第二个零件 5-1-2 装配完成。单击【元件放置】选项卡上的【确定】按钮。如右图所示	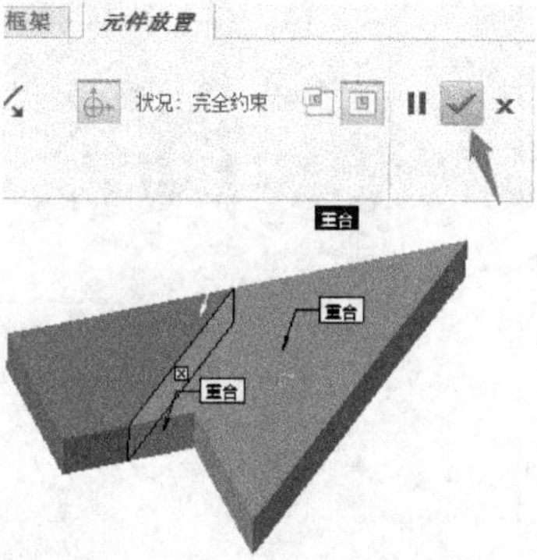	在 Creo 装配体设计中，装配第二个及之后的零件通常都需要三个约束。除非使用"允许假设"（后面任务中讲解）
37	装配 5-1-3 零件：单击【模型】选项卡【元件】组中的【组装】按钮	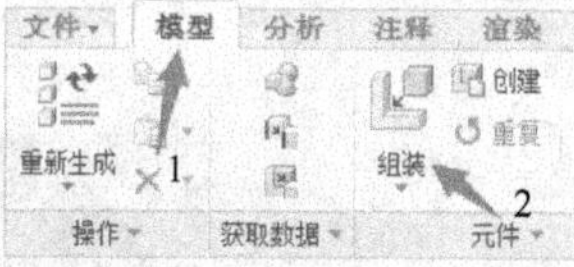	
38	在弹出的【打开】对话框中，选择 5-1-3 零件，单击【打开】按钮	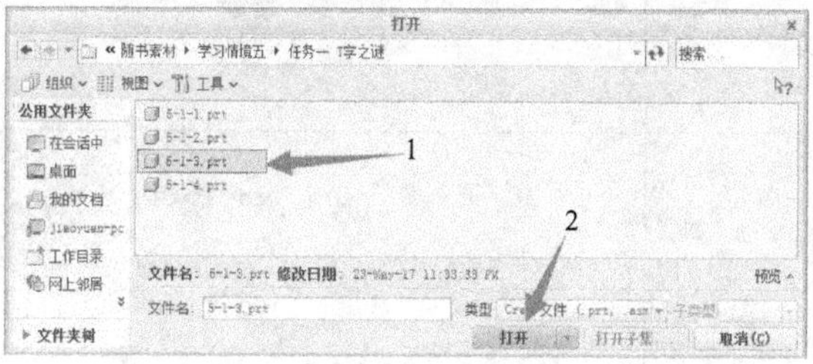	
39	随即打开【元件放置】选项卡，选项卡中"状况"提示"无约束"。绘图区域中显示 5-1-3 零件和【3D 拖动器】 在装配前，可以把鼠标移动到【3D 拖动器】的附近，按住鼠标左键，移动鼠标，可以看到零件 5-1-3 随着鼠标的移动而平移或旋转	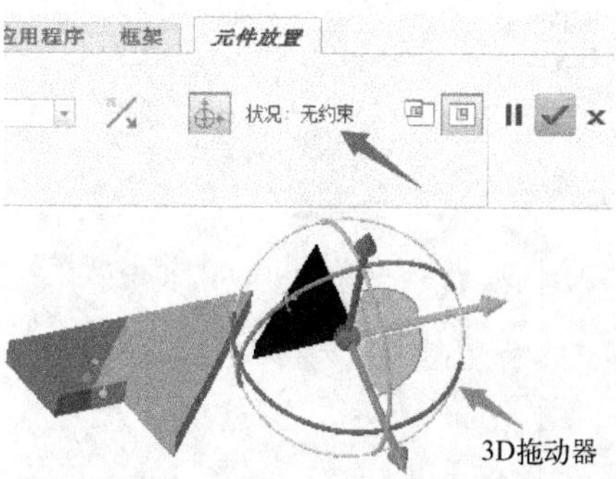	装配前的准备：在 Creo 装配设计中，从装配第二个零件开始，通常情况下为了方便元件装配，都要对元件进行装配放置。即借助【3D 拖动器】调整元件的位置和方向

步骤	操作说明	图　例	备　注
40	添加第一个约束：单击【元件放置】选项卡的【放置】选项，选择"约束"类型的【重合】约束，如右图所示		
41	由于零件 5-1-3 的两条直角边的长度不同，需要测量。操作步骤如右图所示		
42	分别选取如右图所示零件 5-1-2 和零件 5-1-3 上要重合的面。此时，【元件放置】选项卡中的"状况"为"部分约束"		当前选取元件5-1-2 和 5-1-3上需要重合的面没有先后次序
43	添加第二个约束，单击【元件放置】选项卡【放置】选项中的【新建约束】按钮，选择"约束"类型的【重合】约束，如右图所示		

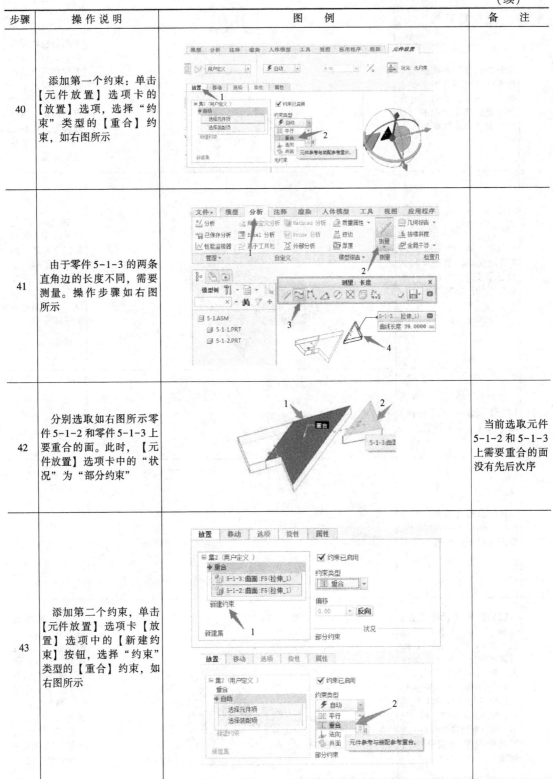

步骤	操作说明	图 例	备 注
44	分别选取如右图所示零件 5-1-2 和零件 5-1-3 上要重合的面。此时，【元件放置】选项卡中的"状况"为"完全约束"	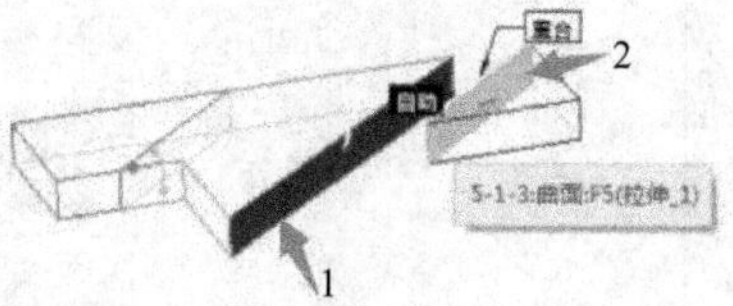	当前选取元件 5-1-2 和 5-1-3 上需要重合的面没有先后次序
45	添加第三个约束，单击【元件放置】选项卡【放置】选项中的【新建约束】按钮，选择"约束"类型的【重合】约束，如右图所示	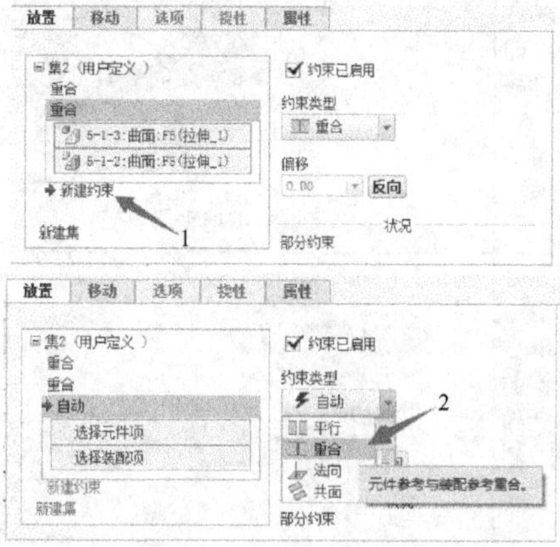	
46	分别选取如右图所示零件 5-1-1 和零件 5-1-3 上要重合的面。此时，【元件放置】选项卡中的"状况"为"完全约束"	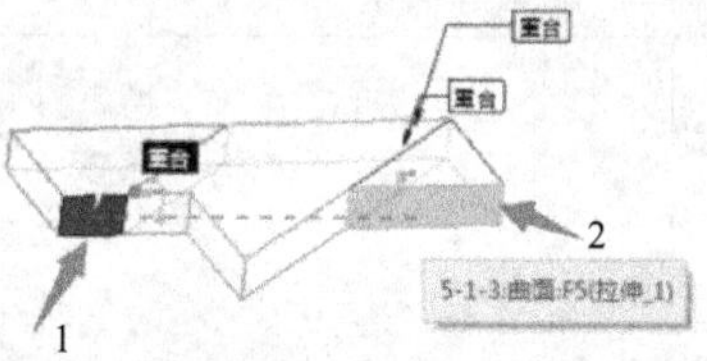	当前选取元件 5-1-1 和 5-1-3 上需要重合的面没有先后次序
47	至此，第三个零件 5-1-3 装配完成。单击【元件放置】选项卡上的【确定】按钮。如右图所示	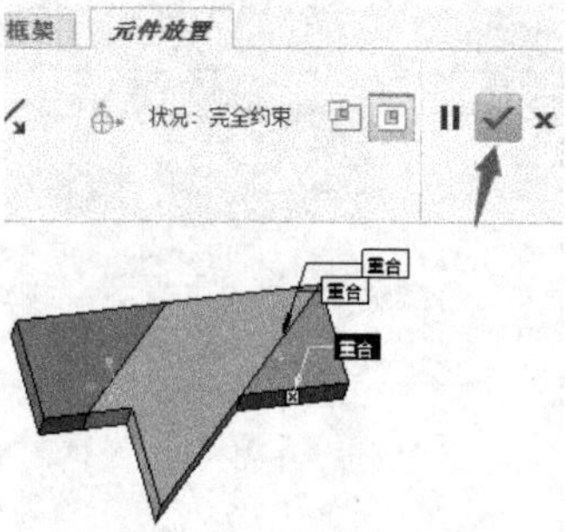	
48	装配 5-1-4 零件：单击【模型】选项卡【元件】组中的【组装】按钮	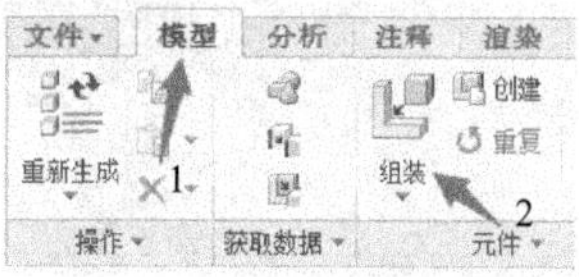	
49	在弹出的【打开】对话框中，选择 5-1-4 零件，单击【打开】按钮	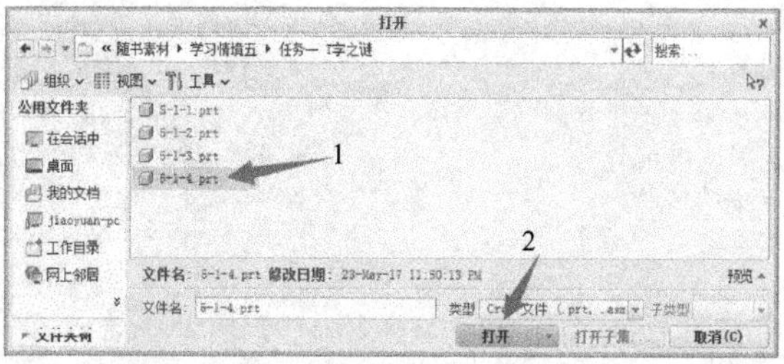	

步骤	操作说明	图例	备注
50	选项卡随即打开【元件放置】选项卡，选项卡中"状况"提示"无约束"。绘图区域中显示 5-1-4 零件和【3D 拖动器】 在装配前，可以把鼠标移动到【3D 拖动器】的附近，按住鼠标左键，移动鼠标，可以看到零件 5-1-4 随着鼠标的移动而平移或旋转	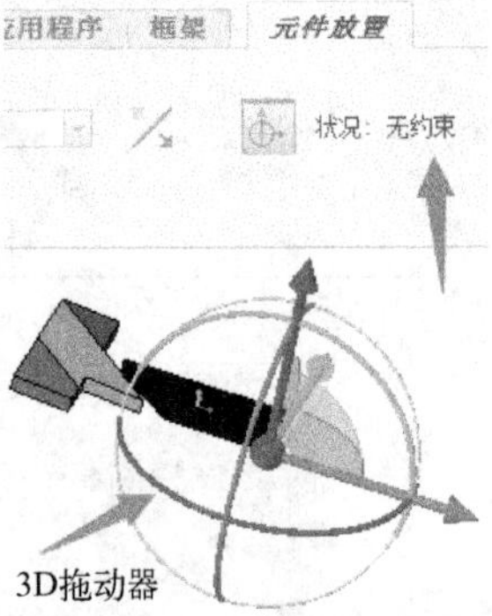	装配前的准备：在 Creo 装配设计中，从装配第二个零件开始，通常情况下为了方便元件装配，都要对元件进行装配放置。即借助【3D 拖动器】调整元件的位置和方向
51	添加第一个约束：单击【元件放置】选项卡的【放置】选项，选择"约束"类型的【重合】约束，如右图所示	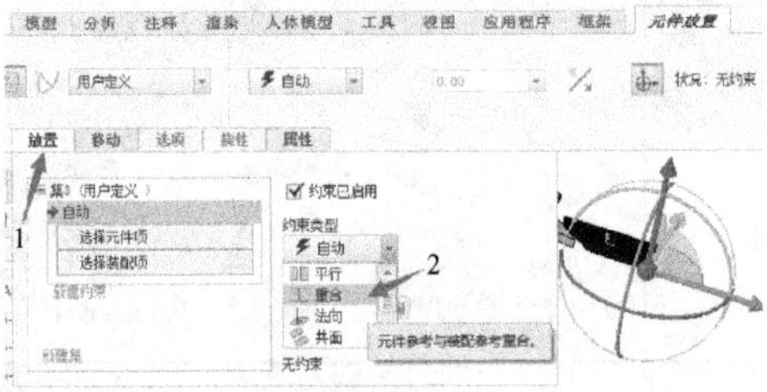	
52	分别选取如右图所示零件 5-1-2 和零件 5-1-4 上要重合的面。此时，【元件放置】选项卡中的"状况"为"部分约束"	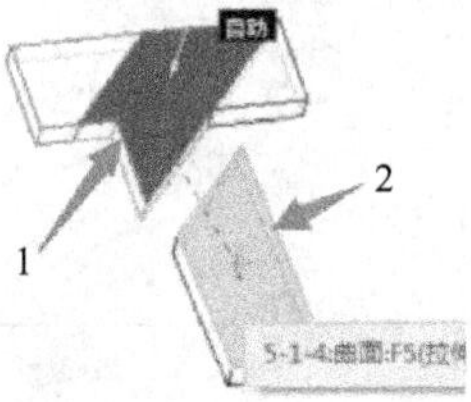	当前选取元件 5-1-2 和 5-1-4 上需要重合的面没有先后次序
53	添加第二个约束，单击【元件放置】选项卡【放置】选项中的【新建约束】按钮，选择"约束"类型的【重合】约束，如右图所示	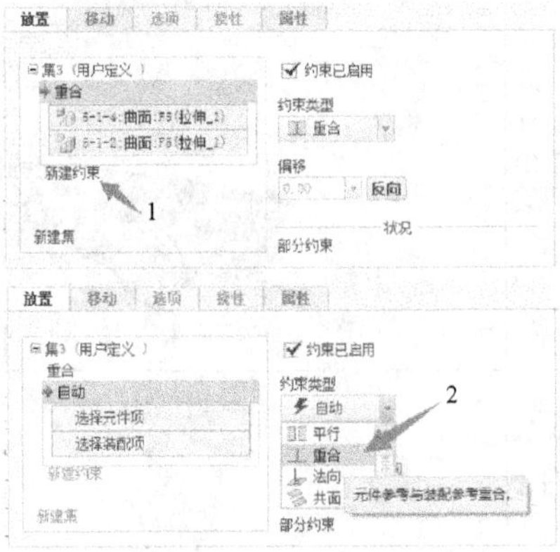	
54	分别选取如右图所示零件 5-1-2 和零件 5-1-4 上要重合的面。此时，【元件放置】选项卡中的"状况"为"部分约束"	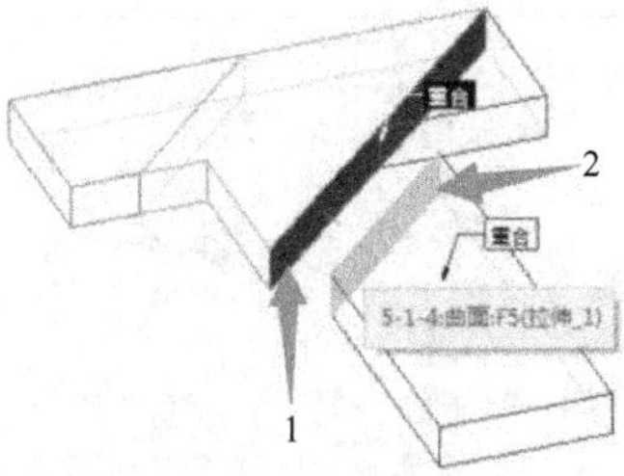	当前选取元件 5-1-2 和 5-1-4 上需要重合的面没有先后次序

步骤	操 作 说 明	图　例	备　注
55	添加第三个约束，单击【元件放置】选项卡【放置】选项中的【新建约束】按钮，选择"约束"类型的【重合】约束，如右图所示	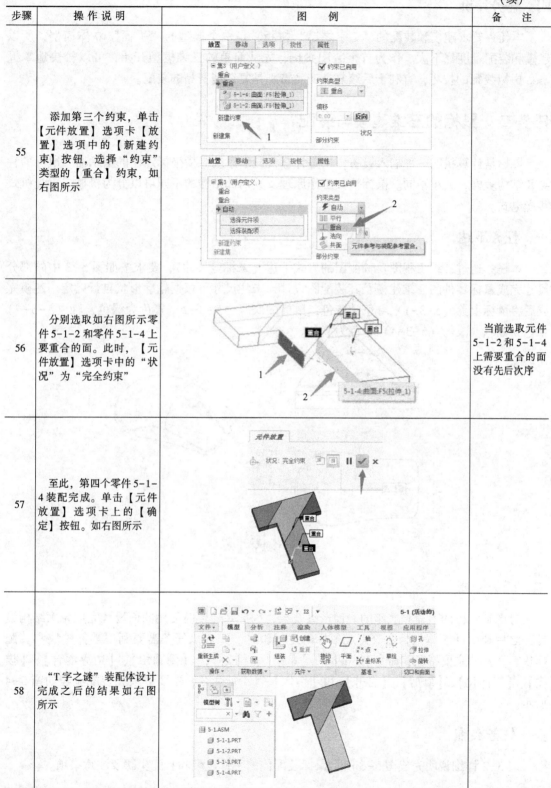	
56	分别选取如右图所示零件5-1-2和零件5-1-4上要重合的面。此时，【元件放置】选项卡中的"状况"为"完全约束"		当前选取元件5-1-2和5-1-4上需要重合的面没有先后次序
57	至此，第四个零件5-1-4装配完成。单击【元件放置】选项卡上的【确定】按钮。如右图所示		
58	"T字之谜"装配体设计完成之后的结果如右图所示		

四、任务评价

本任务要求建模和装配的"T字之谜"拼板，是一个典型的"平面"立体模型，所以建模和装配难度都不大。作为首个装配案例，先从简单的三维模型开始，可以较快地掌握Creo虚拟装配的技巧，有利于后续复杂产品特别是复杂消费品的装配。

任务二 鼠标的三维建模与装配

鼠标是计算机的一种输入设备，也是计算机显示系统纵横坐标定位的指示器。鼠标的种类和结构多样，大小不同。鼠标按其工作原理及其内部结构的不同可以分为机械式、光机式和光电式。

一、任务下达

本任务通过二维工程图及轴测图的方式下达（未标全尺寸），要求按如图5-3中的部分尺寸完成鼠标零件的三维建模及其装配图设计，未注尺寸可根据轮廓形状自行确定。建模完成后将鼠标上盖（5-3-1）着色为蓝色，鼠标的底座（5-3-2）着色为绿色，轴（5-3-3）着色为红色，滚轮（5-3-4）着色为黄色。

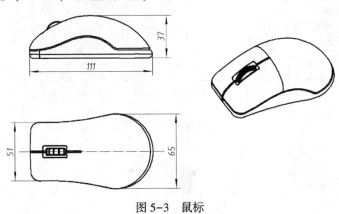

图5-3　鼠标

二、任务分析

考虑到鼠标的上盖和底座的表面造型复杂，因此在建模时使用曲面设计完成轮廓结构设计，之后利用【实体化】命令完成鼠标的主体设计。完成该任务需要利用零件模块和装配模块，涉及的主要特征和命令有Creo的【草绘】、【拉伸】、【倒圆角】、【边界混合】、【拔模】、【实体化】、【修剪】、【合并】和【镜像】等特征命令，主要建模和装配流程如图5-4所示。

三、任务实施

表5-2详细说明完成图5-3所示鼠标装配体的零件建模和装配步骤及注意事项。

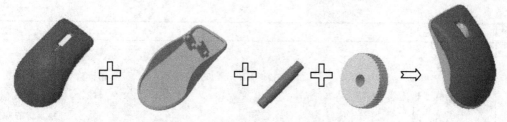

图 5-4　鼠标的三维建模与装配流程

表 5-2　鼠标装配体的零件建模和装配步骤及注意事项

步骤	操作说明	图　例	备　注
1	按学习情境一中任务一的讲解完成 Creo 的安装与配置	（略）	
2	打开 Creo 软件，在未新建任何文件之前，首先设置工作目录：单击【主页】选项卡【数据】组【选择工作目录】按钮，或选择菜单【文件】-【管理会话】-【选择工作目录】命令，选择硬盘中已存在的目录（或新建某目录）作为工作目录		设置工作目录是 Creo 中非常重要的理念，对于非单个零件的设计（如装配、模具设计等），此步骤不能省略
3	单击【快速访问工具栏】-【新建】按钮，按右图步骤新建一个名为"5-3-1"的实体文件（扩展名默认为 .prt），选择公制模板 mmns_part_solid，即确保建模时长度单位为 mm		
4	单击【模型】选项卡【基准】组中的【草绘】按钮，选择 Top 基准面为草绘平面，Right 基准平面为草绘参考，方向"右"，随即打开【草绘】选项卡，系统自动进入 Creo 的草绘环境，分别用【基准】组中的【中心线】命令和【草绘】组中的【圆】命令绘制如右图所示草绘（经过坐标原点，分别绘有水平和竖直构造线）截面，并标注尺寸。单击【草绘】选项卡中的【确定】按钮，完成草绘		草图左右对称。草图中箭头所指的尺寸数字是半径为 213.37 圆弧的圆心的位置尺寸。半径为 400 的圆弧的圆心在竖直的尺寸参考上

步骤	操作说明	图 例	备 注
5	单击【模型】选项卡【基准】组中的【点】按钮，随即弹出【基准点】对话框，创建基准点 PNT0 和 PNT1。详见右图	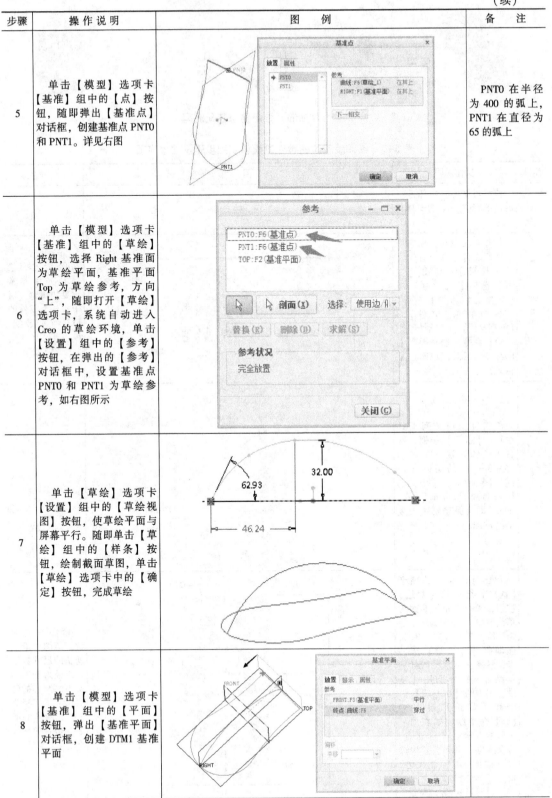	PNT0 在半径为 400 的弧上，PNT1 在直径为 65 的弧上
6	单击【模型】选项卡【基准】组中的【草绘】按钮，选择 Right 基准面为草绘平面，基准平面 Top 为草绘参考，方向"上"，随即打开【草绘】选项卡，系统自动进入 Creo 的草绘环境，单击【设置】组中的【参考】按钮，在弹出的【参考】对话框中，设置基准点 PNT0 和 PNT1 为草绘参考，如右图所示		
7	单击【草绘】选项卡【设置】组中的【草绘视图】按钮，使草绘平面与屏幕平行。随即单击【草绘】组中的【样条】按钮，绘制截面草图，单击【草绘】选项卡中的【确定】按钮，完成草绘		
8	单击【模型】选项卡【基准】组中的【平面】按钮，弹出【基准平面】对话框，创建 DTM1 基准平面		

步骤	操作说明	图 例	备 注
9	单击【模型】选项卡【基准】组中的【平面】按钮，弹出【基准平面】对话框，创建 DTM2 基准平面	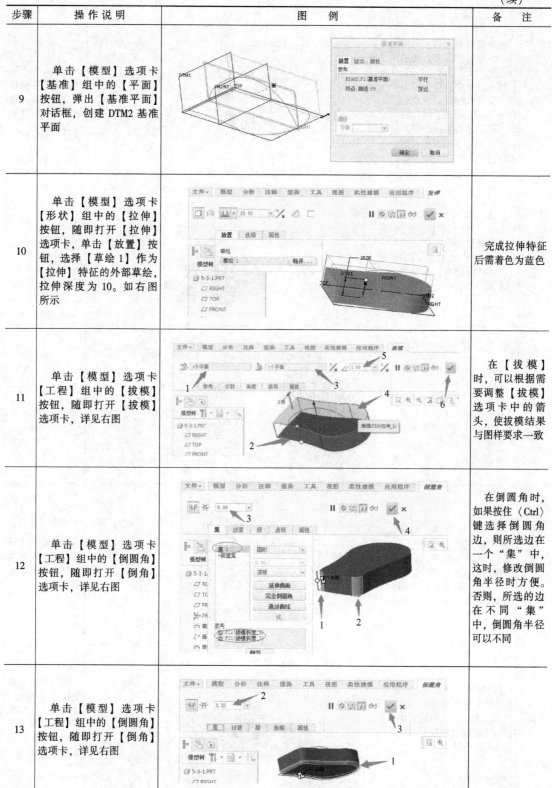	
10	单击【模型】选项卡【形状】组中的【拉伸】按钮，随即打开【拉伸】选项卡，单击【放置】按钮，选择【草绘 1】作为【拉伸】特征的外部草绘，拉伸深度为 10。如右图所示		完成拉伸特征后需着色为蓝色
11	单击【模型】选项卡【工程】组中的【拔模】按钮，随即打开【拔模】选项卡，详见右图		在【拔模】时，可以根据需要调整【拔模】选项卡中的箭头，使拔模结果与图样要求一致
12	单击【模型】选项卡【工程】组中的【倒圆角】按钮，随即打开【倒角】选项卡，详见右图		在倒圆角时，如果按住〈Ctrl〉键选择倒圆角边，则所选边在一个"集"中，这时，修改倒圆角半径时方便。否则，所选的边在不同"集"中，倒圆角半径可以不同
13	单击【模型】选项卡【工程】组中的【倒圆角】按钮，随即打开【倒角】选项卡，详见右图		

步骤	操作说明	图　例	备　注
14	选择要复制曲面，利用种子面和边界面的方法选择曲面。操作步骤如右图 种子面和边界面选择曲面的操作方法是：首先选择种子面，按住〈Shift〉键，再选择边界面，松开〈Shift〉键，完成复制曲面的选择	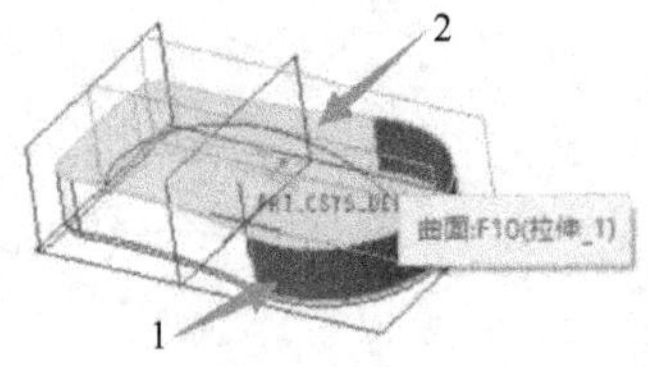	注意：种子面是包含在所要选择的面中的，边界面是不包含在所选的面里
15	单击【模型】选项卡，【操作】组中的【复制】和【粘贴】按钮，随即弹出【曲面：复制】选项卡，单击【确定】按钮完成曲面的复制	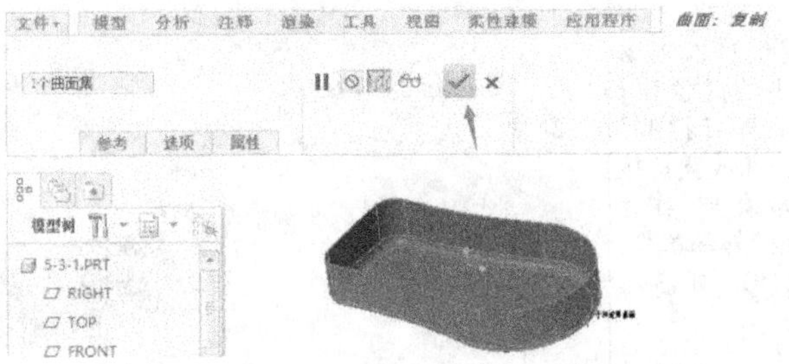	
16	单击【模型】选项卡【形状】组中的【拉伸】按钮，随即打开【拉伸】选项卡，单击【放置】按钮，设置草绘平面等如右图所示	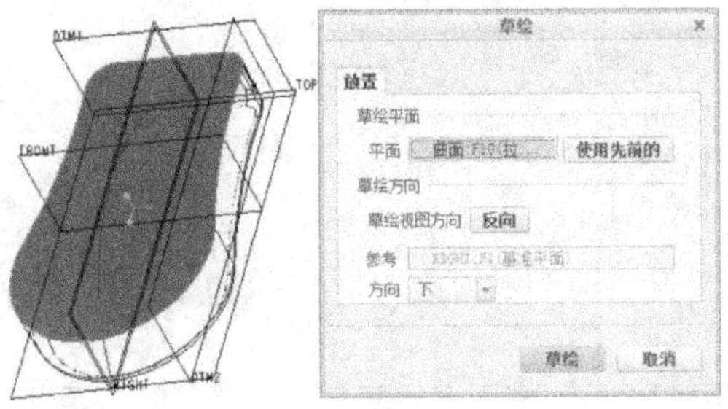	
17	进入草绘环境，单击【草绘】组中的【线链】按钮绘制如右图所示的二维截面，单击【草绘】选项卡中的【确定】按钮退出草绘环境	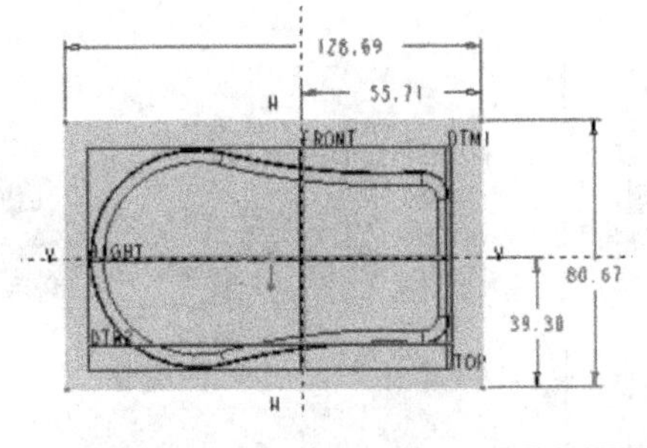	此截面尺寸不用纠结，只要能全部把原图形包围即可
18	【拉伸】选项卡中的操作步骤及相关设置如右图所示。在第二步中输入的拉伸深度值只要超过原实体的厚度即可	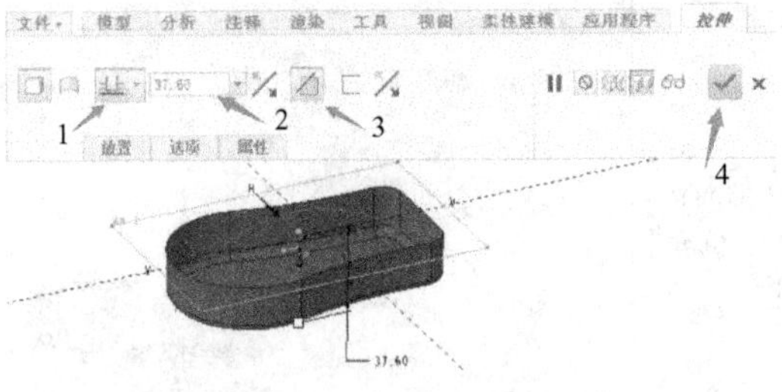	可根据需要调整拉伸方向。此处的目的是切除零件中的实体部分，只剩下上步复制的曲面

步骤	操作说明	图 例	备 注
19	单击【模型】选项卡【形状】组中的【拉伸】按钮，随即打开【拉伸】选项卡，单击【放置】按钮，设置草绘平面等如右图所示	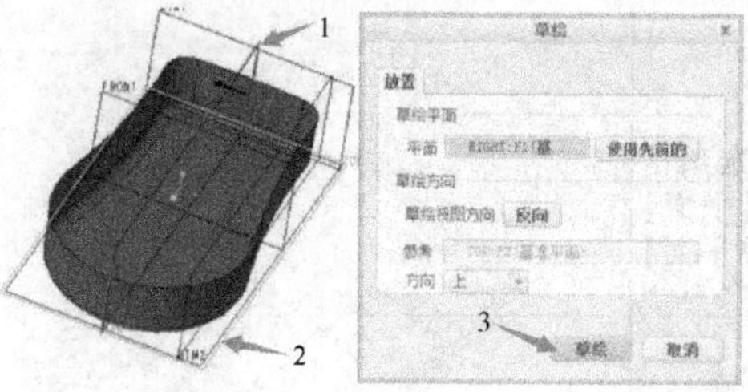	
20	进入草绘环境，单击【草绘】组中的【样条】按钮，绘制如右图所示的二维截面，单击【草绘】选项卡中的【确定】按钮退出草绘环境	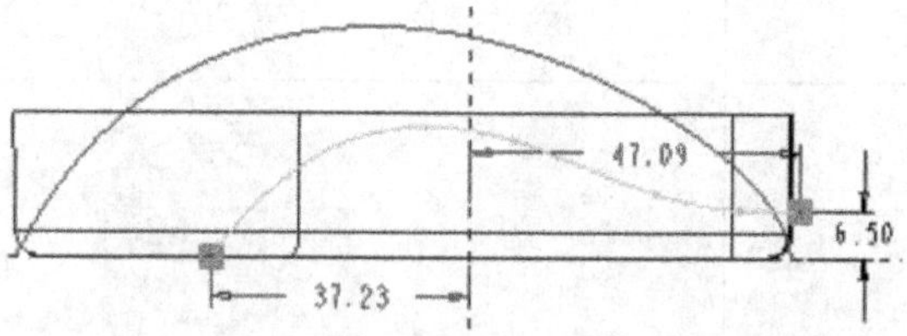	
21	【拉伸】选项卡中的操作步骤及相关设置如右图所示。在第二步中输入的拉伸深度值只要超过原曲面的宽度即可。第六步中可根据需要调整修剪掉的曲面部分	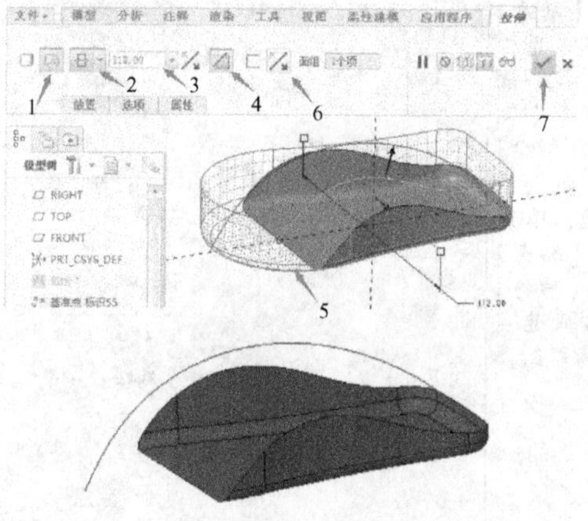	
22	单击【模型】选项卡【基准】组中的【点】按钮，随即弹出【基准点】对话框，创建基准点PNT5。详见右图	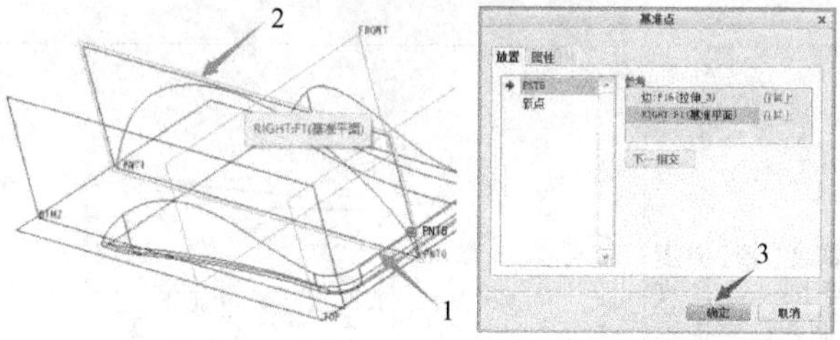	
23	单击【模型】选项卡【基准】组中的【点】按钮，随即弹出【基准点】对话框，创建基准点PNT15、PNT16、PNT17。详见右图	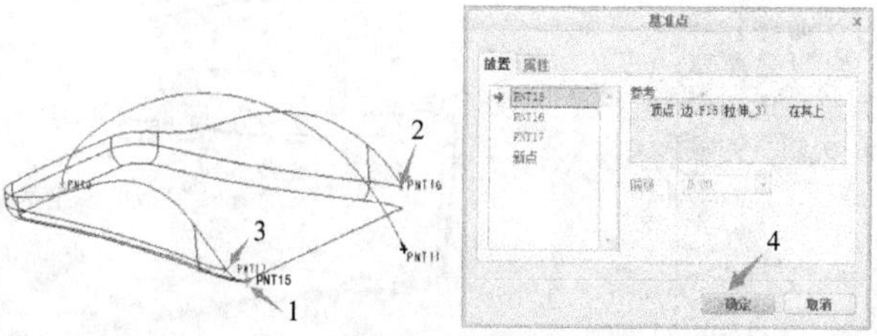	第一步是创建基准点 PNT15，第二步是创建基准点 PNT16，第三步是创建基准点 PNT17

步骤	操作说明	图　例	备　注
24	单击【模型】选项卡【基准】组中的【平面】按钮，弹出【基准平面】对话框，创建 DTM5 基准平面	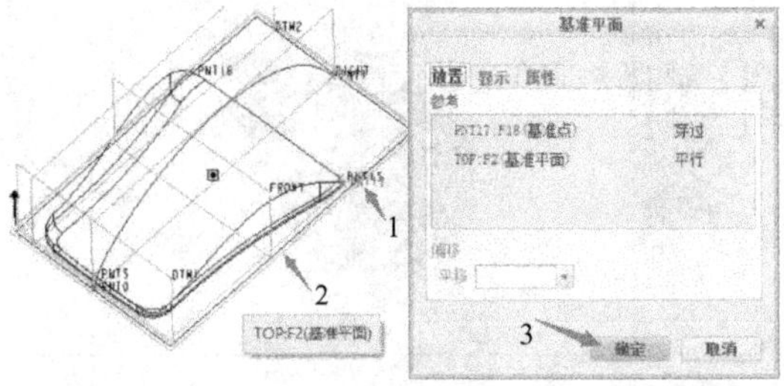	
25	单击【模型】选项卡【基准】组中的【草绘】按钮，选择 DTM5 基准面为草绘平面，基准平面 Right 为草绘参考，方向"上"，随即打开【草绘】选项卡，系统自动进入 Creo 的草绘环境，单击【设置】组中的【参考】按钮，在弹出的【参考】对话框中，添加基准点 PNT17 和草绘 1 为草绘参考，如右图所示	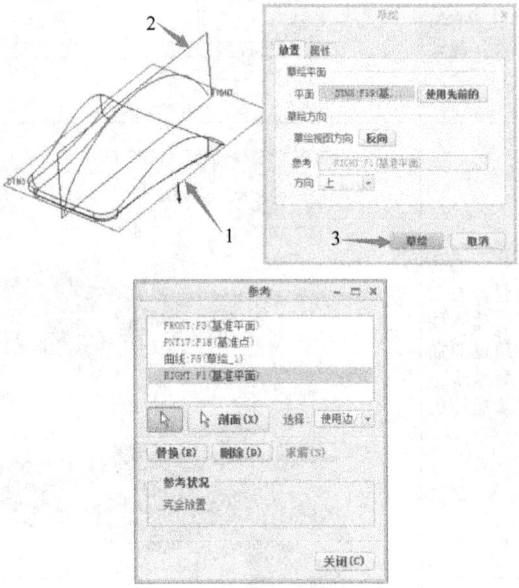	
26	单击【草绘】选项卡【设置】组中的【草绘视图】按钮，使草绘平面与屏幕平行。随即单击【草绘】组中的【中心线】和【圆】按钮，绘制截面草图，单击【草绘】选项卡中的【确定】按钮，完成草绘	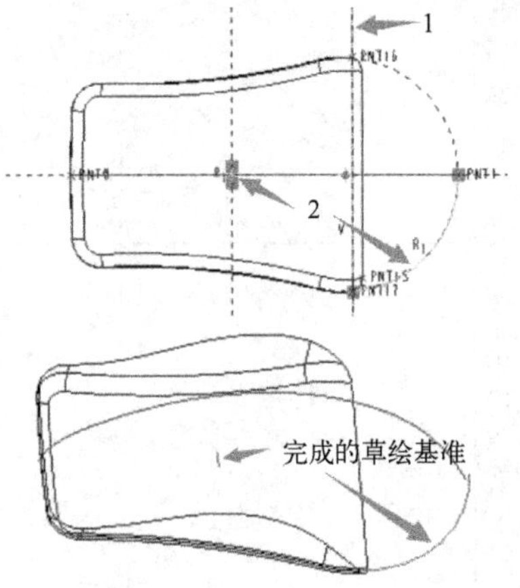	

步骤	操作说明	图 例	备 注
27	单击【模型】选项卡【基准】组中的【点】按钮，随即弹出【基准点】对话框，创建基准点PNT30。详见右图	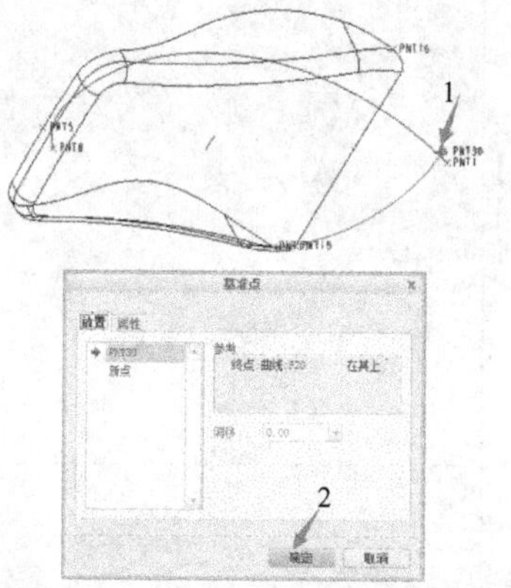	
28	单击【模型】选项卡【基准】组中的【草绘】按钮，选择 Right 基准面为草绘平面，基准平面 Top 为草绘参考，方向"上"，随即打开【草绘】选项卡，系统自动进入 Creo 的草绘环境，单击【设置】组中的【参考】按钮，在弹出的【参考】对话框中，添加基准点 PNT5 和 PNT30 为草绘参考。单击【草绘】组中的【样条】按钮绘制如右图所示的二维截面，单击【草绘】选项卡中的【确定】按钮退出草绘环境	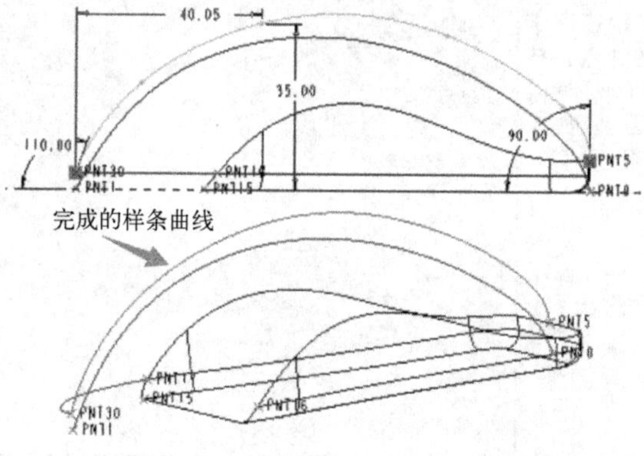 完成的样条曲线	
29	单击【模型】选项卡【基准】组中的【点】按钮，随即弹出【基准点】对话框，创建基准点 PNT6、PNT7 和 PNT8。详见右图	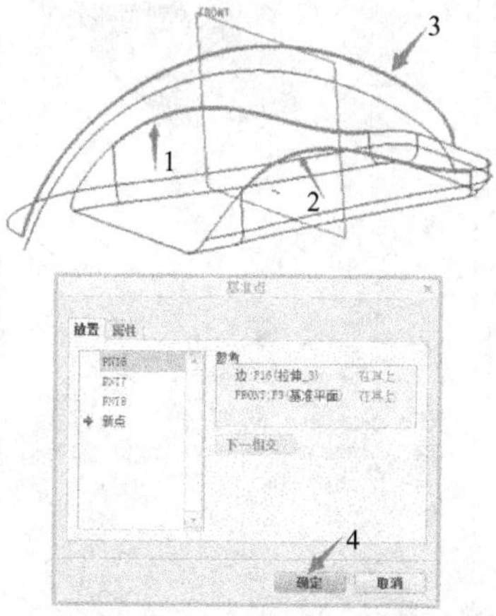	基准点 PNT6、PNT7 和 PNT8，分别是左图中步骤 1、步骤 2 和步骤 3 中的曲线与基准平面Front 的交点

步骤	操 作 说 明	图　　例	备　　注
30	单击【模型】选项卡【基准】组中的【平面】按钮，弹出【基准平面】对话框，创建 DTM3 基准平面	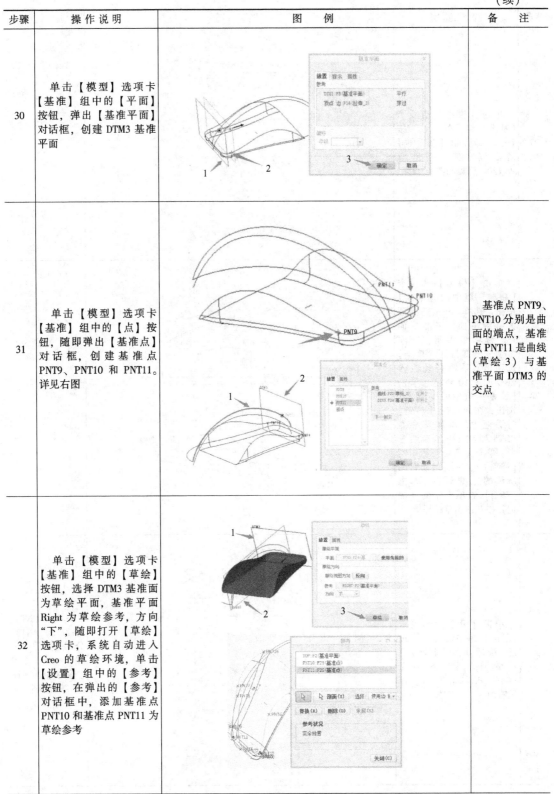	
31	单击【模型】选项卡【基准】组中的【点】按钮，随即弹出【基准点】对话框，创建基准点 PNT9、PNT10 和 PNT11。详见右图		基准点 PNT9、PNT10 分别是曲面的端点，基准点 PNT11 是曲线（草绘 3）与基准平面 DTM3 的交点
32	单击【模型】选项卡【基准】组中的【草绘】按钮，选择 DTM3 基准面为草绘平面，基准平面 Right 为草绘参考，方向"下"，随即打开【草绘】选项卡，系统自动进入 Creo 的草绘环境，单击【设置】组中的【参考】按钮，在弹出的【参考】对话框中，添加基准点 PNT10 和基准点 PNT11 为草绘参考		

步骤	操作说明	图　例	备　注
33	单击【草绘】选项卡【设置】组中的【草绘视图】按钮，使草绘平面与屏幕平行。随即单击【草绘】组中的【样条】按钮，绘制截面草图，单击【草绘】选项卡中的【确定】按钮，完成草绘		样条曲线的起点和终点分别有 180° 和 270° 的要求
34	单击【模型】选项卡【基准】组中的【草绘】按钮，选择 DTM3 基准面为草绘平面，基准平面 Right 为草绘参考，方向"下"，随即打开【草绘】选项卡，系统自动进入 Creo 的草绘环境，单击【设置】组中的【参考】按钮，在弹出的【参考】对话框中，添加基准点 PNT6 和基准点 PNT8 为草绘参考		
35	单击【草绘】选项卡【设置】组中的【草绘视图】按钮，使草绘平面与屏幕平行。随即单击【草绘】组中的【样条】按钮，绘制截面草图，单击【草绘】选项卡中的【确定】按钮，完成草绘		
36	单击【模型】选项卡【基准】组中的【平面】按钮，弹出【基准平面】对话框，创建 DTM4 基准平面		

179

步骤	操作说明	图 例	备 注
37	单击【模型】选项卡【基准】组中的【轴】按钮，弹出【基准轴】对话框，创建 A_1 基准轴	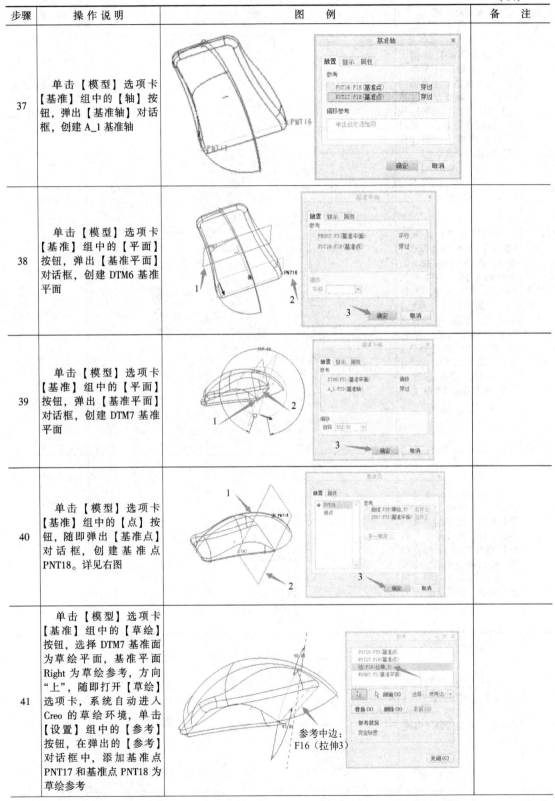	
38	单击【模型】选项卡【基准】组中的【平面】按钮，弹出【基准平面】对话框，创建 DTM6 基准平面		
39	单击【模型】选项卡【基准】组中的【平面】按钮，弹出【基准平面】对话框，创建 DTM7 基准平面		
40	单击【模型】选项卡【基准】组中的【点】按钮，随即弹出【基准点】对话框，创建基准点 PNT18。详见右图		
41	单击【模型】选项卡【基准】组中的【草绘】按钮，选择 DTM7 基准面为草绘平面，基准平面 Right 为草绘参考，方向"上"，随即打开【草绘】选项卡，系统自动进入 Creo 的草绘环境，单击【设置】组中的【参考】按钮，在弹出的【参考】对话框中，添加基准点 PNT17 和基准点 PNT18 为草绘参考		

步骤	操作说明	图　例	备　注
42	单击【草绘】选项卡【设置】组中的【草绘视图】按钮，使草绘平面与屏幕平行。随即单击【草绘】组中的【样条】按钮，绘制截面草图，单击【草绘】选项卡中的【确定】按钮，完成草绘	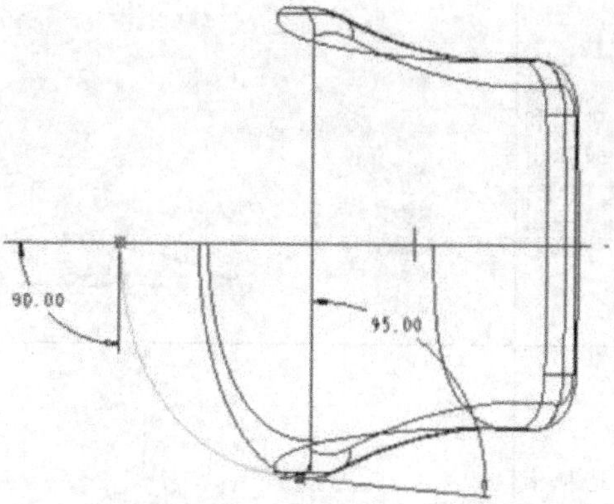	
43	选择要复制的曲线，单击【模型】选项卡【操作】组中的【复制】和【粘贴】按钮，随即弹出【曲线：复合】选项卡，单击【确定】按钮，完成曲线的复制	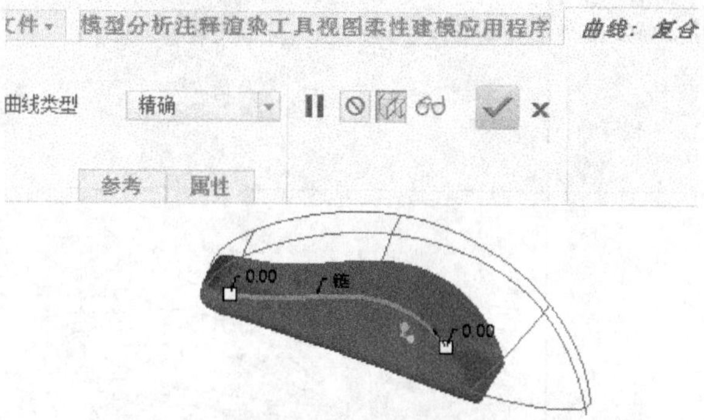	
44	选择上步复制的曲线，再单击【模型】选项卡【编辑】组中的【修剪】按钮，弹出【曲线修剪】选项卡	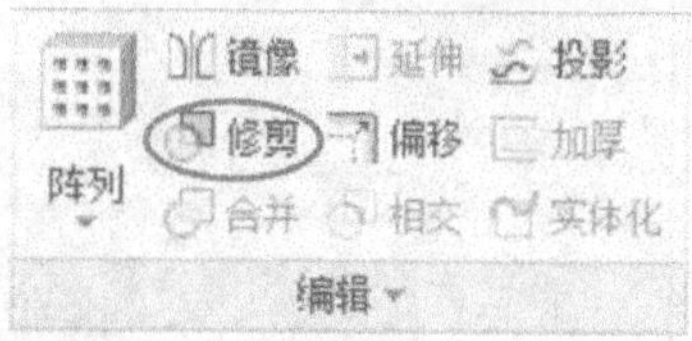	
45	选择修剪对象，如右图所示，完成曲线的修剪	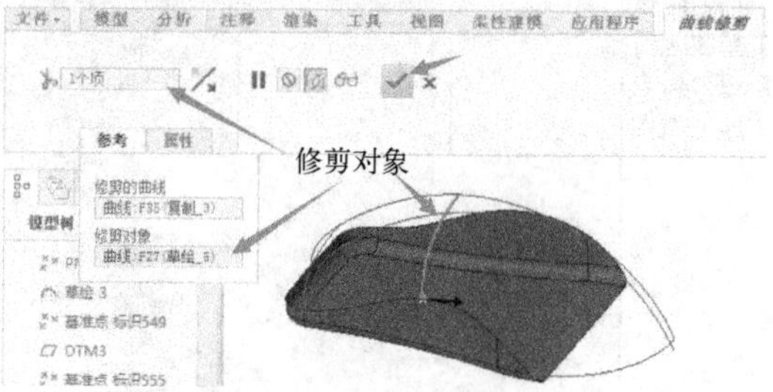 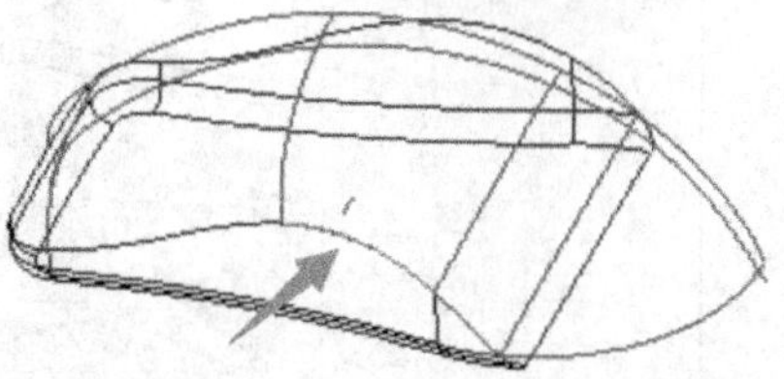	曲线修剪时，可以根据需要调整修剪的侧，以满足设计要求

步骤	操作说明	图 例	备 注
46	选择要复制的曲线，单击【模型】选项卡【操作】组中的【复制】和【粘贴】按钮，随即弹出【曲线：复合】选项卡，单击【确定】按钮，完成曲线的复制	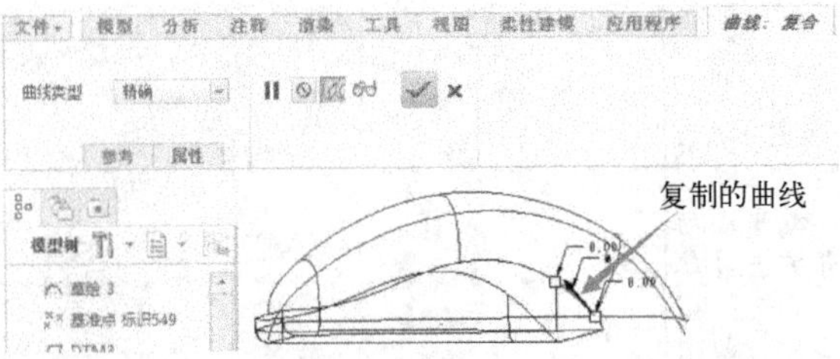 复制的曲线	
47	单击【模型】选项卡【基准】组中的【平面】按钮，弹出【基准平面】对话框，创建 DTM8 基准平面	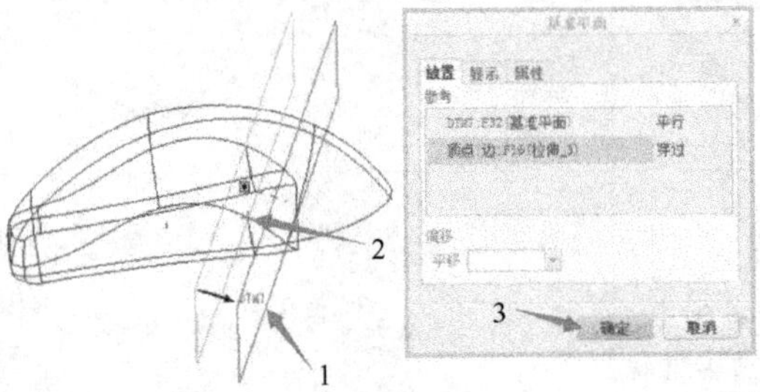	
48	单击【模型】选项卡【基准】组中的【点】按钮，随即弹出【基准点】对话框，创建基准点 PNT19、PNT20。详见右图	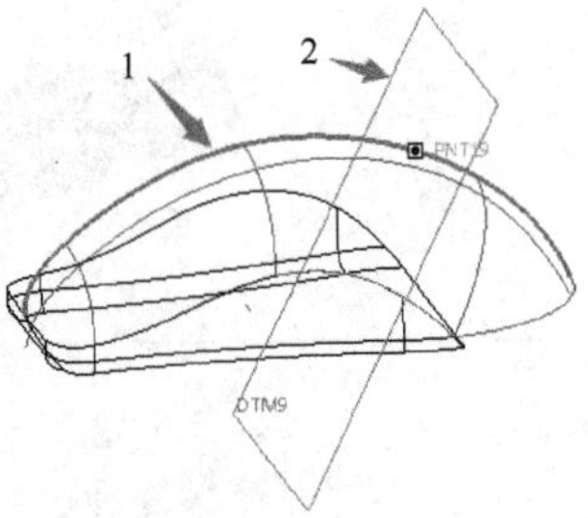 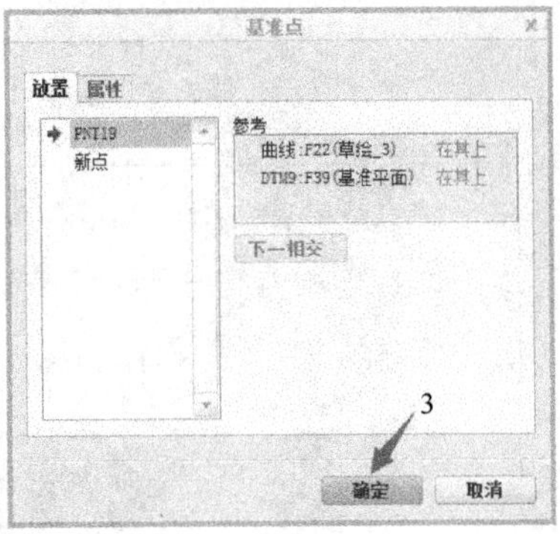 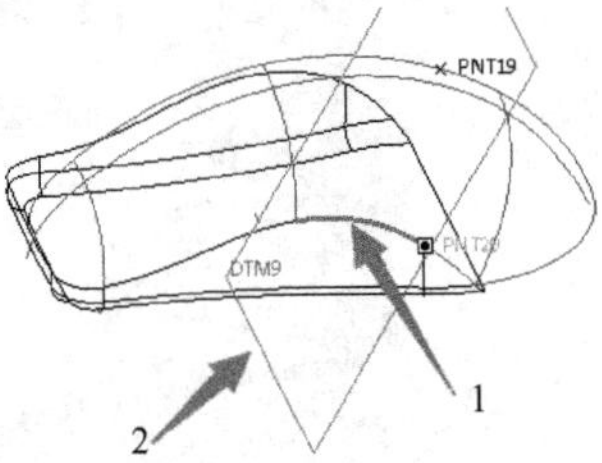	

步骤	操作说明	图　例	备　注
48	单击【模型】选项卡【基准】组中的【点】按钮，随即弹出【基准点】对话框，创建基准点 PNT19、PNT20。详见右图	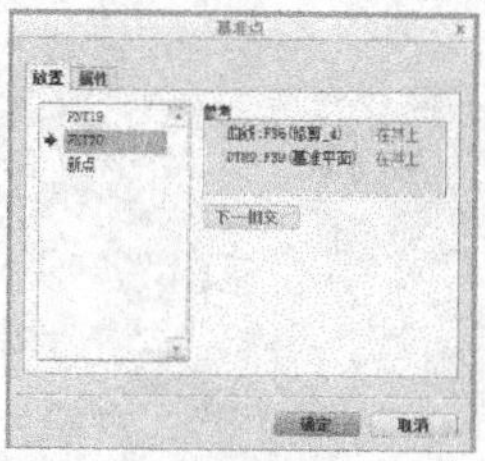	
49	单击【模型】选项卡【基准】组中的【草绘】按钮，选择 DTM8 基准面为草绘平面，基准平面 DTM3 为草绘参考，方向"上"，随即打开【草绘】选项卡，系统自动进入 Creo 的草绘环境，单击【设置】组中的【参考】按钮，在弹出的【参考】对话框中，添加基准点 PNT19 和基准点 PNT20，基准平面 Right 和基准轴 A_1 为草绘参考	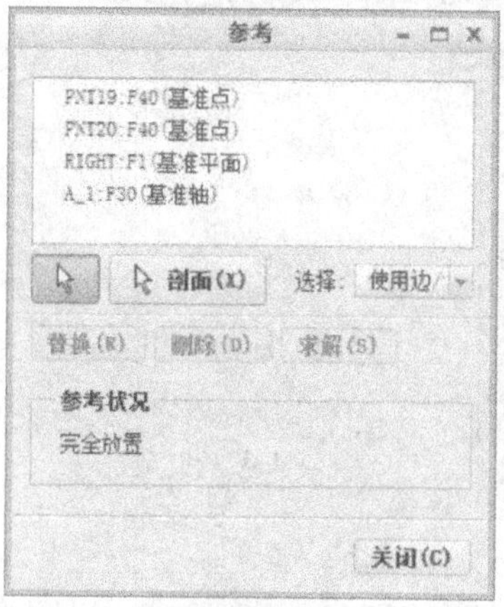	
50	单击【草绘】选项卡【设置】组中的【草绘视图】按钮，使草绘平面与屏幕平行。随即单击【草绘】组中的【样条】按钮，绘制截面草图，单击【草绘】选项卡中的【确定】按钮，完成草绘	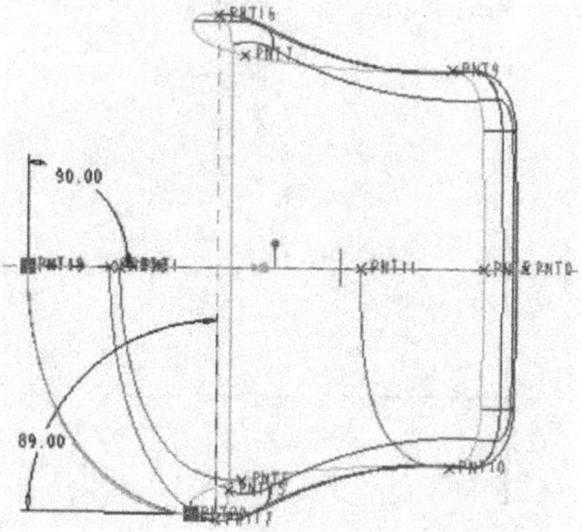	
51	单击【模型】选项卡【基准】组中的【点】按钮，随即弹出【基准点】对话框，创建基准点 PNT21、PNT22 和 PNT23。详见右图	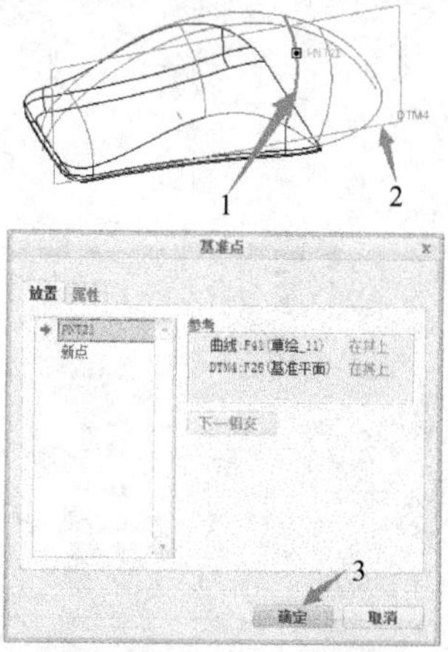	三个基准点的创建分别如左图所示

步骤	操作说明	图　例	备　注
51	单击【模型】选项卡【基准】组中的【点】按钮，随即弹出【基准点】对话框，创建基准点 PNT21、PNT22 和 PNT23。详见右图	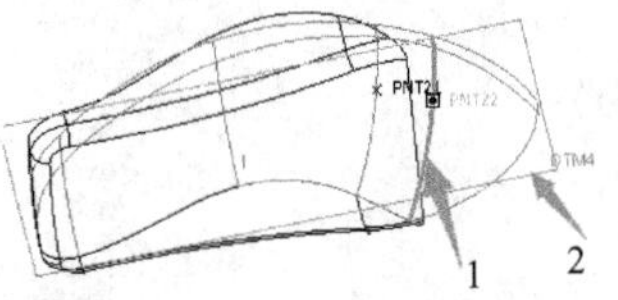 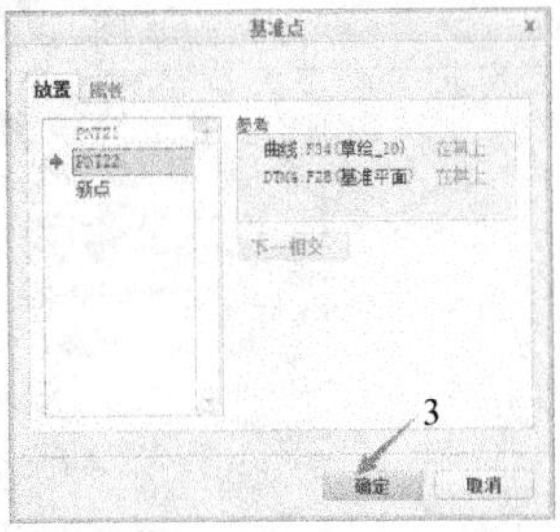 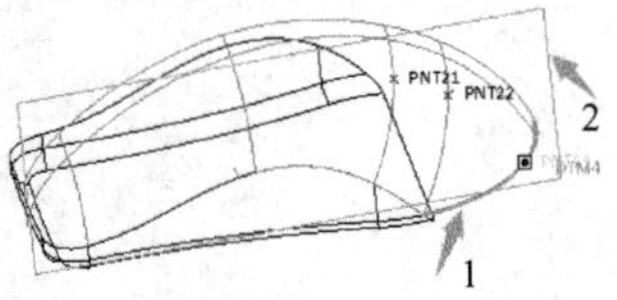 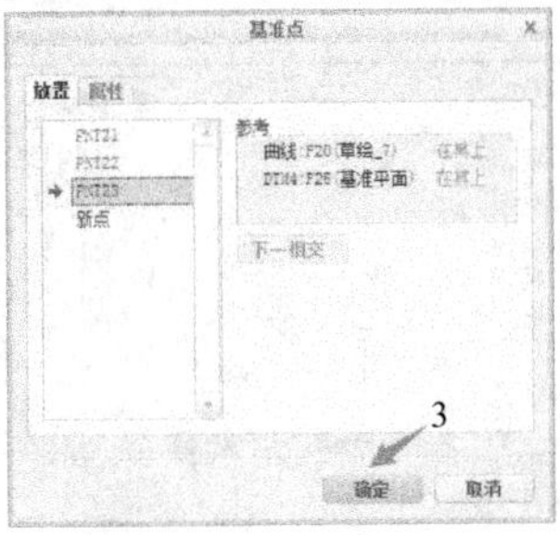	三个基准点的创建分别如左图所示
52	选择第 37 步与第 51 步之间的特征，成组 操作方法：单击第 37 步的特征，按住〈Shift〉键，选择第 51 步中的特征，松开〈Shift〉键，右击，在弹出的快捷菜单中选择【分组】-【组】命令	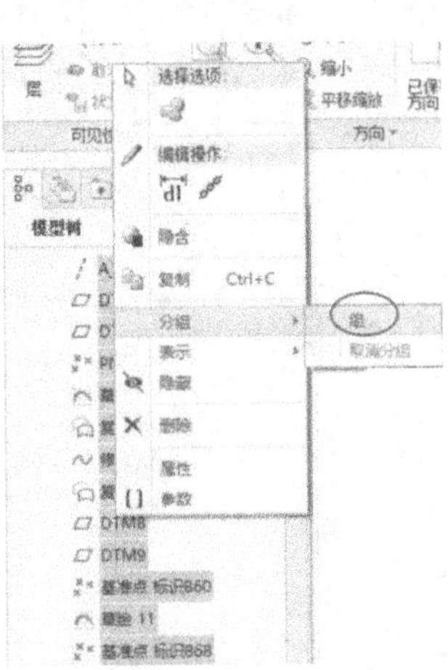	

步骤	操作说明	图 例	备 注
53	单击【模型】选项卡【基准】组中的【点】按钮，随即弹出【基准点】对话框，创建基准点 PNT12、PNT13 和 PNT14。详见右图	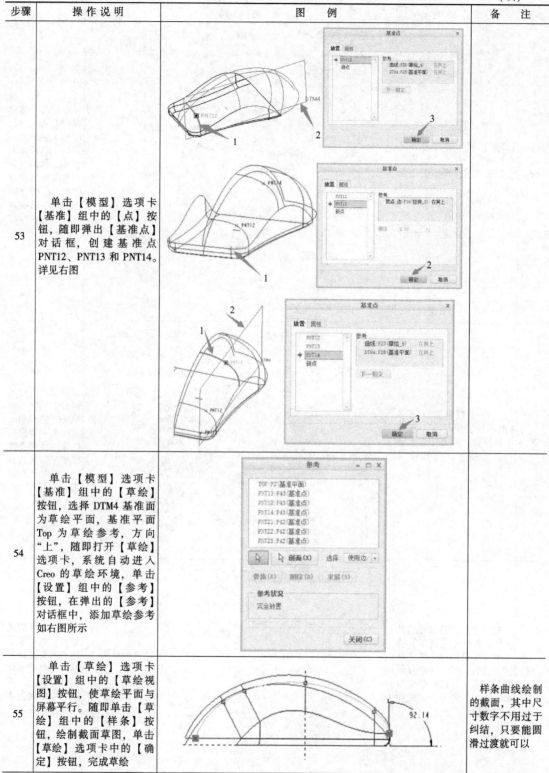	
54	单击【模型】选项卡【基准】组中的【草绘】按钮，选择 DTM4 基准面为草绘平面，基准平面 Top 为草绘参考，方向"上"，随即打开【草绘】选项卡，系统自动进入 Creo 的草绘环境，单击【设置】组中的【参考】按钮，在弹出的【参考】对话框中，添加草绘参考如右图所示		
55	单击【草绘】选项卡【设置】组中的【草绘视图】按钮，使草绘平面与屏幕平行。随即单击【草绘】组中的【样条】按钮，绘制截面草图，单击【草绘】选项卡中的【确定】按钮，完成草绘		样条曲线绘制的截面，其中尺寸数字不用过于纠结，只要能圆滑过渡就可以

步骤	操作说明	图　例	备　注
56	单击【模型】选项卡【曲面】组中的【边界混合】按钮。弹出【边界混合】选项卡，操作次序如右图所示。【边界混合】选项卡中【约束】项中的设置如右图所示	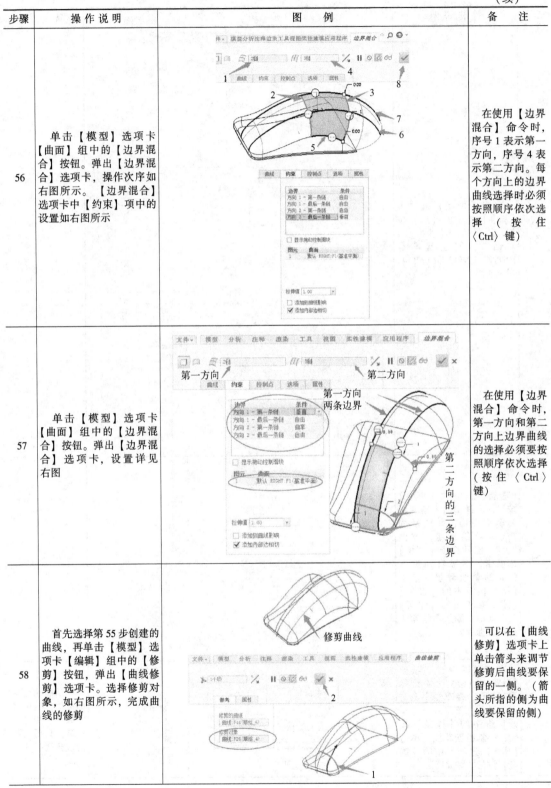	在使用【边界混合】命令时，序号1表示第一方向，序号4表示第二方向。每个方向上的边界曲线选择时必须按照顺序依次选择（按住〈Ctrl〉键）
57	单击【模型】选项卡【曲面】组中的【边界混合】按钮。弹出【边界混合】选项卡，设置详见右图		在使用【边界混合】命令时，第一方向和第二方向上边界曲线的选择必须要按照顺序依次选择（按住〈Ctrl〉键）
58	首先选择第55步创建的曲线，再单击【模型】选项卡【编辑】组中的【修剪】按钮，弹出【曲线修剪】选项卡。选择修剪对象，如右图所示，完成曲线的修剪		可以在【曲线修剪】选项卡上单击箭头来调节修剪后曲线要保留的一侧。（箭头所指的侧为曲线要保留的侧）

步骤	操作说明	图　　例	备　注
59	单击【模型】选项卡【基准】组中的【平面】按钮，弹出【基准平面】对话框，创建 DTM12 基准平面	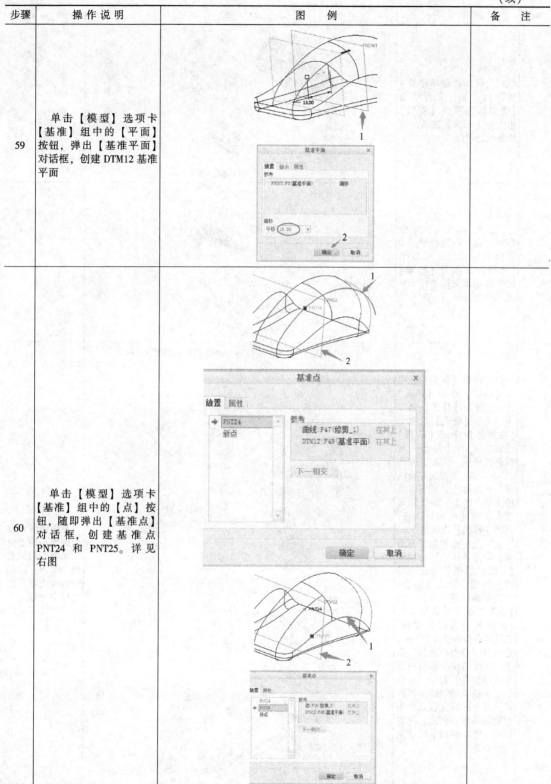	
60	单击【模型】选项卡【基准】组中的【点】按钮，随即弹出【基准点】对话框，创建基准点 PNT24 和 PNT25。详见右图		

步骤	操作说明	图　例	备　注
61	选择 DTM12，按住〈Ctrl〉键，再选择序号 1 所指的曲面，最后单击【模型】选项卡【编辑】组中的【相交】按钮。完成曲线的创建	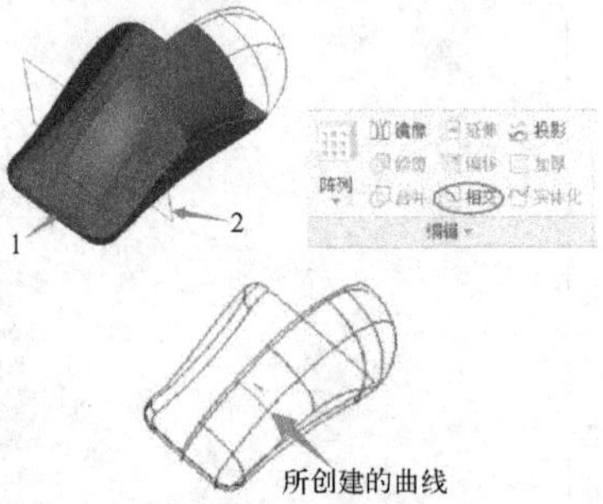 所创建的曲线	
62	选择 DTM12，按住〈Ctrl〉键，再选择序号 2 所指的曲面，最后单击【模型】选项卡【编辑】组中的【相交】按钮。完成曲线的创建	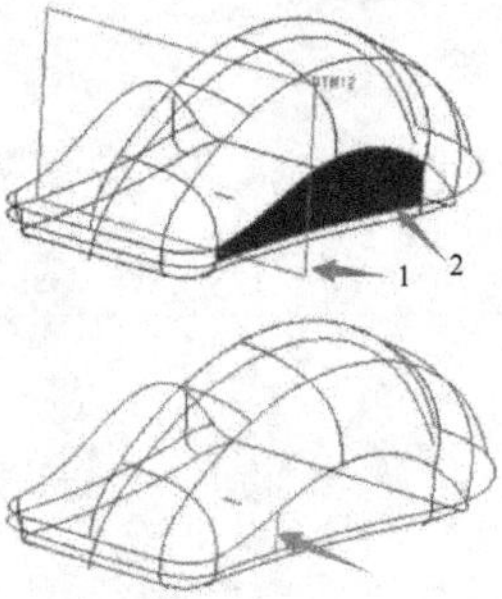	
63	(1) 单击【模型】选项卡【曲面】组中【样式】按钮，弹出【样式】选项卡，单击【样式】选项卡【曲线】组中的【曲线】按钮，弹出【造型：曲线】选项卡。这时，按住〈Shift〉键在要绘制曲线的起始点处单击，完成曲线的绘制，单击【曲线】选项卡中的【确定】按钮，返回【样式】选项卡 　　(2) 选中刚刚创建的曲线，单击【样式】选项卡【曲线】组中的【曲线编辑】按钮。弹出【造型：曲线编辑】选项卡，单击【视图控制工具条】中的【显示所有视图】按钮。在反应曲线形状的视图中，选中刚刚绘制的曲线，右击，在弹出快捷菜单中选择【添加点】命令，在曲线上单击，添加新的曲线控制点。鼠标左键选中刚刚增加的新控制点，拖动鼠标，使曲线的形状满足设计需要	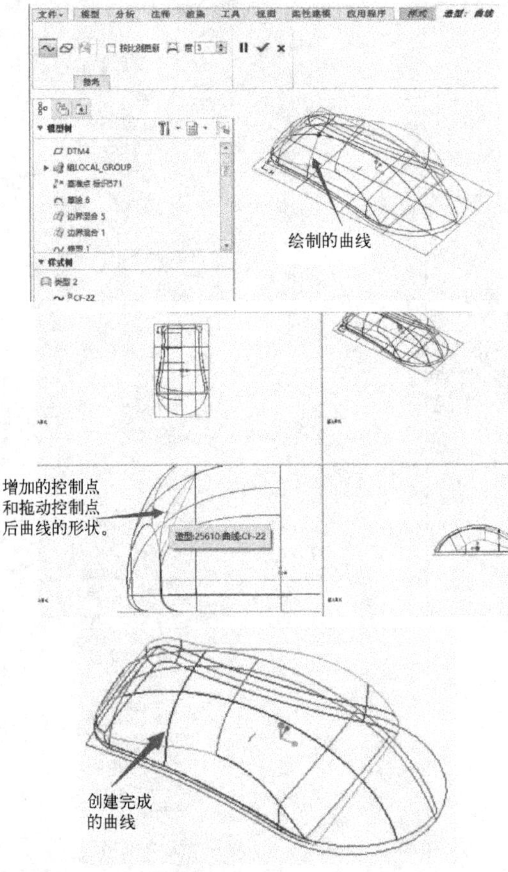 绘制的曲线 增加的控制点和拖动控制点后曲线的形状。 创建完成的曲线	自由曲线和自由曲面的造型设计会有专门的教程来学习，这部分内容大家可作为选学内容

（续）

步骤	操作说明	图 例	备 注
64	单击【模型】选项卡【基准】组中的【点】按钮，随即弹出【基准点】对话框，创建基准点PNT26、PNT27和PNT28。详见右图	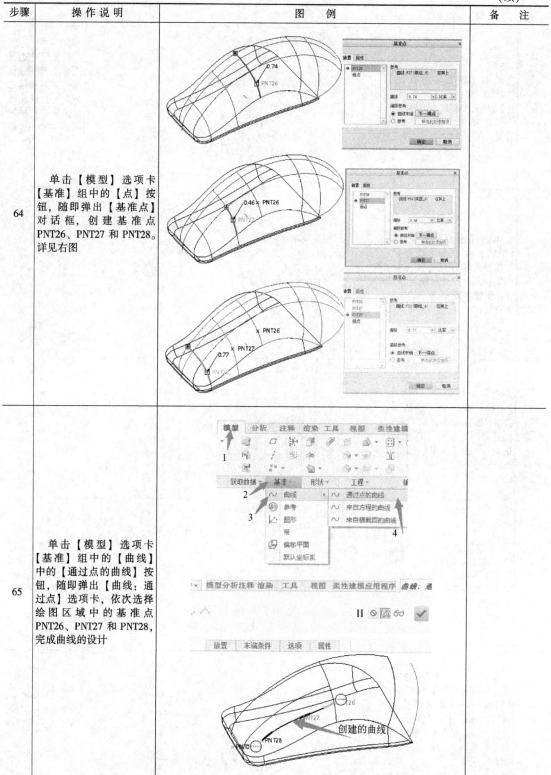	
65	单击【模型】选项卡【基准】组中的【曲线】中的【通过点的曲线】按钮，随即弹出【曲线：通过点】选项卡，依次选择绘图区域中的基准点PNT26、PNT27和PNT28，完成曲线的设计		

189

步骤	操 作 说 明	图 例	备 注
66	单击【模型】选项卡【曲面】组中的【边界混合】按钮。弹出【边界混合】选项卡，设置详见右图	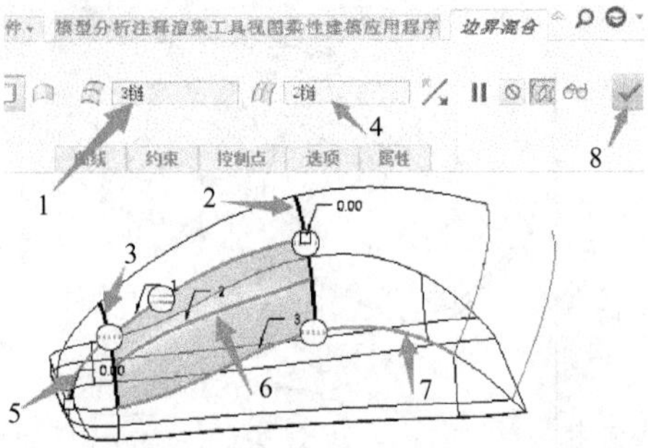	在使用【边界混合】命令时，第一方向和第二方向上边界曲线的选择必须按照顺序依次选择（按住〈Ctrl〉键）
67	单击【模型】选项卡【形状】组中的【拉伸】按钮，随即打开【拉伸】选项卡，单击【放置】按钮，设置草绘平面等如右图所示	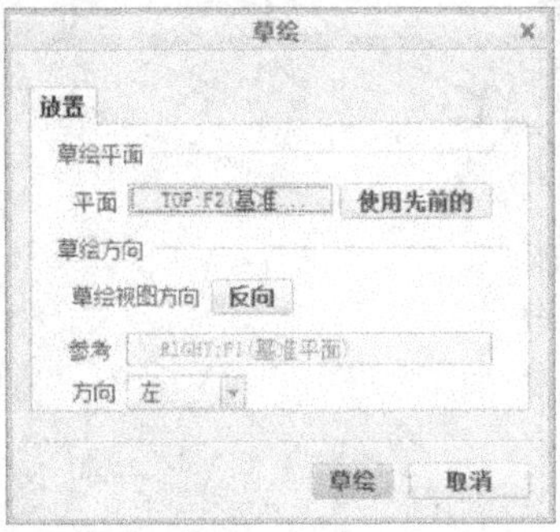	
68	进入草绘环境，单击【草绘】组中的【线链】按钮，绘制如右图所示的二维截面，单击【草绘】选项卡中的【确定】按钮退出草绘环境	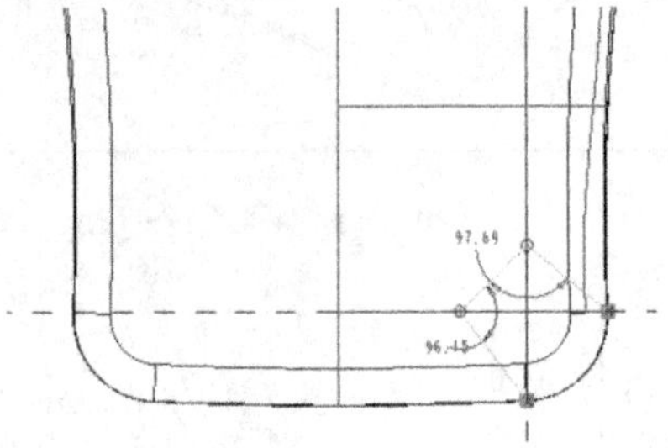	
69	【拉伸】选项卡中的操作步骤及相关设置如右图所示。在第二步中输入拉伸深度值只要超过原实体的厚度即可	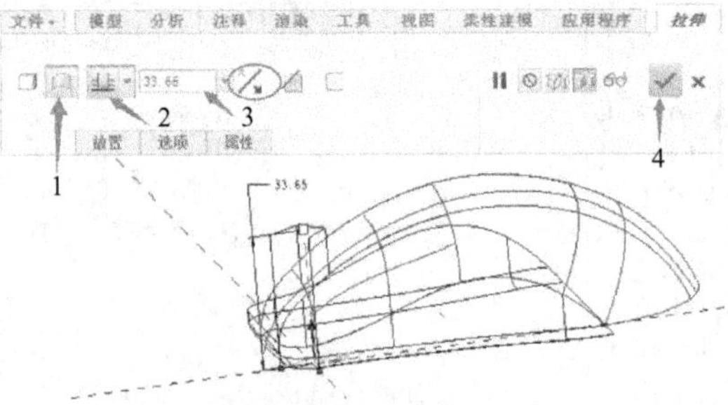	可以根据需要调节拉伸方向，以满足设计需要
70	首先选择序号1曲面，然后单击【模型】选项卡【编辑】组中的【修剪】按钮，弹出【曲面修剪】选项卡，选择序号2曲面，调节需要留下的侧，完成曲面的修剪	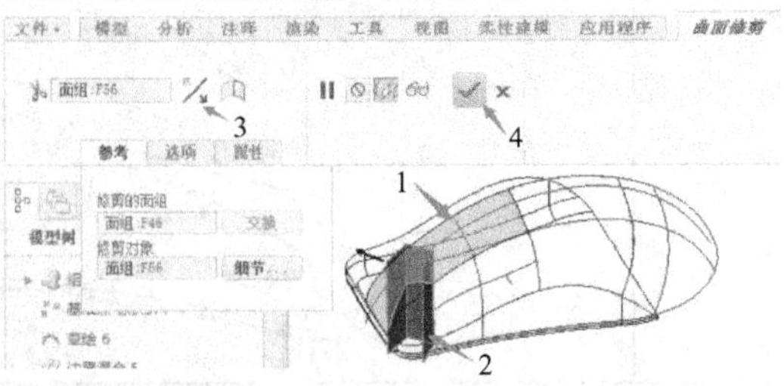	绘图区域中，修剪曲面留下的侧是箭头所指的一侧

步骤	操作说明	图 例	备 注
71	首先选择序号 1 曲面，然后单击【模型】选项卡【编辑】组中的【修剪】按钮，弹出【曲面修剪】选项卡，选择序号 2 曲面，调节需要留下的侧，完成曲面的修剪	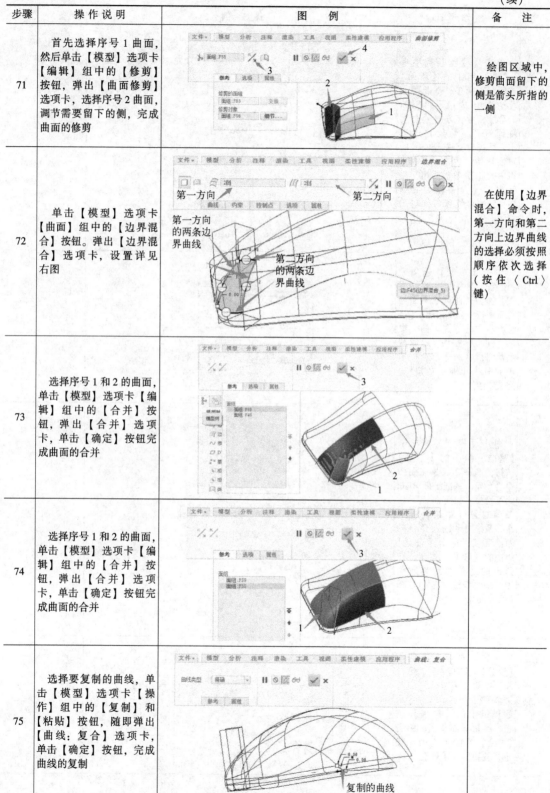	绘图区域中，修剪曲面留下的侧是箭头所指的一侧
72	单击【模型】选项卡【曲面】组中的【边界混合】按钮。弹出【边界混合】选项卡，设置详见右图		在使用【边界混合】命令时，第一方向和第二方向上边界曲线的选择必须按照顺序依次选择（按住〈Ctrl〉键）
73	选择序号 1 和 2 的曲面，单击【模型】选项卡【编辑】组中的【合并】按钮，弹出【合并】选项卡，单击【确定】按钮完成曲面的合并		
74	选择序号 1 和 2 的曲面，单击【模型】选项卡【编辑】组中的【合并】按钮，弹出【合并】选项卡，单击【确定】按钮完成曲面的合并		
75	选择要复制的曲线，单击【模型】选项卡【操作】组中的【复制】和【粘贴】按钮，随即弹出【曲线：复合】选项卡，单击【确定】按钮，完成曲线的复制		

步骤	操作说明	图　例	备　注
76	单击【模型】选项卡【基准】组中的【草绘】按钮，选择 Top 基准面为草绘平面，基准平面 Right 为草绘参考，方向"上"，随即打开【草绘】选项卡，系统自动进入 Creo 的草绘环境，单击【设置】组中的【参考】按钮，在弹出的【参考】对话框中，添加草绘参考如右图所示	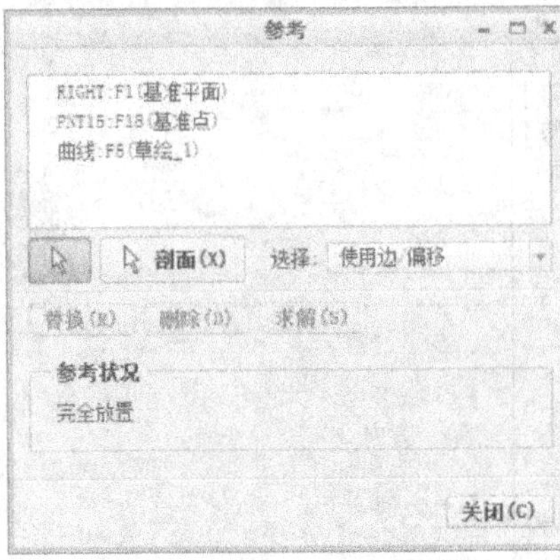	
77	单击【草绘】选项卡【设置】组中的【草绘视图】按钮，使草绘平面与屏幕平行。随即单击【草绘】组中的【圆】命令中的【同心】按钮，绘制截面草图，单击【草绘】选项卡中的【确定】按钮，完成草绘	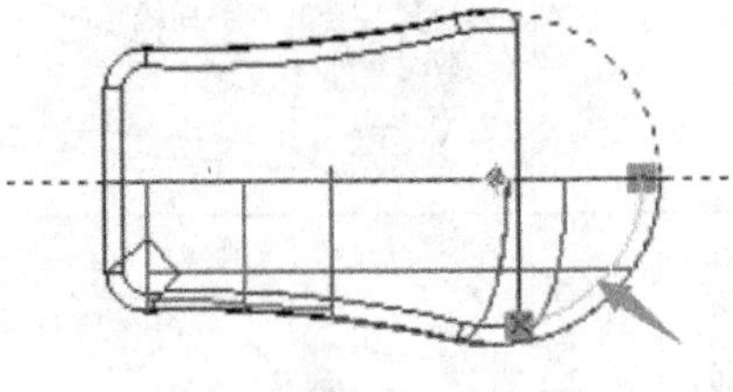	
78	单击【模型】选项卡【基准】组中的【草绘】按钮，选择 Top 基准面为草绘平面，基准平面 Right 为草绘参考，方向"下"，随即打开【草绘】选项卡，系统自动进入 Creo 的草绘环境，单击【设置】组中的【参考】按钮，在弹出的【参考】对话框中，添加草绘参考如右图所示	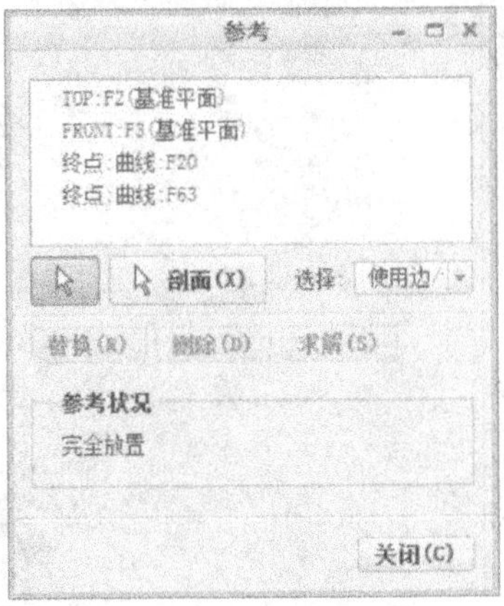	
79	单击【草绘】选项卡【设置】组中的【草绘视图】按钮，使草绘平面与屏幕平行。随即单击【草绘】组中的【样条】按钮，绘制截面草图，单击【草绘】选项卡中的【确定】按钮，完成草绘	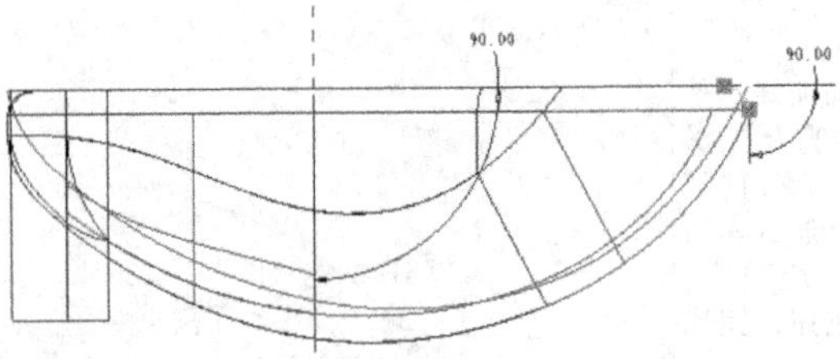	

步骤	操作说明	图　例	备　注
80	单击【模型】选项卡【曲面】组中的【边界混合】按钮。弹出【边界混合】选项卡，设置详见右图	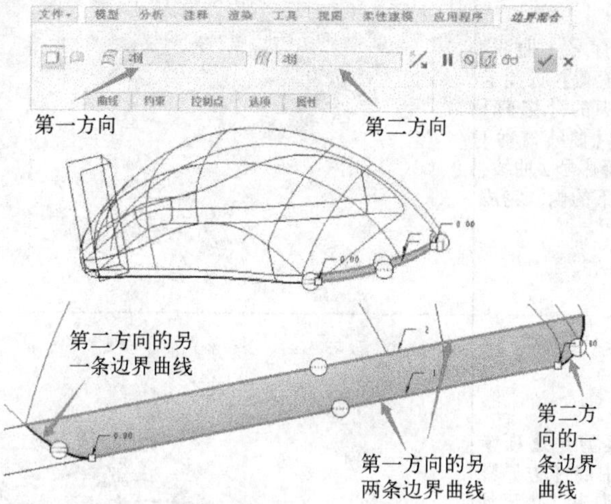	在使用【边界混合】命令时，第一方向和第二方向上边界曲线的选择必须按照顺序依次选择（按住〈Ctrl〉键）
81	单击【模型】选项卡【曲面】组中的【边界混合】按钮。弹出【边界混合】选项卡，设置详见右图	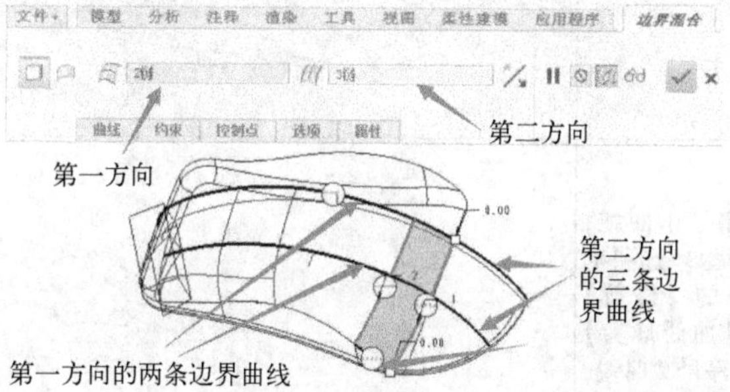	在使用【边界混合】命令时，第一方向和第二方向上边界曲线的选择必须按照顺序依次选择（按住〈Ctrl〉键）
82	首先选择序号1曲线，然后单击【模型】选项卡【编辑】组中的【修剪】按钮，弹出【曲线修剪】选项卡，选择序号2曲线，调节需要留下的侧，完成曲面的修剪	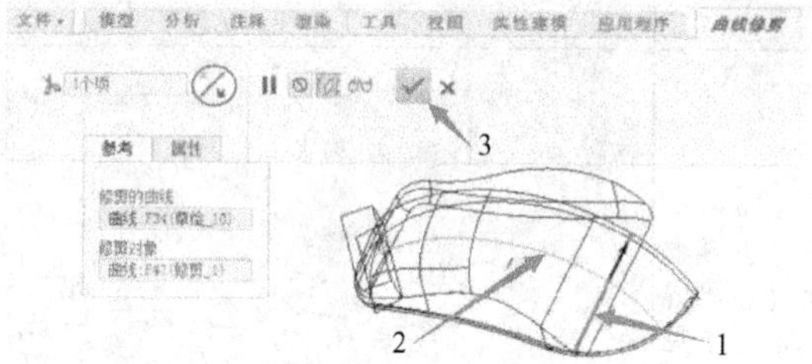	绘图区域中，修剪曲线留下的是箭头所指的一侧
83	选择要复制的曲线，单击【模型】选项卡【操作】组中的【复制】和【粘贴】按钮，随即弹出【曲线：复合】选项卡，单击【确定】按钮，完成曲线的复制	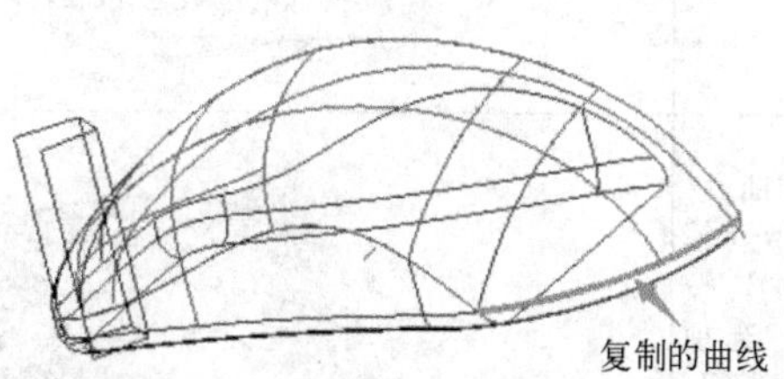	曲线按原样复制，所以【曲线：复合】选项卡中不用做任何设置

步骤	操作说明	图 例	备 注
84	首先选择序号 1 曲线，然后单击【模型】选项卡【编辑】组中的【修剪】按钮，弹出【曲线修剪】选项卡，选择序号 2 曲线，调节需要留下的侧，完成曲面的修剪	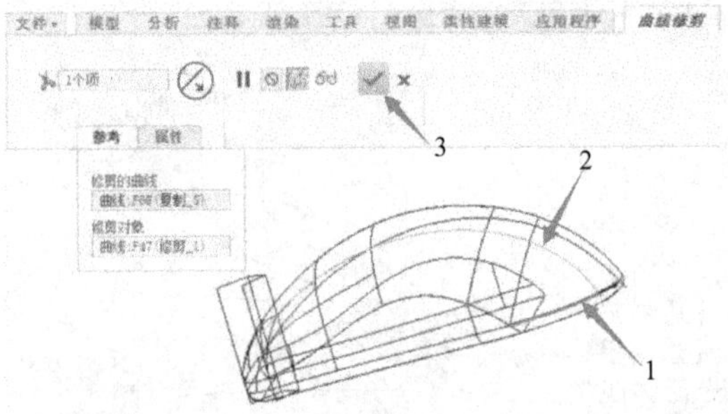	绘图区域中，修剪曲线留下的是箭头所指的一侧
85	单击【模型】选项卡【曲面】组中的【边界混合】按钮。弹出【边界混合】选项卡，设置详见右图	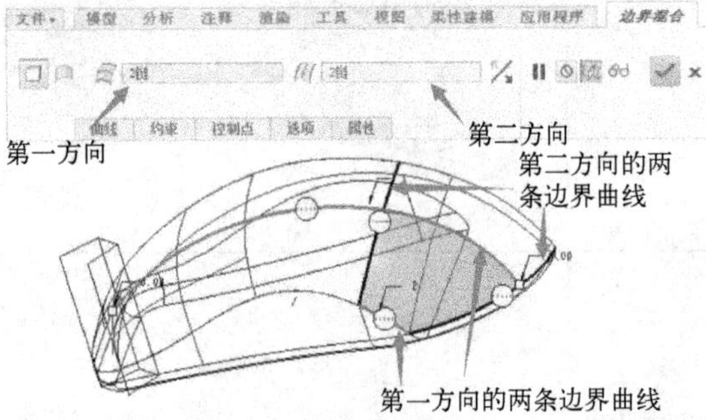	在使用【边界混合】命令时，第一方向和第二方向上边界曲线的选择必须按照顺序依次选择（按住〈Ctrl〉键）
86	首先选择序号 1 曲线，然后单击【模型】选项卡【编辑】组中的【修剪】按钮，弹出【曲线修剪】选项卡，选择序号 2 曲线，调节需要留下的侧，完成曲面的修剪	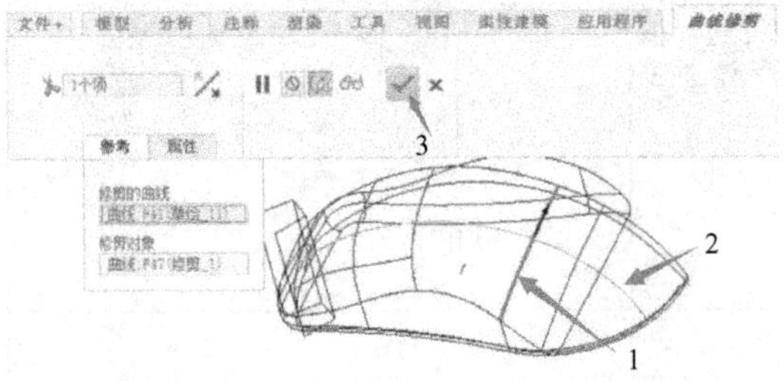	绘图区域中，修剪曲线留下的是箭头所指的一侧
87	单击【模型】选项卡【曲面】组中的【边界混合】按钮。弹出【边界混合】选项卡，设置详见右图	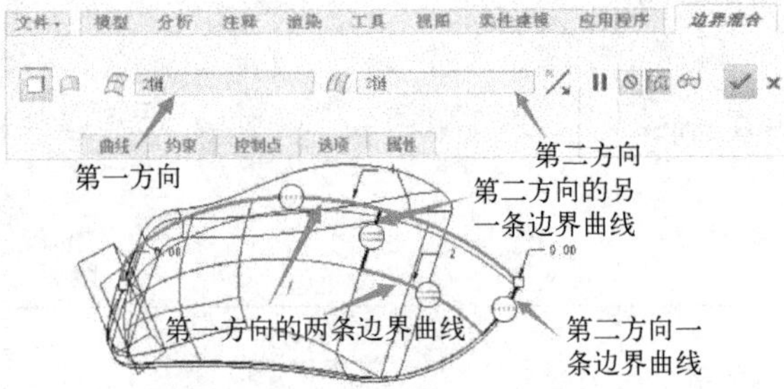	在使用【边界混合】命令时，第一方向和第二方向上边界曲线的选择必须按照顺序依次选择（按住〈Ctrl〉键）
88	选择序号 1 和 2 的曲面，单击【模型】选项卡【编辑】组中的【合并】按钮，弹出【合并】选项卡，单击【确定】按钮，完成曲面的合并	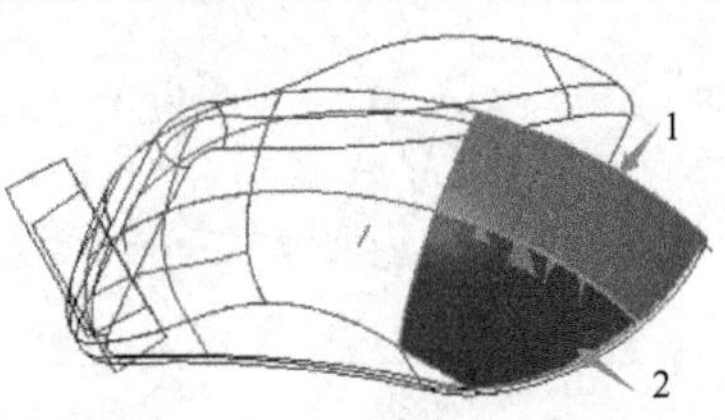	

步骤	操作说明	图　例	备　注
89	选择序号1和2的曲面，单击【模型】选项卡【编辑】组中的【合并】按钮，弹出【合并】选项卡，单击【确定】按钮，完成曲面的合并		
90	选择序号1和2的曲面，单击【模型】选项卡【编辑】组中的【合并】按钮，弹出【合并】选项卡，单击【确定】按钮，完成曲面的合并		
91	选择需要镜像的曲面（序号1），单击【模型】选项卡【编辑】组中的【镜像】按钮，弹出【镜像】选项卡，选择镜像平面Rrght（序号2），完成镜像特征		
92	选择序号1和2的曲面，单击【模型】选项卡【编辑】组中的【合并】按钮，弹出【合并】选项卡，单击【确定】按钮，完成曲面的合并		
93	选择需要镜像的曲面（序号1），单击【模型】选项卡【编辑】组中的【镜像】按钮，弹出【镜像】选项卡，选择镜像平面Right（序号2），完成镜像特征		

步骤	操作说明	图 例	备 注
94	单击【模型】选项卡【曲面】组中的【填充】按钮，弹出【填充】选项卡，设置草绘平面等如右图所示	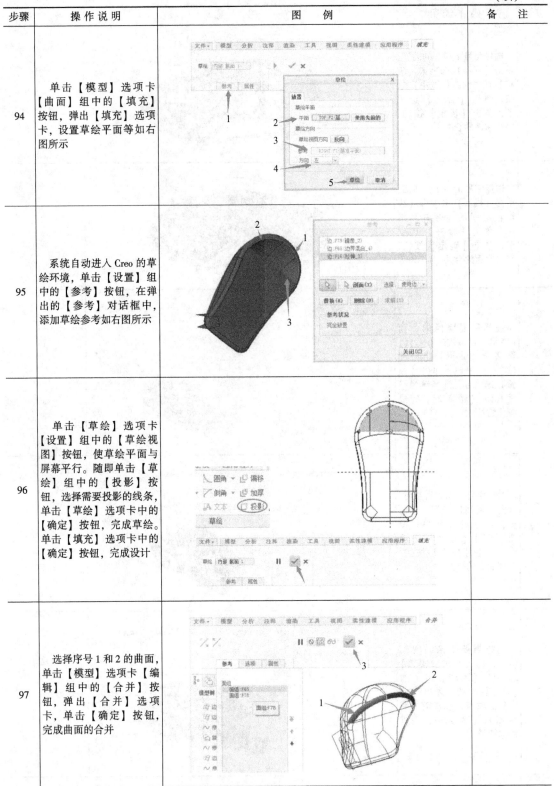	
95	系统自动进入 Creo 的草绘环境，单击【设置】组中的【参考】按钮，在弹出的【参考】对话框中，添加草绘参考如右图所示		
96	单击【草绘】选项卡【设置】组中的【草绘视图】按钮，使草绘平面与屏幕平行。随即单击【草绘】组中的【投影】按钮，选择需要投影的线条，单击【草绘】选项卡中的【确定】按钮，完成草绘。单击【填充】选项卡中的【确定】按钮，完成设计		
97	选择序号1和2的曲面，单击【模型】选项卡【编辑】组中的【合并】按钮，弹出【合并】选项卡，单击【确定】按钮，完成曲面的合并		

步骤	操作说明	图　例	备　注
98	选择序号1和2的曲面，单击【模型】选项卡【编辑】组中的【合并】按钮，弹出【合并】选项卡，单击【确定】按钮，完成曲面的合并	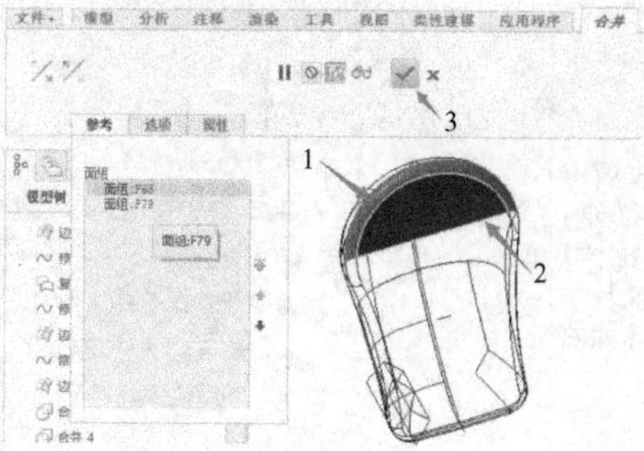	
99	选择序号1和2的曲面，单击【模型】选项卡【编辑】组中的【合并】按钮，弹出【合并】选项卡，单击【确定】按钮，完成曲面的合并	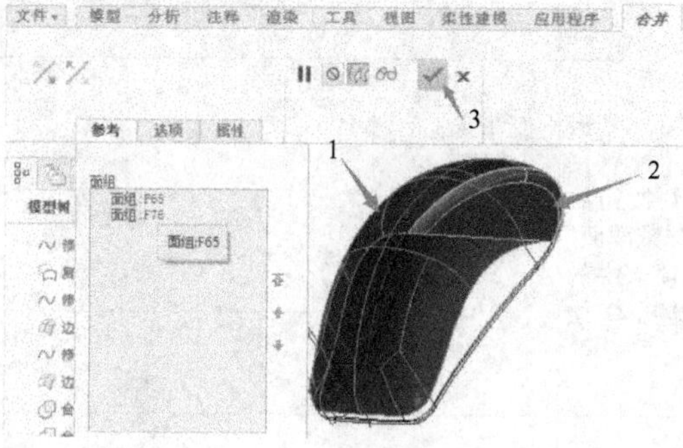	
100	选择序号1和2的曲面，单击【模型】选项卡【编辑】组中的【合并】按钮，弹出【合并】选项卡，单击【确定】按钮，完成曲面的合并	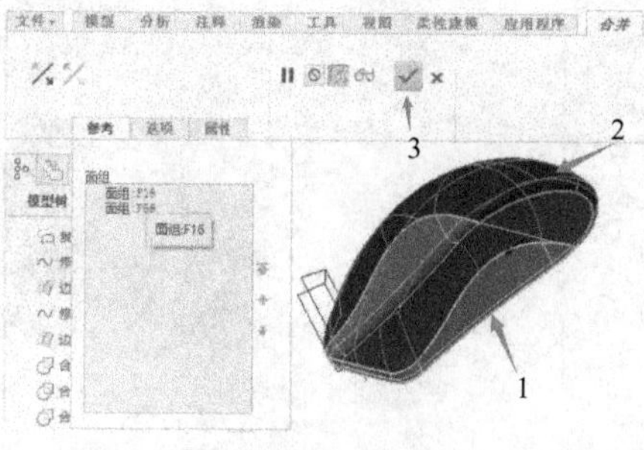	
101	选择第100步合并后的曲面，单击【模型】选项卡【编辑】组中的【加厚】按钮，弹出【加厚】选项卡，操作步骤如右图所示	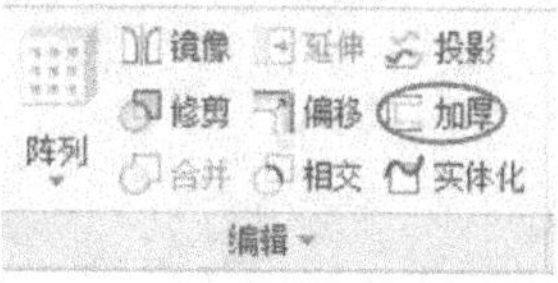 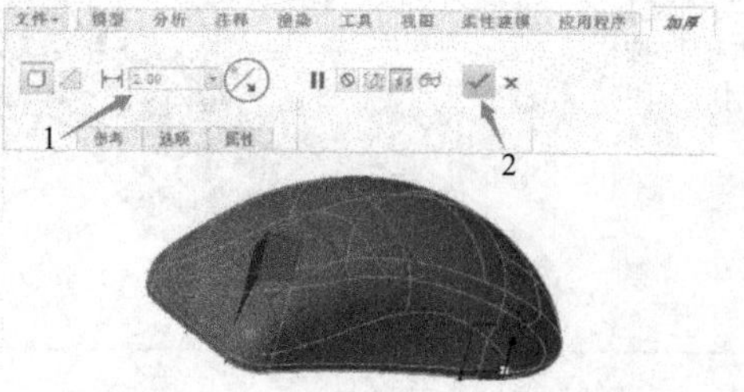	可以根据需要调节箭头，来满足设计需要

步骤	操 作 说 明	图 例	备 注
102	单击【模型】选项卡【形状】组中的【拉伸】按钮，随即打开【拉伸】选项卡，单击【放置】按钮，设置草绘平面等如右图所示	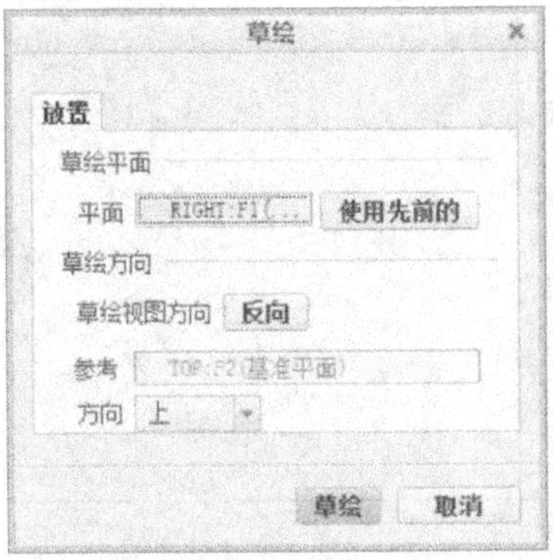	
103	进入草绘环境，单击【草绘】组中的【投影】、【线链】和【圆】按钮绘制如右图所示的二维截面，单击【草绘】选项卡中的【确定】按钮退出草绘环境	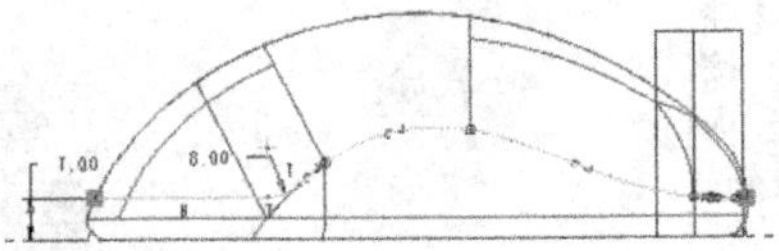	
104	【拉伸】选项卡中的操作步骤及相关设置如右图所示。在第二步中输入拉伸深度值只要超过原实体的厚度即可	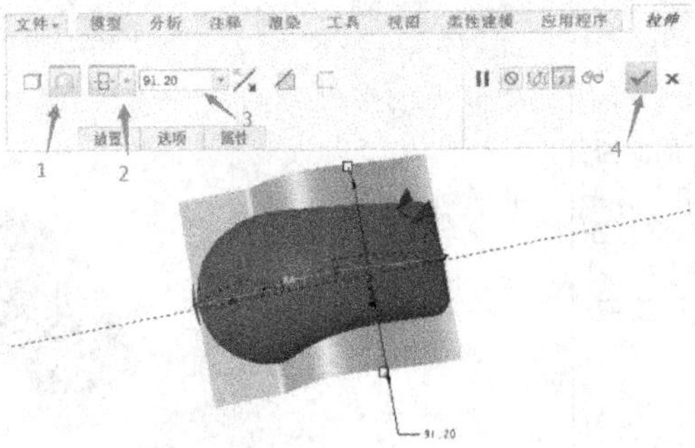	
105	选择第104步创建的曲面，单击【模型】选项卡【编辑】组中的【实体化】按钮，弹出【实体化】选项卡，操作步骤如右图所示	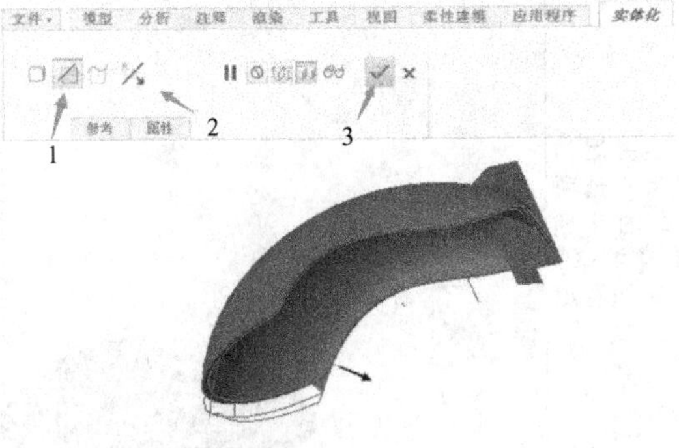	

步骤	操作说明	图　例	备　注
106	单击【模型】选项卡【形状】组中的【拉伸】按钮，随即打开【拉伸】选项卡，单击【放置】按钮，设置基准平面 Right 为草绘平面，基准平面 Top 为草绘方向参考，方向"上"，进入草绘环境，添加 DTM12 为参考，单击【草绘】组中的【圆】按钮绘制如右图所示的二维截面，单击【草绘】选项卡中的【确定】按钮退出草绘环境	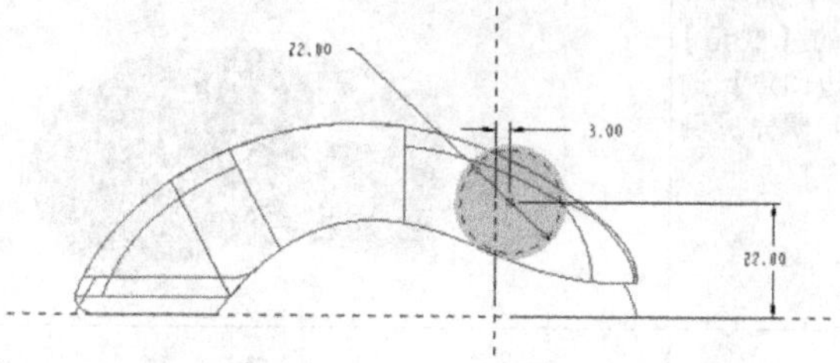	隐藏【拉伸 4】，单击选中，右击，在弹出的快捷菜单中选择【隐藏】命令
107	【拉伸】选项卡中的操作步骤及相关设置如右图所示	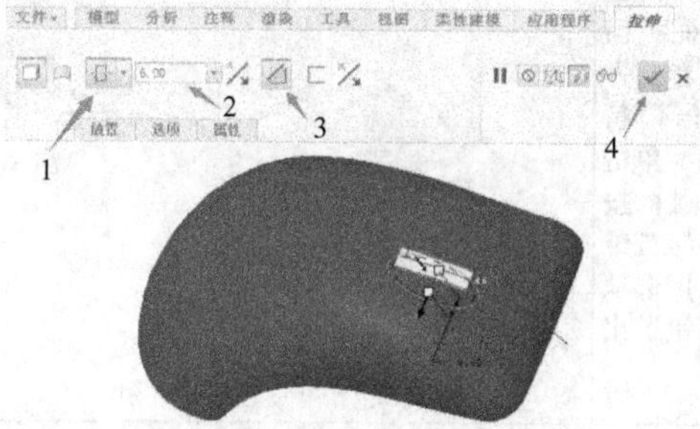	
108	单击【模型】选项卡【工程】组中的【倒角】按钮，弹出【边倒角】选项卡，按右图步骤完成倒角特征。选择第 107 步切口的边进行倒角	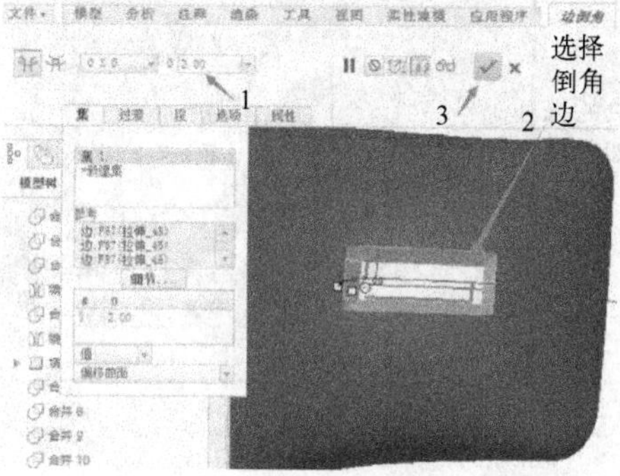	边倒角边长为 2 mm
109	单击【模型】选项卡【工程】组中的【倒圆角】按钮，弹出【倒圆角】选项卡，按右图步骤完成倒圆角特征	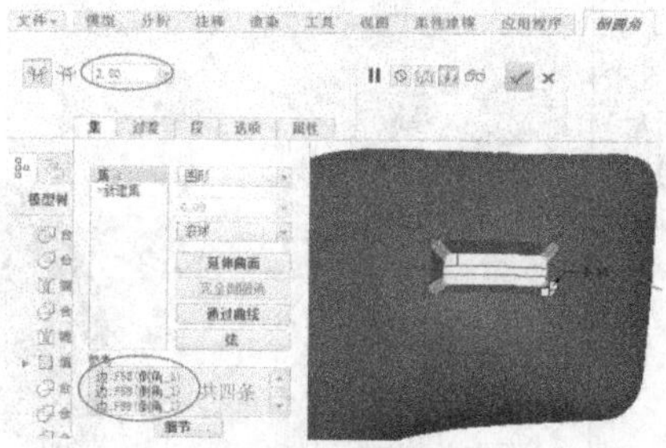	倒圆角半径为 2 mm

步骤	操作说明	图　例	备　注
110	单击【模型】选项卡【工程】组中的【倒角】按钮，弹出【边倒角】选项卡，按右图步骤完成倒角特征	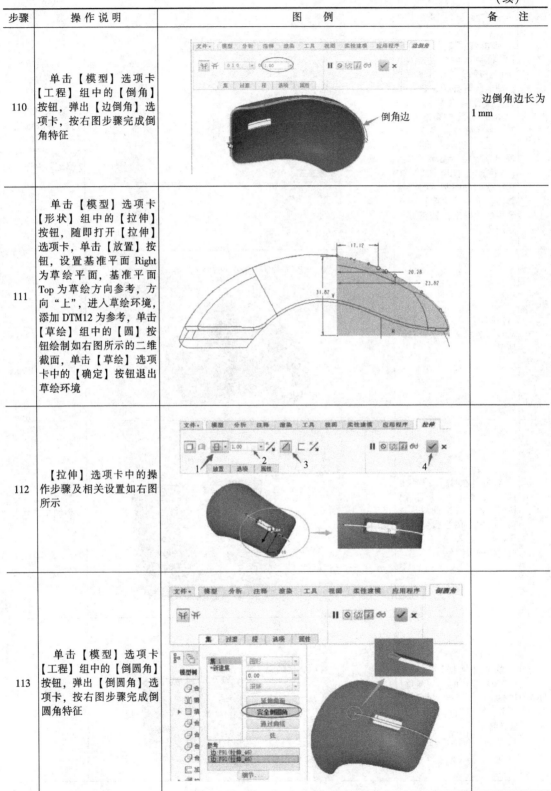	边倒角边长为1 mm
111	单击【模型】选项卡【形状】组中的【拉伸】按钮，随即打开【拉伸】选项卡，单击【放置】按钮，设置基准平面 Right 为草绘平面，基准平面 Top 为草绘方向参考，方向"上"，进入草绘环境，添加 DTM12 为参考，单击【草绘】组中的【圆】按钮绘制如右图所示的二维截面，单击【草绘】选项卡中的【确定】按钮退出草绘环境		
112	【拉伸】选项卡中的操作步骤及相关设置如右图所示		
113	单击【模型】选项卡【工程】组中的【倒圆角】按钮，弹出【倒圆角】选项卡，按右图步骤完成倒圆角特征		

步骤	操作说明	图　例	备　注
114	单击【模型】选项卡【工程】组中的【倒圆角】按钮，弹出【倒圆角】选项卡，按右图步骤完成倒圆角特征	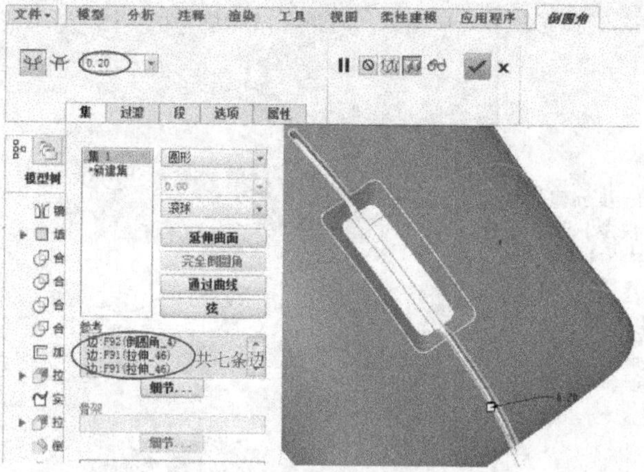	倒圆角半径为0.2mm
115	单击【模型】选项卡【基准】组中的【草绘】按钮，随即打开【草绘】对话框，设置基准平面Right为草绘平面，基准平面Top为草绘方向参考，方向"上"，进入草绘环境，添加基准平面Front为参考，单击【草绘】组中的【样条】按钮绘制如右图所示的二维截面，单击【草绘】选项卡中的【确定】按钮完成草绘基准绘制	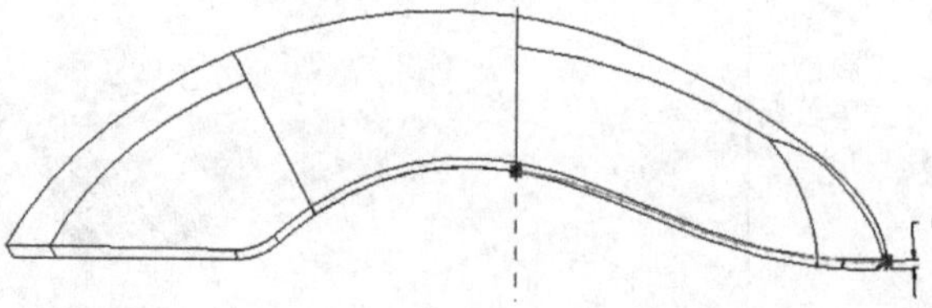	
116	单击【模型】选项卡【形状】组中的【拉伸】按钮，随即打开【拉伸】选项卡，单击第115步创建的草绘截面。按右图所示步骤完成拉伸特征	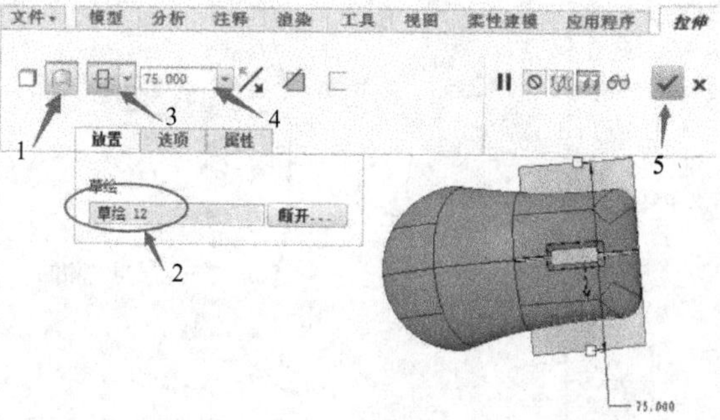	

步骤	操 作 说 明	图　　例	备　注
117	选择第 116 步创建的曲面，单击【模型】选项卡【编辑】组中的【实体化】按钮，弹出【实体化】选项卡，操作步骤如右图所示	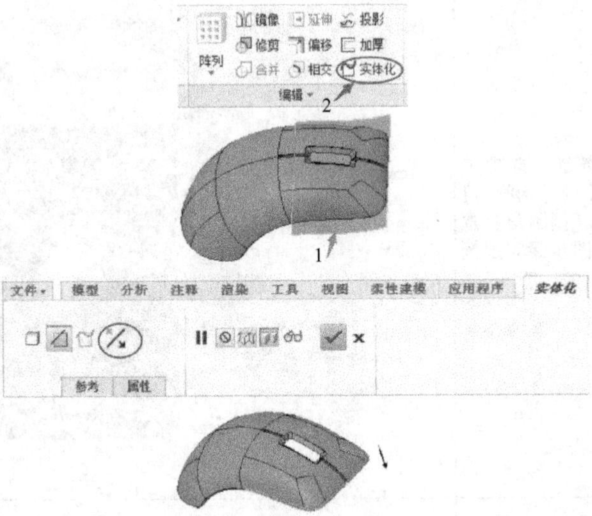	
118	最后将模型外观颜色设为蓝色。至此完成了鼠标上盖的设计（5-3-1）	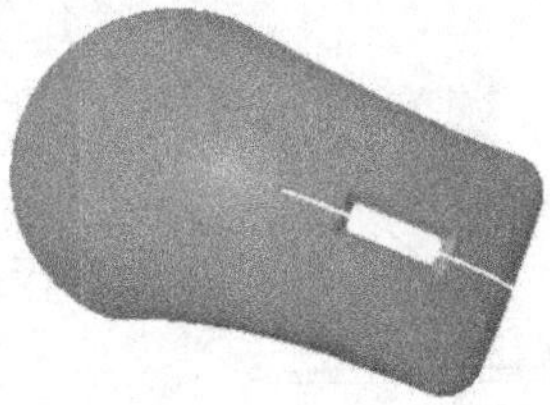	
119	把 5-3-1 文件另存为 5-3-2 文件，删除第 106 步至第 117 步之间如右图所示的特征。方法：单击【拉伸 45】，按住〈Shift〉键，单击【实体化 10】，松开〈Shift〉键，右击，在弹出的快捷菜单中选择【删除】命令	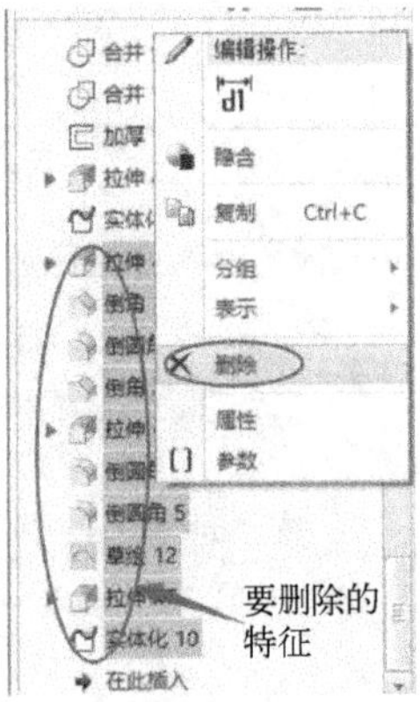	以删除后的文件作为鼠标底座（5-3-2）的建模文件。在此基础上完成底座的设计

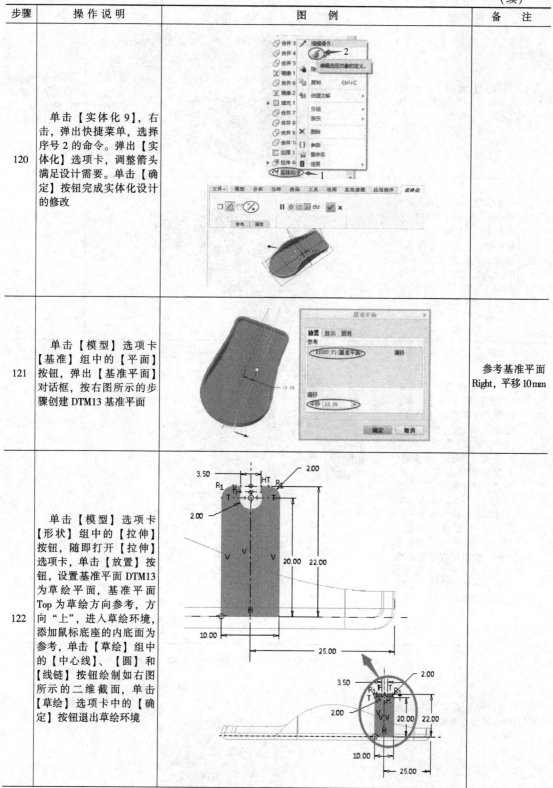

步骤	操作说明	图例	备注
120	单击【实体化9】，右击，弹出快捷菜单，选择序号2的命令。弹出【实体化】选项卡，调整箭头满足设计需要。单击【确定】按钮完成实体化设计的修改		
121	单击【模型】选项卡【基准】组中的【平面】按钮，弹出【基准平面】对话框，按右图所示的步骤创建DTM13基准平面		参考基准平面Right，平移10mm
122	单击【模型】选项卡【形状】组中的【拉伸】按钮，随即打开【拉伸】选项卡，单击【放置】按钮，设置基准平面DTM13为草绘平面，基准平面Top为草绘方向参考，方向"上"，进入草绘环境，添加鼠标底座的内底面为参考，单击【草绘】组中的【中心线】、【圆】和【线链】按钮绘制如右图所示的二维截面，单击【草绘】选项卡中的【确定】按钮退出草绘环境		

步骤	操作说明	图 例	备 注
123	【拉伸】选项卡中的操作步骤及相关设置如右图所示	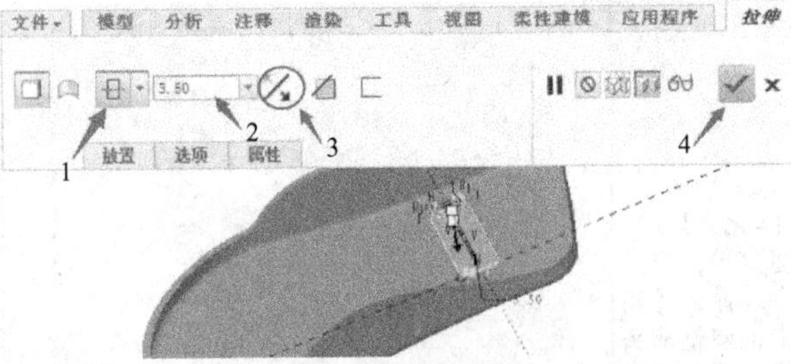	序号3中的箭头根据需要来调节拉伸方向，以满足设计需要
124	单击第124步创建的拉伸特征，单击【模型】选项卡【编辑】组中的【镜像】按钮，弹出【镜像】选项卡，选择基准平面Right为镜像平面，单击该选项卡中的【确定】按钮，完成镜像特征。如右图所示	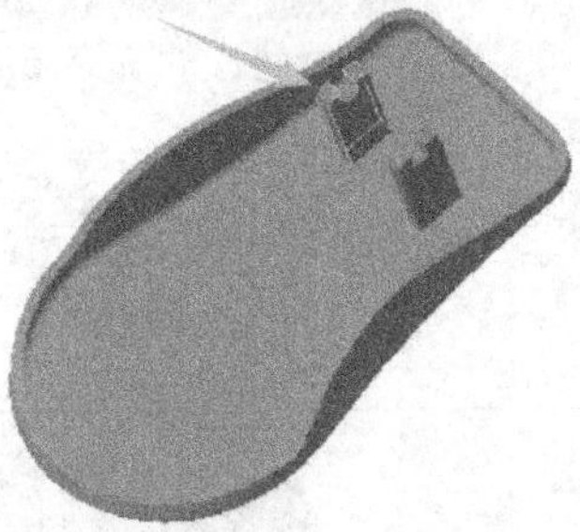	
125	单击【模型】选项卡【形状】组中的【拉伸】按钮，随即打开【拉伸】选项卡，单击【放置】按钮，设置如右图所示的草绘平面，基准平面Right为草绘方向参考，方向"右"，进入草绘环境，添加DTM13为尺寸参考，单击【草绘】组中的【中心线】和【线链】按钮，【约束】组中的【对称】按钮，绘制如右图所示的二维截面，单击【草绘】选项卡中的【确定】按钮退出草绘环境	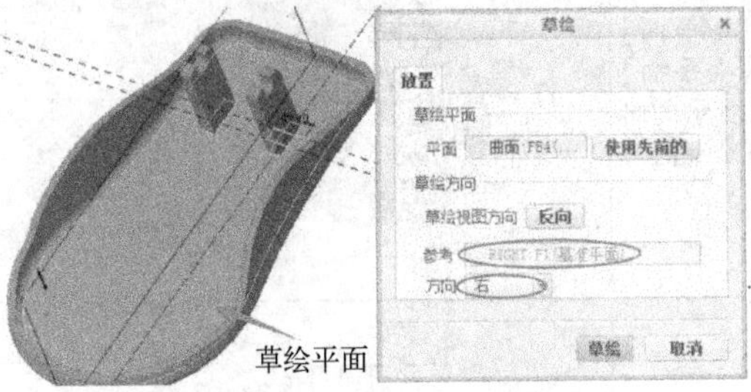 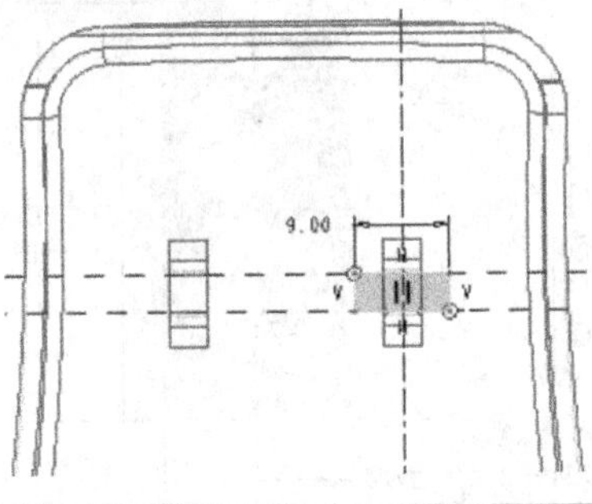	
126	【拉伸】选项卡中的操作步骤及相关设置如右图所示	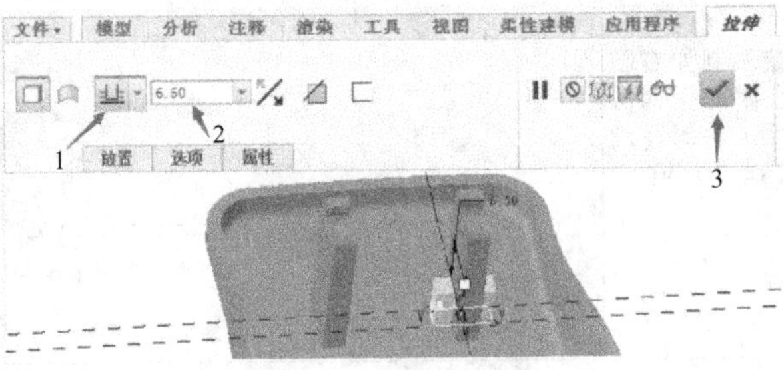	

204

步骤	操作说明	图　例	备　注
127	单击第 127 步创建的拉伸特征，单击【模型】选项卡【编辑】组中的【镜像】按钮，弹出【镜像】选项卡，选择基准平面 Right 为镜像平面，单击该选项卡中的【确定】按钮，完成镜像特征。如右图所示	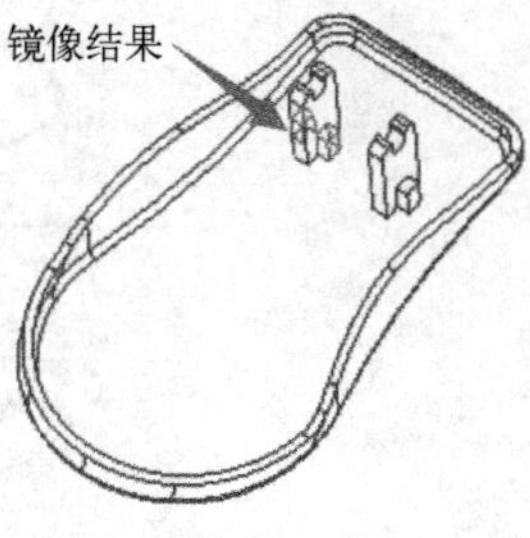 镜像结果	
128	单击【模型】选项卡【基准】组中的【平面】按钮，弹出【基准平面】对话框，按右图所示的步骤创建 DTM14 基准平面	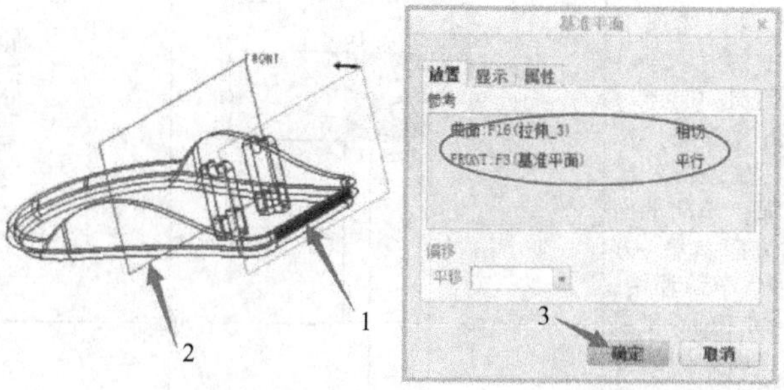	
129	单击【模型】选项卡【形状】组中的【拉伸】按钮，随即打开【拉伸】选项卡，单击【放置】按钮，设置 DTM14 草绘平面，基准平面 Right 为草绘方向参考，方向"左"，进入草绘环境，添加基准平面 Right 和鼠标底座的内表面为分别为竖直方向与水平方向的尺寸参考，单击【草绘】组中的【圆】按钮，绘制如右图所示的二维截面，单击【草绘】选项卡中的【确定】按钮退出草绘环境	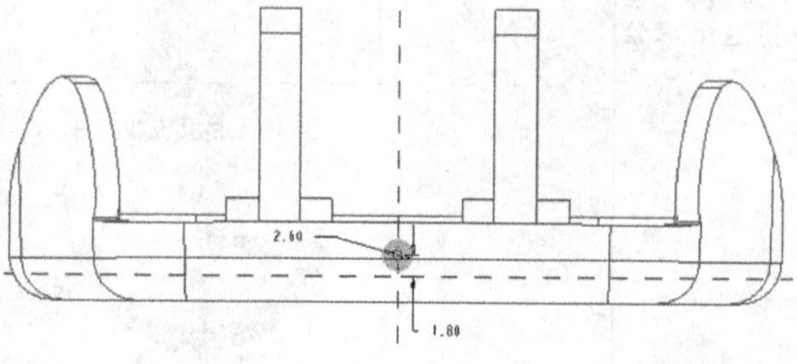	
130	【拉伸】选项卡中的操作步骤及相关设置如右图所示	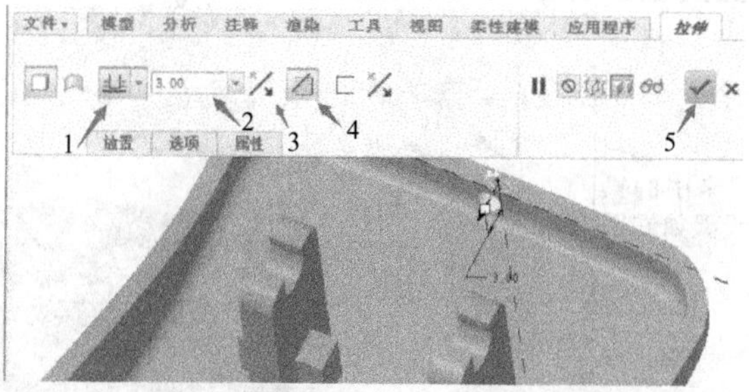	

步骤	操作说明	图 例	备 注
131	单击【模型】选项卡【形状】组中的【拉伸】按钮，随即打开【拉伸】选项卡，单击【放置】按钮，设置鼠标底座的外底面为草绘平面，基准平面 Right 为草绘方向参考，方向"左"，进入草绘环境，添加基准平面 Right 和鼠标底座的内表面分别为竖直方向与水平方向的尺寸参考，单击【草绘】组中的【圆】、【线链】、【偏移】和【圆角】按钮，绘制如右图所示的二维截面，单击【草绘】选项卡中的【确定】按钮退出草绘环境	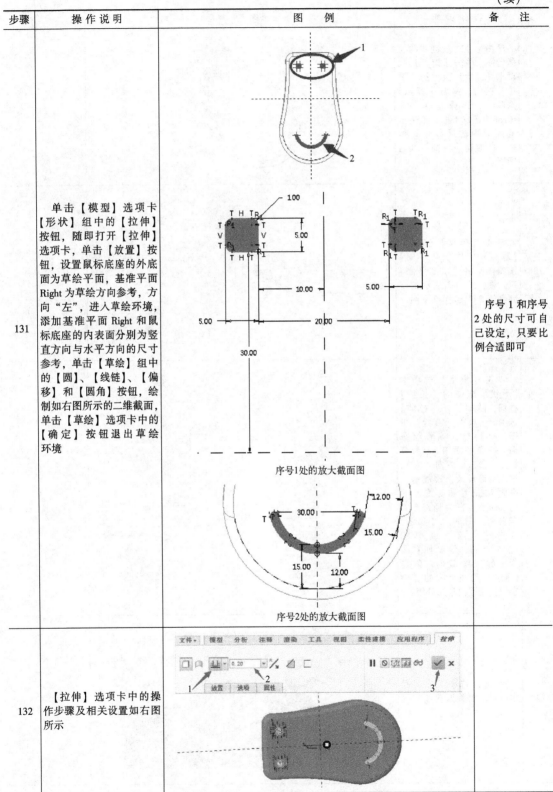 序号1处的放大截面图 序号2处的放大截面图	序号 1 和序号 2 处的尺寸可自己设定，只要比例合适即可
132	【拉伸】选项卡中的操作步骤及相关设置如右图所示		

步骤	操 作 说 明	图 例	备 注
133	最后将模型外观颜色设为绿色，底部的小凸台着色为 ptc-wood-elm。至此完成了鼠标底座的设计（5-3-2）	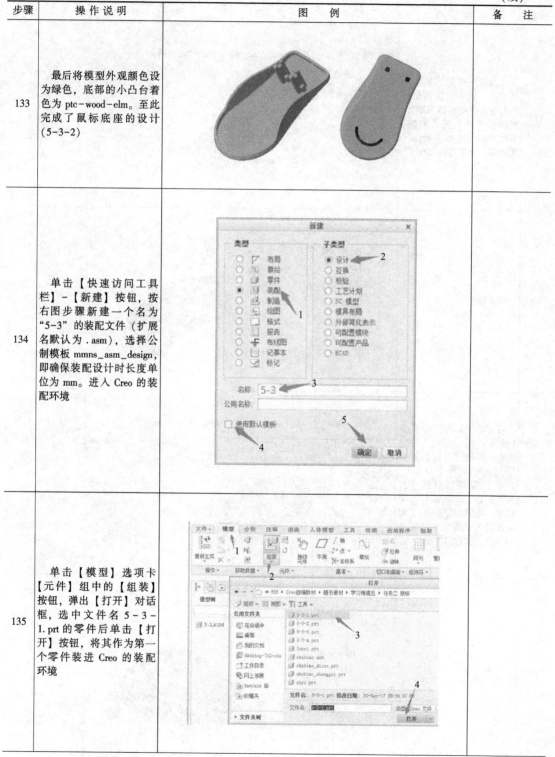	
134	单击【快速访问工具栏】-【新建】按钮，按右图步骤新建一个名为"5-3"的装配文件（扩展名默认为 .asm），选择公制模板 mmns_asm_design，即确保装配设计时长度单位为 mm。进入 Creo 的装配环境		
135	单击【模型】选项卡【元件】组中的【组装】按钮，弹出【打开】对话框，选中文件名 5-3-1.prt 的零件后单击【打开】按钮，将其作为第一个零件装进 Creo 的装配环境		

步骤	操作说明	图 例	备 注
136	作为第一个进入装配环境的零件，一般将其坐标系与装配体的坐标系重合，所以在【设置关系类型】下拉列表中选择【默认】，完成第一个零件的装配	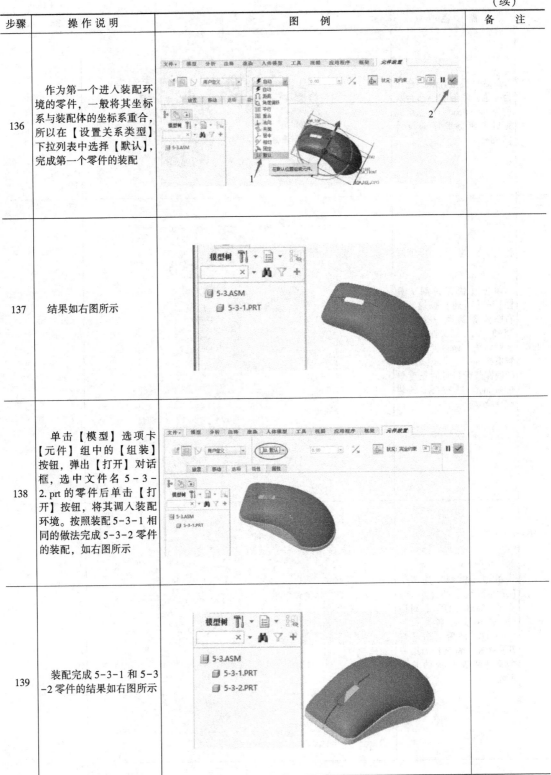	
137	结果如右图所示		
138	单击【模型】选项卡【元件】组中的【组装】按钮，弹出【打开】对话框，选中文件名 5－3－2.prt 的零件后单击【打开】按钮，将其调入装配环境。按照装配 5－3－1 相同的做法完成 5－3－2 零件的装配，如右图所示		
139	装配完成 5－3－1 和 5－3－2 零件的结果如右图所示		

步骤	操作说明	图　例	备　注
140	鼠标装配体中的另两个零件 5-3-3 和 5-3-4 的三维建模，在这里我们采用自顶向下的设计方式完成零件的设计，即在装配环境中完成零件的三维建模。 　　在装配体文件 5-3 环境中，单击【模型】选项卡【元件】组中的【创建】按钮，弹出【创建元件】对话框，完成右图所示的步骤后，单击【确定】按钮，弹出【创建选项】对话框，在创建方法中选择【创建特征】，单击【确定】按钮，Creo 进入三维建模环境，并在模型树中显示创建出一个 5-3-3 的特征，同时该特征处于激活状态，接下来所创建的特征都属于处于激活状态的 5-3-3 零件	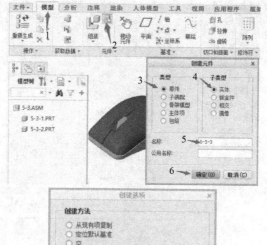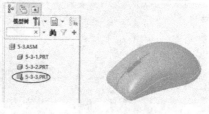	要想对装配环境中的零件自身进行编辑修改，可以首先单击选择该零件，然后右击，在弹出的快捷菜单中选择【激活】命令，就可以对该零件在装配环境中编辑修改。零件处于激活装配时，在零件图标的右下角有一个绿色的小亮点，就是提示该零件处于激活状态
141	单击【模型】选项卡【形状】组中的【拉伸】按钮，随即弹出【拉伸】选项卡，在绘图区域中右击，在弹出的快捷菜单中选择【定义内部草绘】命令，弹出【草绘】对话框，按照右图所示完成设置，进入草绘环境。单击【草绘】组中的【同心圆】按钮，单击轴孔在这个面的投影圆并使绘制的截面圆与轴孔等径，完成截面绘制，单击【确定】按钮退出二维草绘环境。按照右图所示的步骤完成拉伸特征	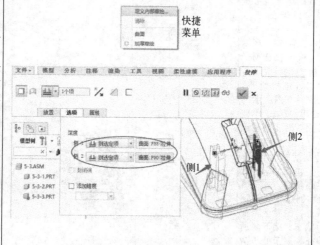	

步骤	操作说明	图　例	备　注
142	单击【模型】选项卡【形状】组中的【拉伸】按钮，随即弹出【拉伸】选项卡，在绘图区域中右击，在弹出的快捷菜单中选择【定义内部草绘】命令，弹出【草绘】对话框，选择【使用先前的】，进入草绘环境。单击【草绘】组中的【同心圆】按钮，单击轴在上步完成的特征在这个面的投影圆，绘制截面，单击【确定】按钮退出二维草绘环境。按照右图所示的步骤完成拉伸特征	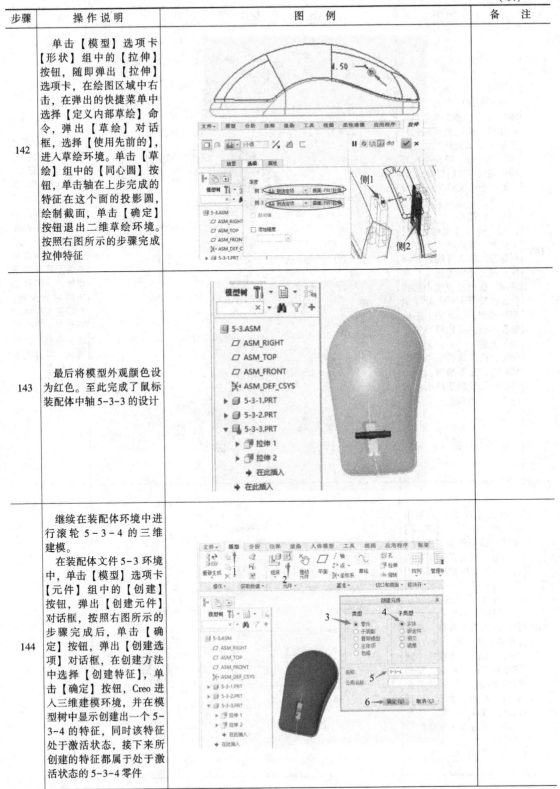	
143	最后将模型外观颜色设为红色。至此完成了鼠标装配体中轴5-3-3的设计		
144	继续在装配体环境中进行滚轮5-3-4的三维建模。 在装配体文件5-3环境中，单击【模型】选项卡【元件】组中的【创建】按钮，弹出【创建元件】对话框，按照右图所示的步骤完成后，单击【确定】按钮，弹出【创建选项】对话框，在创建方法中选择【创建特征】，单击【确定】按钮，Creo进入三维建模环境，并在模型树中显示创建出一个5-3-4的特征，同时该特征处于激活状态，接下来所创建的特征都属于处于激活状态的5-3-4零件		

步骤	操作说明	图　　例	备　注
144		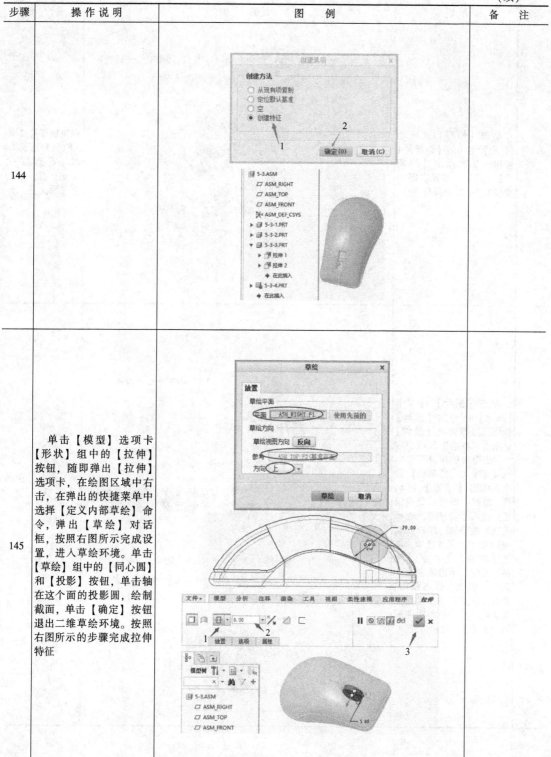	
145	单击【模型】选项卡【形状】组中的【拉伸】按钮，随即弹出【拉伸】选项卡，在绘图区域中右击，在弹出的快捷菜单中选择【定义内部草绘】命令，弹出【草绘】对话框，按照右图所示完成设置，进入草绘环境。单击【草绘】组中的【同心圆】和【投影】按钮，单击轴在这个面的投影圆，绘制截面，单击【确定】按钮退出二维草绘环境。按照右图所示的步骤完成拉伸特征		

步骤	操作说明	图　例	备　注
146	单击【模型】选项卡【工程】组中的【倒圆角】按钮，系统弹出【倒圆角】选项卡，按照右图的操作步骤完成倒圆角特征	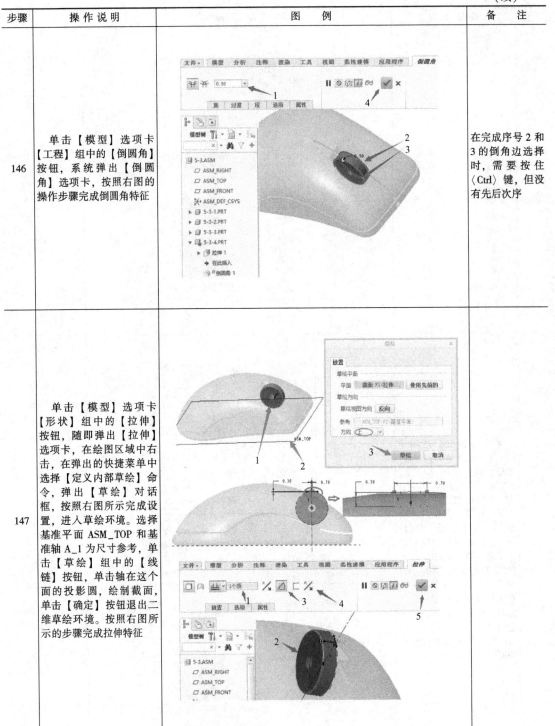	在完成序号2和3的倒角边选择时，需要按住〈Ctrl〉键，但没有先后次序
147	单击【模型】选项卡【形状】组中的【拉伸】按钮，随即弹出【拉伸】选项卡，在绘图区域中右击，在弹出的快捷菜单中选择【定义内部草绘】命令，弹出【草绘】对话框，按照右图所示完成设置，进入草绘环境。选择基准平面 ASM_TOP 和基准轴 A_1 为尺寸参考，单击【草绘】组中的【线链】按钮，单击轴在这个面的投影圆，绘制截面，单击【确定】按钮退出二维草绘环境。按照右图所示的步骤完成拉伸特征		

步骤	操作说明	图　例	备　注
148	单击【模型】选项卡【工程】组中的【倒圆角】按钮，系统弹出【倒圆角】选项卡，按照右图的操作步骤完成倒圆角特征	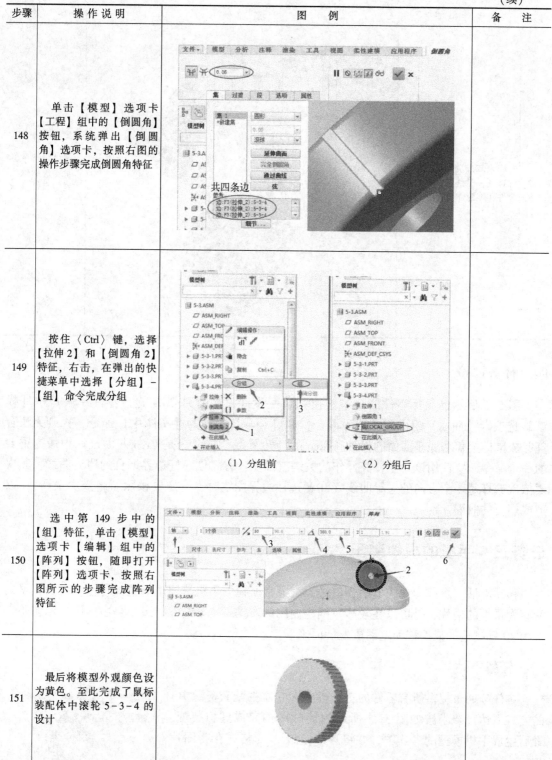	
149	按住〈Ctrl〉键，选择【拉伸2】和【倒圆角2】特征，右击，在弹出的快捷菜单中选择【分组】-【组】命令完成分组	（1）分组前　　　　　　（2）分组后	
150	选中第149步中的【组】特征，单击【模型】选项卡【编辑】组中的【阵列】按钮，随即打开【阵列】选项卡，按照右图所示的步骤完成阵列特征		
151	最后将模型外观颜色设为黄色。至此完成了鼠标装配体中滚轮5-3-4的设计		

步骤	操作说明	图　例	备　注
152	隐藏基准曲线和全部基准特征，最终完成的鼠标零件和装配体如右图所示	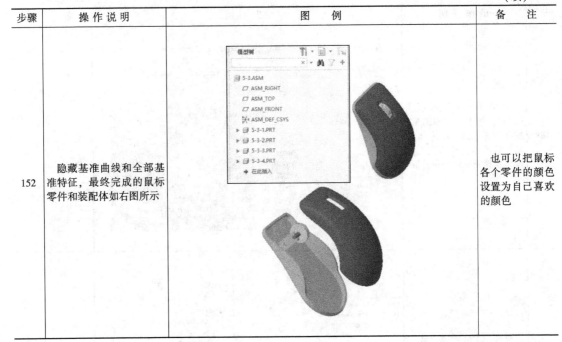	也可以把鼠标各个零件的颜色设置为自己喜欢的颜色

四、任务评价

图 5-3 所示的鼠标零件的三维建模和装配设计，要用到 Creo 的【零件模块】中【模型】选项卡【曲面】组中的【边界混合】和【编辑】组中的【实体化】命令，否则无法合理完成鼠标上盖和底座曲面的设计。Creo 的【边界混合】命令是 Creo 曲面设计中最为重要的一个命令，要使用该命令，其操作的关键有两步：首先创建好边界混合的边界曲线，其次要依次选择每一个方向的边界曲线（注意选择边界曲线时，一定要按照顺序依次选择），以形成想要的曲面。

任务三　手机的虚拟装配

移动电话，也称为无线电话，就是大家通常所说的手机，原本只是一种通讯工具，早期又有大哥大的俗称，是可以在较广范围内使用的便携式电话终端，最早是由美国贝尔实验室在 1940 年制造的战地移动电话机发展而来。

一、任务下达

本任务通过提供所有零件的三维模型（在本书配套资源中）的方式下达，要求按如图 5-5 所示的装配结构完成虚拟装配，最后生成手机模型的爆炸图，并将爆炸图以 .jpg 格式存为图片文件。

图 5-5　功能手机

214

二、任务分析

本任务不需要做任何零件的三维建模，只需利用 Creo 的虚拟装配功能完成三维模型装配即可。完成该模型的创建、爆炸图的输出需用到 Creo 的【组装】、【分解】、【保存副本】等命令。手机模型的装配流程如图 5-6 所示。

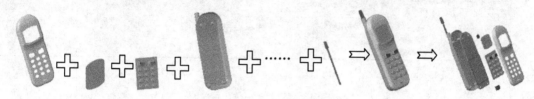

图 5-6　手机的装配流程

三、任务实施

表 5-3 详细说明完成图 5-5 所示手机模型的虚拟装配步骤及注意事项。

表 5-3　手机模型的虚拟装配步骤及注意事项

步骤	操 作 说 明	图　　例	备　　注
1	按学习情境一中任务一的讲解完成 Creo 的安装与配置	（略）	
2	打开 Creo 软件，在未新建任何文件之前，首先设置工作目录：单击【主页】选项卡【数据】组【选择工作目录】按钮，或选择菜单【文件】-【管理会话】-【选择工作目录】命令，选择硬盘中已存在的目录（或新建某目录）作为工作目录		设置工作目录是 Creo 中非常重要的理念，对于非单个零件的设计（如装配、模具设计等）此步骤不能省略
3	单击【快速访问工具栏】-【新建】按钮，新建一个文件名为 "5-5" 的装配文件（按右图步骤）		

215

（续）

步骤	操作说明	图　例	备　注
4	【确定】后在【新文件选项】对话框中选择公制模板 mmns_asm_design，可使装配环境长度单位为 mm	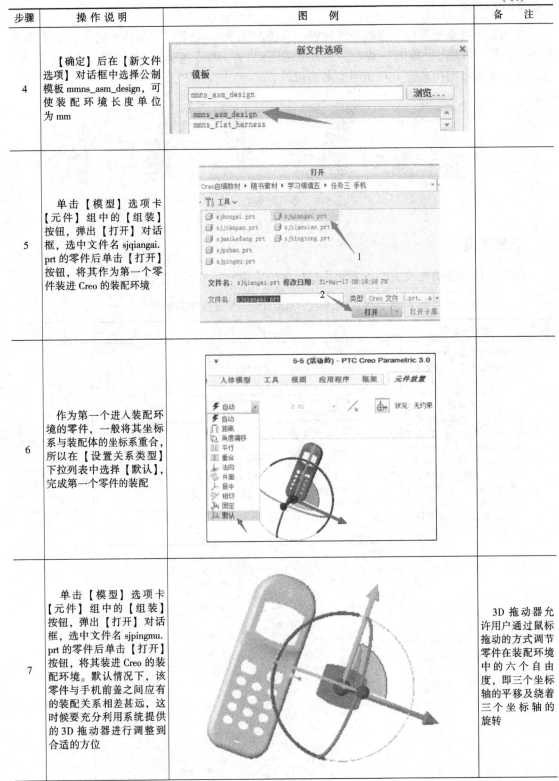	
5	单击【模型】选项卡【元件】组中的【组装】按钮，弹出【打开】对话框，选中文件名 sjqiangai.prt 的零件后单击【打开】按钮，将其作为第一个零件装进 Creo 的装配环境		
6	作为第一个进入装配环境的零件，一般将其坐标系与装配体的坐标系重合，所以在【设置关系类型】下拉列表中选择【默认】，完成第一个零件的装配		
7	单击【模型】选项卡【元件】组中的【组装】按钮，弹出【打开】对话框，选中文件名 sjpingmu.prt 的零件后单击【打开】按钮，将其装进 Creo 的装配环境。默认情况下，该零件与手机前盖之间应有的装配关系相差甚远，这时候要充分利用系统提供的 3D 拖动器进行调整到合适的方位		3D 拖动器允许用户通过鼠标拖动的方式调节零件在装配环境中的六个自由度，即三个坐标轴的平移及绕着三个坐标轴的旋转

步骤	操 作 说 明	图 例	备 注
8	拖动到合适位置后，首先约束手机前盖与手机屏幕这两个面重合，如右图所示	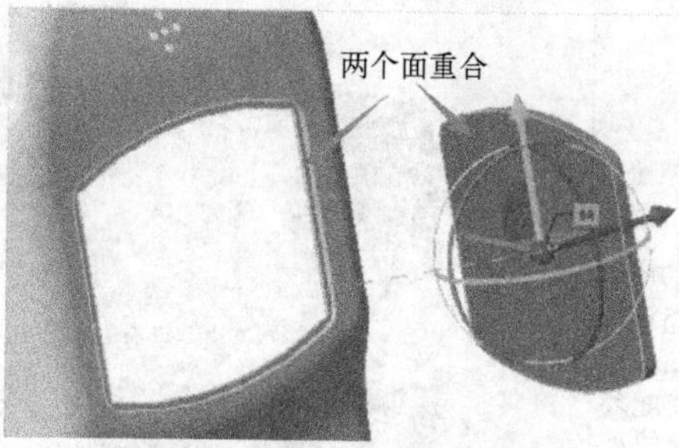 两个面重合	
9	接下来单击右图所示的两个面，约束其【重合】	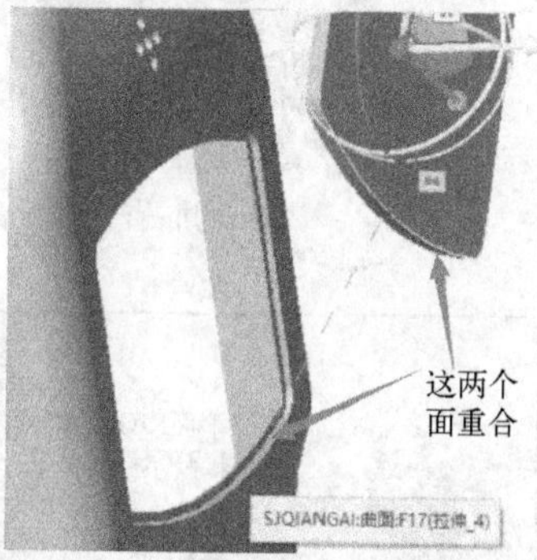 这两个面重合 SJQIANGAI:曲面:F17(拉伸_4)	本例中在装配时使用了允许【假设】，因此只需两个约束就可以完全放置装配零件
10	单击【模型】选项卡【元件】组中的【组装】按钮，将 sjtingtong.prt 的零件调入 Creo 的装配环境。首先约束手机前盖和听筒两个面重合，如右图所示	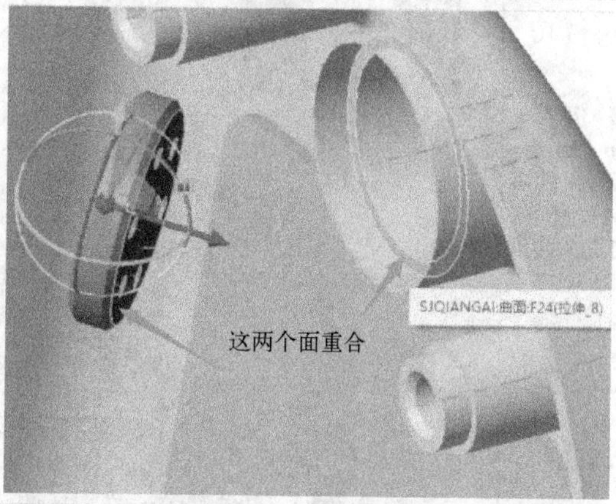 这两个面重合 SJQIANGAI:曲面:F24(拉伸_8)	
11	接下来单击右图所示的两个面，约束其重合	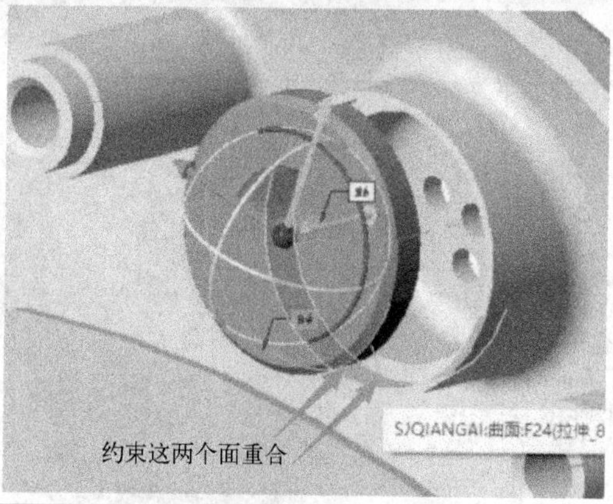 约束这两个面重合 SJQIANGAI:曲面:F24(拉伸_8)	

步骤	操作说明	图　例	备　注
12	单击【模型】选项卡【元件】组中的【组装】按钮，将 sjmaikefeng.prt 的零件调入 Creo 的装配环境。约束如右图所示的面重合	重合 SJQIANGAI:曲面:F16(壳_1) 约束这两个面重合 重合 SJQIANGAI	
13	单击【模型】选项卡【元件】组中的【组装】按钮，将 sjpcban.prt 的零件调入 Creo 的装配环境。使用三个重合约束，约束如右图所示的面	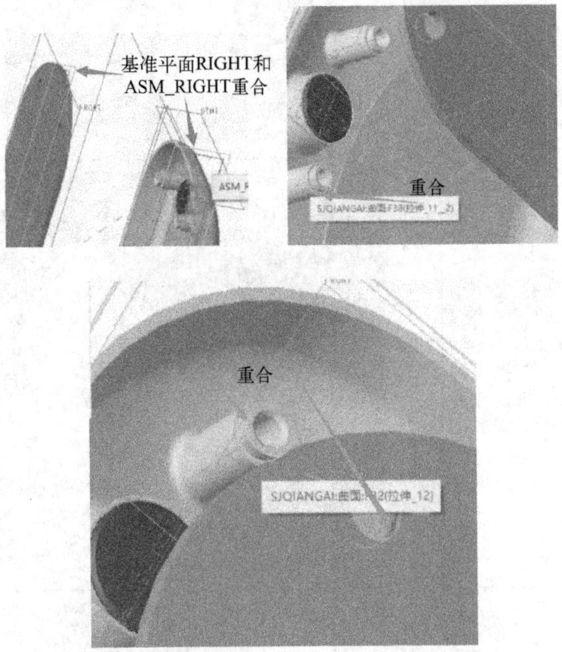 基准平面RIGHT和ASM_RIGHT重合 重合 SJQIANGAI:曲面:F3(拉伸_11_2) 重合 SJQIANGAI:曲面:F12(拉伸_12)	
14	单击【模型】选项卡【元件】组中的【组装】按钮，将 sjjianpan.prt 的零件调入 Creo 的装配环境。使用两个重合约束和一个距离约束（10 mm），约束如右图所示的面	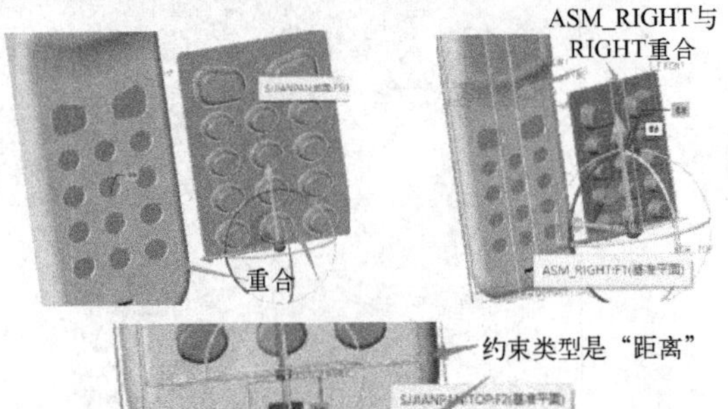 ASM_RIGHT与RIGHT重合 重合 ASM_RIGHT:F1(基准平面) 约束类型是"距离" SJJIANPAN:TOP:F2(基准平面)	

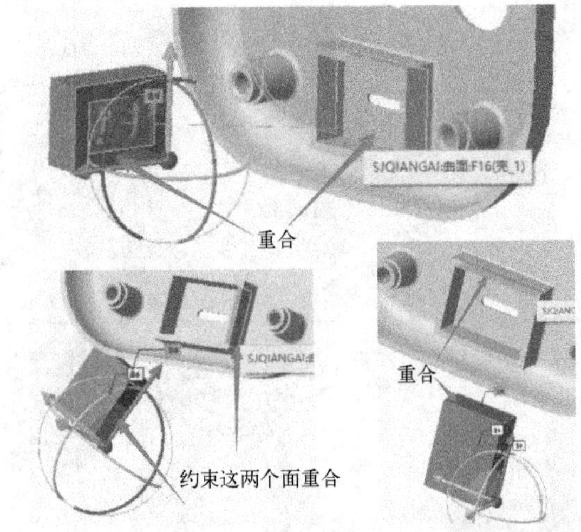

步骤	操作说明	图　　例	备　注
15	单击【模型】选项卡【元件】组中的【组装】按钮，将 sjhougai.prt 的零件调入 Creo 的装配环境。约束手机后盖的三个基准平面 Right、Top 和 Front，分别与装配体中三个基准平面 ASM_RIGHT、ASM_TOP 和 ASM_FRONT 重合。装配完成手机后盖的效果	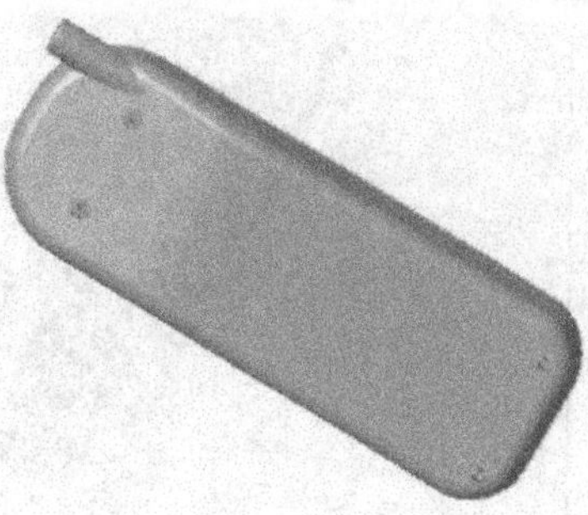	
16	接下来将 sjtianxian.prt 调入装配环境，添加孔与轴的轴线重合和两面重合两个约束	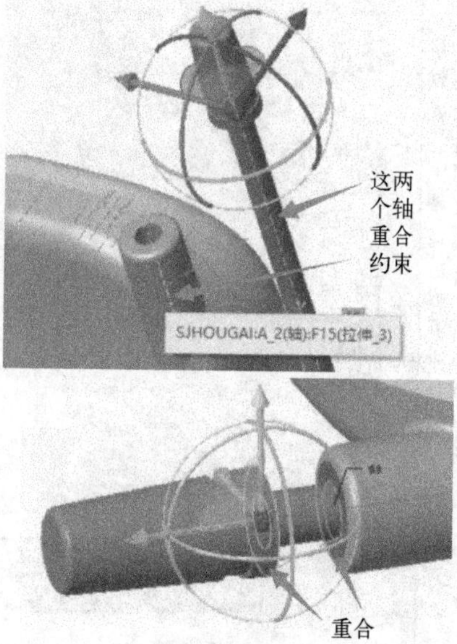 这两个轴重合约束 SJHOUGAI:A_2(轴):F15(拉伸_3) 重合	
17	至此，完成了手机模型的虚拟装配，结果如右图所示		在零件装配过程中，各个零件的装配约束类型和参考不一定和上述步骤一致，只需零件的装配位置与图样要求相同即可
18	根据任务要求，接下来生成手机模型的爆炸图。单击【模型】选项卡【模型显示】组中的【编辑位置】按钮，Creo 自动分解各零件的相对位置	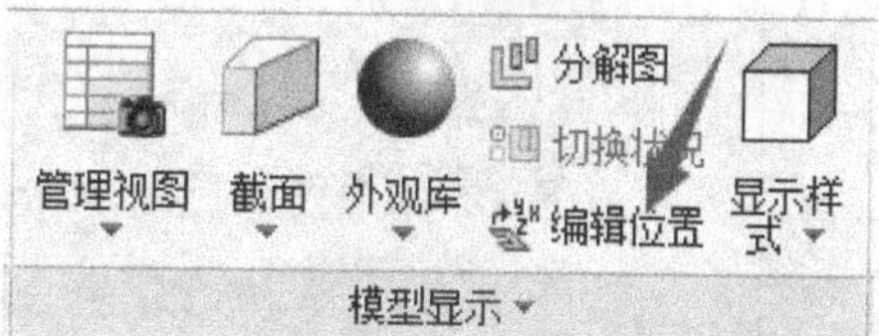 管理视图　截面　外观库　编辑位置　显示样式　分解图　切换状况　模型显示	自动分解（即爆炸）的效果并不理想，所以需要进一步手动调整

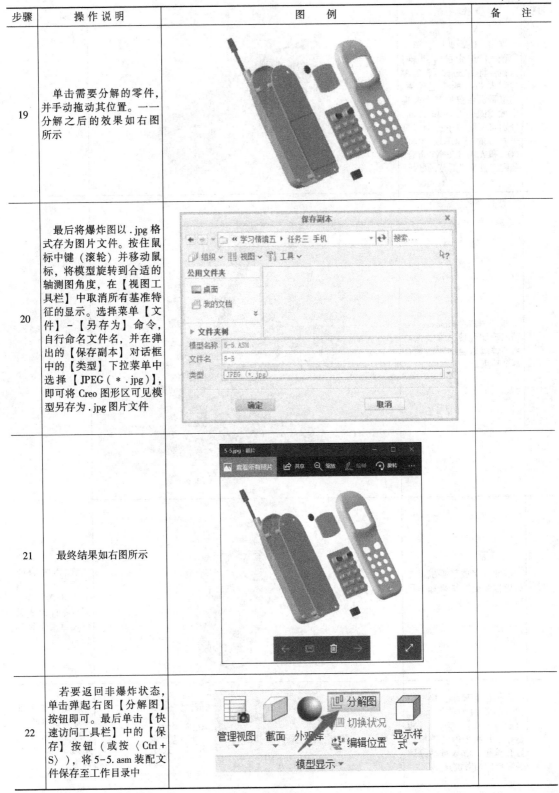

步骤	操作说明	图 例	备 注
19	单击需要分解的零件,并手动拖动其位置。一一分解之后的效果如右图所示		
20	最后将爆炸图以.jpg格式存为图片文件。按住鼠标中键(滚轮)并移动鼠标,将模型旋转到合适的轴测图角度,在【视图工具栏】中取消所有基准特征的显示。选择菜单【文件】-【另存为】命令,自行命名文件名,并在弹出的【保存副本】对话框中的【类型】下拉菜单中选择【JPEG(*.jpg)】,即可将Creo图形区可见模型另存为.jpg图片文件		
21	最终结果如右图所示		
22	若要返回非爆炸状态,单击弹起右图【分解图】按钮即可。最后单击【快速访问工具栏】中的【保存】按钮(或按〈Ctrl+S〉),将5-5.asm装配文件保存至工作目录中		

四、任务评价

图5-5所示的手机在装配设计中用到了Creo的【重合】、【距离】、【默认】等装配约束类型，相对现在的智能手机来说，功能手机大多外形更复杂，虚拟装配难度也更高一些，所以掌握了功能手机的装配，智能手机也就可以驾轻就熟了。当然，作为一个完整的功能手机来说，本例缺少了不少零件，尤其是内部结构未完全按照工业生产的方式设计，这一点读者要注意。

强化训练题五

1. 完成如图5-7所示七巧板对应零件的三维模型建模（零件自行命名），图中合式外轮廓边长为100。建模完成后完成七巧板图案的虚拟装配。

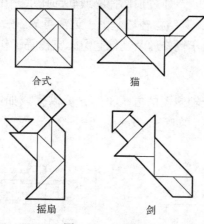

图5-7　七巧板

2. 完成如图5-8所示工程图及轴测图对应的风扇三维模型建模（未注尺寸自行补充）。

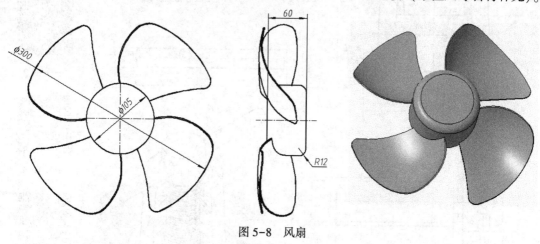

图5-8　风扇

学习情境六　机械产品的三维建模与装配

机械制造、交通运输、冶金、电子信息等各行各业大量使用了机械产品，如机床、汽车、自行车、工程机械、冶炼设备等，大多数机械产品中的零件建模难度不大，但零件间一般有较高的装配关系要求，甚至有些机械产品的零件间还有运动关系，所以本书最后一个学习情境，安排学习几类典型机械产品的三维建模与虚拟装配。

任务一　千斤顶的三维建模与装配

千斤顶是一种刚性顶举件，是通过顶部托座或底部托爪，在行程内顶升重物的轻小起重设备，一般起重高度小于1 m，其结构轻巧坚固、灵活可靠，一人即可携带和操作，主要用于厂矿、交通运输等部门作为车辆修理及其他起重、支撑等工作。

一、任务下达

本任务通过零件图和装配轴测图的方式下达，要求完成如图6-1所示工程图对应零件的三维建模（零件按序号命名，如6-1-1.prt、6-1-2.prt等），最后完成千斤顶的装配及装配图输出。

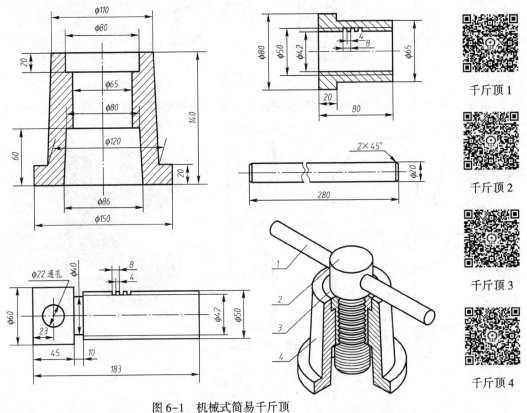

图6-1　机械式简易千斤顶

二、任务分析

图 6-1 中的千斤顶是一个典型的机械产品，由四个零件装配而成。单个零件的三维建模都较简单，本任务的重点在于学习如何将四个零件装配成千斤顶产品，最后完成符合国标的装配图输出，并提交一张打印的 A4 图幅装配图。

完成该四个零件的建模仅需用到 Creo 的【草绘】、【拉伸】、【旋转】、【倒角】等常见特征命令。有了前面的装配学习，千斤顶也较容易完成虚拟装配。因此，如何完成符合国标的装配图是本次任务要重点聚焦的地方。与此前的工程图输出方法相同，首先在 Creo 中将装配体三维模型转换为二维工程图，然后输出为 .dxf 或 .dwg 格式的文件，用 CAXA 电子图板或 AutoCAD 打开后进行后期的国标化工作。千斤顶的装配流程如图 6-2 所示。

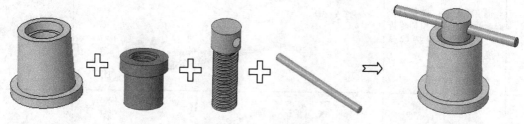

图 6-2　千斤顶装配流程

三、任务实施

表 6-1 详细讲解完成图 6-1 所示机械式简易千斤顶四个零件的建模、千斤顶产品的虚拟装配、装配图的输出等步骤。

千斤顶 5　　千斤顶 6

表 6-1　简易千斤顶零件建模及虚拟装配步骤

步骤	操作说明	图　　例	备　注
1	按学习情境一中任务一的讲解完成 Creo 的安装与配置	（略）	进行三维建模前完成软件安装与配置
2	打开 Creo 软件，选择工作目录"随书素材\6-1 千斤顶"，若无此目录，可在选择工作目录的过程中自行创建该目录。单击【快速访问工具栏】-【新建】按钮，新建一个文件名为"6-1-1"的零件文件（按右图步骤），【确定】后在【新文件选项】对话框中选择公制模板 mmns_part_solid，可使建模时长度单位为 mm		对于装配设计来说，选择工作目录也是必不可少的步骤

步骤	操作说明	图 例	备 注
3	单击【模型】选项卡【形状】组中的【拉伸】按钮，选择 Right 基准面为草绘平面，其他保持默认设置，进入草绘环境后单击【草绘视图】按钮，使草绘平面与显示器平面平行，绘制如右图所示的草绘	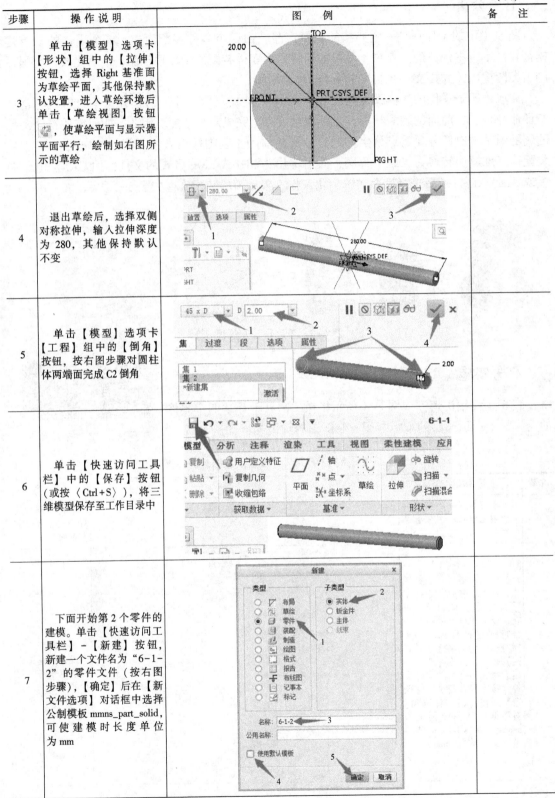	
4	退出草绘后，选择双侧对称拉伸，输入拉伸深度为 280，其他保持默认不变		
5	单击【模型】选项卡【工程】组中的【倒角】按钮，按右图步骤对圆柱体两端面完成 C2 倒角		
6	单击【快速访问工具栏】中的【保存】按钮（或按〈Ctrl+S〉），将三维模型保存至工作目录中		
7	下面开始第 2 个零件的建模。单击【快速访问工具栏】-【新建】按钮，新建一个文件名为 "6-1-2" 的零件文件（按右图步骤），【确定】后在【新文件选项】对话框中选择公制模板 mmns_part_solid，可使建模时长度单位为 mm		

步骤	操作说明	图　例	备　注
8	单击【模型】选项卡【形状】组中的【旋转】按钮，选择 Front 基准面为草绘平面，其他保持默认设置，进入草绘环境后单击【草绘视图】按钮，使草绘平面与显示器平面平行，绘制如右图所示的草绘	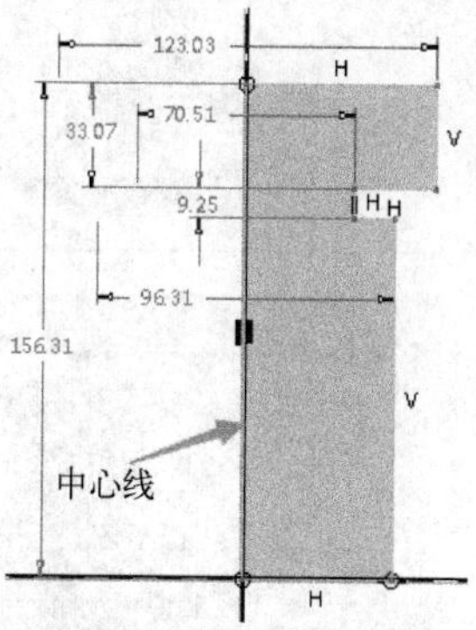 中心线	先绘中心线，后绘其他线条，这样系统会自动添加直径尺寸，否则要手动添加
9	用鼠标框选全部尺寸，单击【草绘】选项卡【编辑】组中的【修改】按钮，取消勾选【重新生成】复选框，按工程图对应的尺寸进行修改	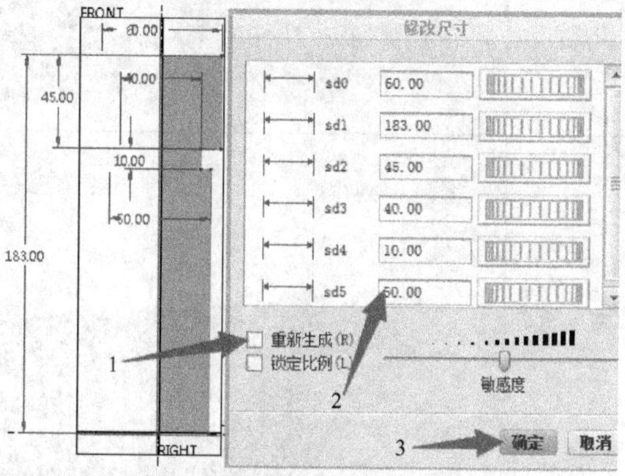	
10	退出草绘，保持默认的旋转角度 360	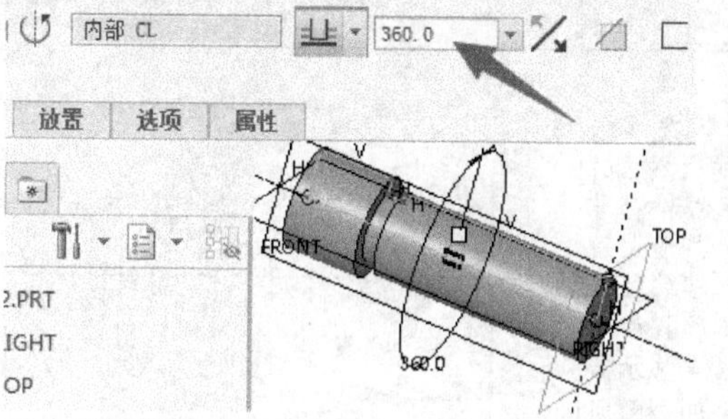	
11	单击【模型】选项卡【形状】组中的【螺旋扫描】按钮，单击【参考】集下【螺旋扫描轮廓】旁的【定义】按钮，选择 Front 基准面为草绘平面，其他保持默认参数，进入草绘环境后单击【草绘视图】按钮，使草绘平面与显示器平面平行，绘制如右图所示的草绘	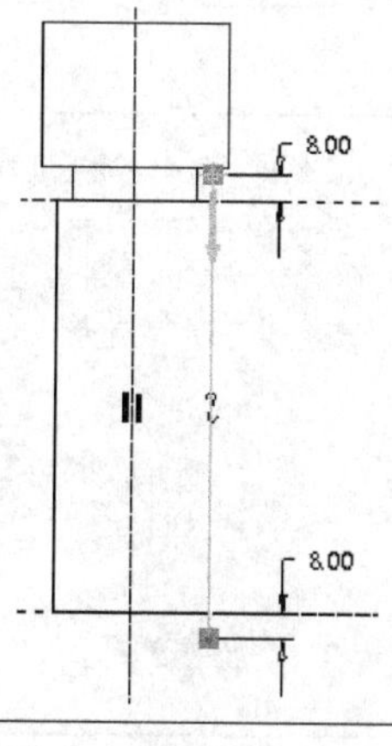	上下两侧均比螺杆长 8，是因为考虑到螺旋切除有引入距离和引出距离

225

步骤	操作说明	图　例	备　注
12	退出草绘后按右图步骤进入扫描截面的草绘环境	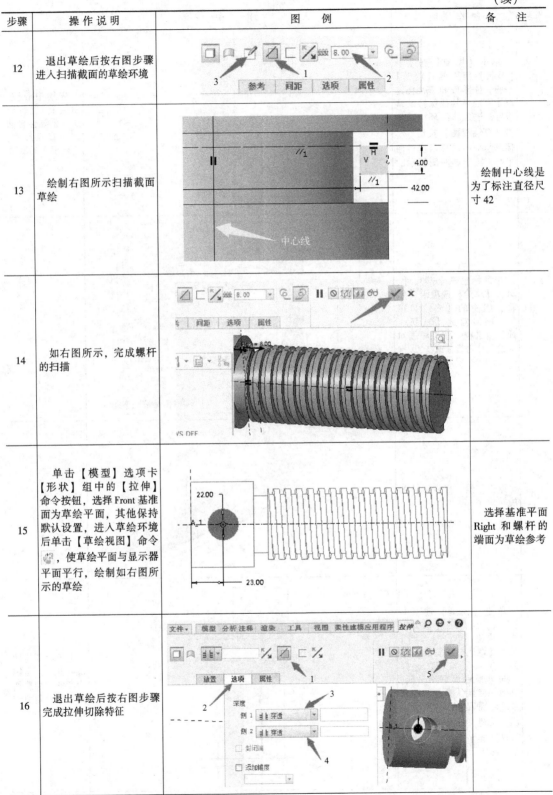	
13	绘制右图所示扫描截面草绘		绘制中心线是为了标注直径尺寸 42
14	如右图所示，完成螺杆的扫描		
15	单击【模型】选项卡【形状】组中的【拉伸】命令按钮，选择 Front 基准面为草绘平面，其他保持默认设置，进入草绘环境后单击【草绘视图】命令，使草绘平面与显示器平面平行，绘制如右图所示的草绘		选择基准平面 Right 和螺杆的端面为草绘参考
16	退出草绘后按右图步骤完成拉伸切除特征		

226

步骤	操作说明	图　例	备　注
17	为了在后续装配环境中容易区分不同的零件，故将每个零件用不同的颜色着色。本零件按右图步骤用绿色着色，注意第 3 步选完绿色后，在状态栏右侧的选择过滤器中选【零件】，然后用鼠标单击零件上任意位置即可将该零件整体着色为绿色	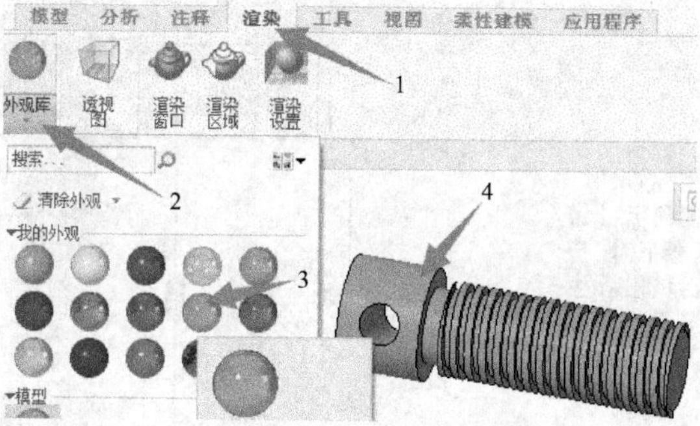	
18	单击【快速访问工具栏】中的【保存】按钮（或按〈Ctrl+S〉），将三维模型保存至工作目录中	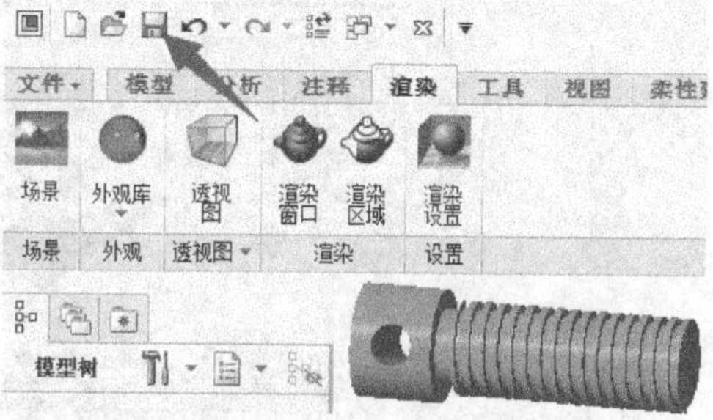	
19	下面开始第 3 个零件的建模。单击【快速访问工具栏】-【新建】按钮，新建一个文件名为"6-1-3"的零件文件（按右图步骤），【确定】后在【新文件选项】对话框中选择公制模板 mmns_part_solid，可使建模时长度单位为 mm	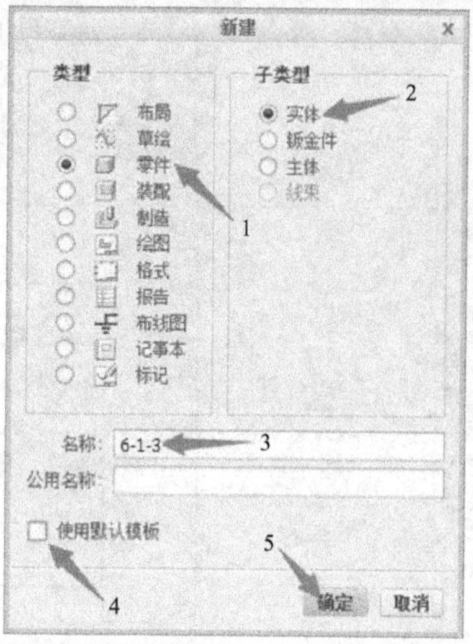	
20	单击【模型】选项卡【形状】组中的【旋转】按钮，选择 Front 基准面为草绘平面，其他保持默认设置，进入草绘环境后单击【草绘视图】按钮，使草绘平面与显示器平面平行，绘制如右图所示的草绘	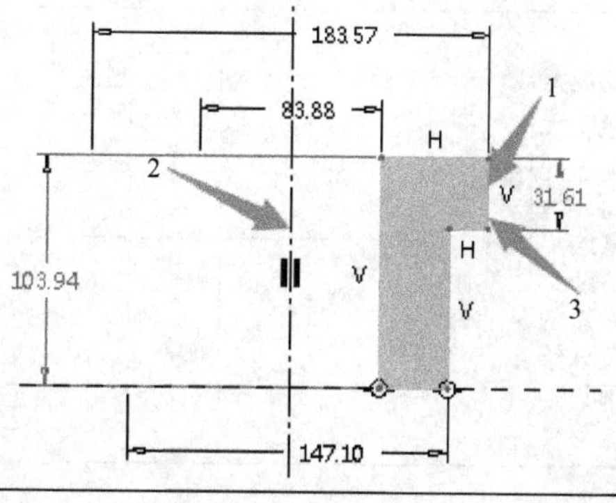	标注直径尺寸要按左图 1、2、3 步骤进行，其中箭头 2 所指的是中心线

227

步骤	操作说明	图　例	备　注
21	用鼠标框选全部尺寸，单击【草绘】选项卡【编辑】组中的【修改】按钮，取消勾选【重新生成】复选框，按工程图对应的尺寸进行修改	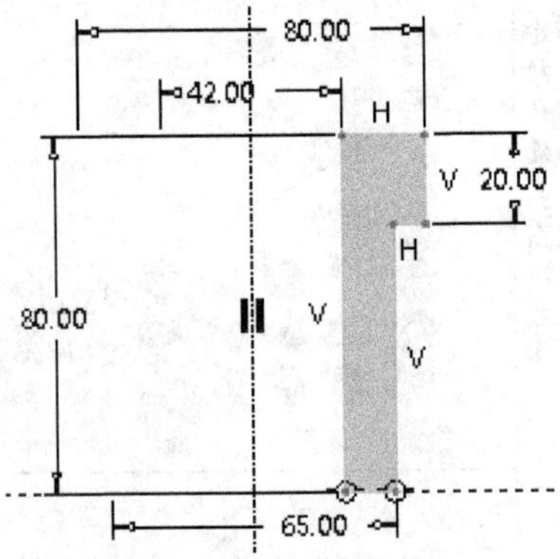	
22	保持默认的旋转角度360	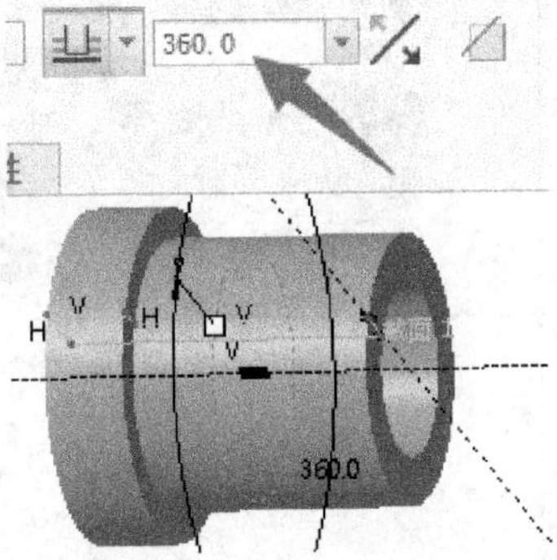	
23	单击【模型】选项卡【形状】组中的【螺旋扫描】按钮，单击【参考】集下【螺旋扫描轮廓】旁的【定义】按钮，选择Front基准面为草绘平面，其他保持默认参数，进入草绘环境后单击【草绘视图】按钮，使草绘平面与显示器平面平行，绘制如右图所示的草绘	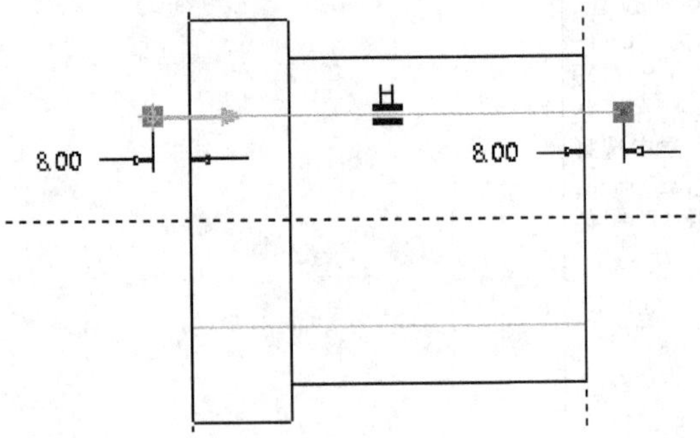	左右两侧均比螺母长8，是因为考虑到螺旋切除有引入距离和引出距离
24	退出轮廓草绘，发现截面草绘按钮呈灰色，无法使用，原因在于刚才的轮廓草绘中缺少中心线。所以再次回到轮廓草绘界面：单击【参考】集下【螺旋扫描轮廓】旁的【编辑】按钮，进入草绘环境，添加中心线即可	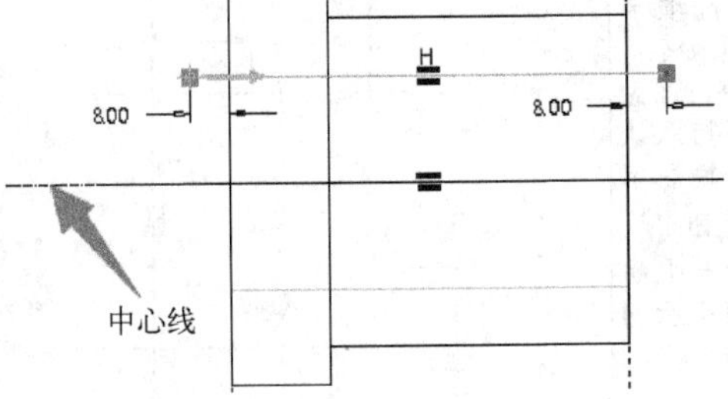 中心线	画中心线前，先选择Right基准平面作为参考，否则要后续添加重合约束

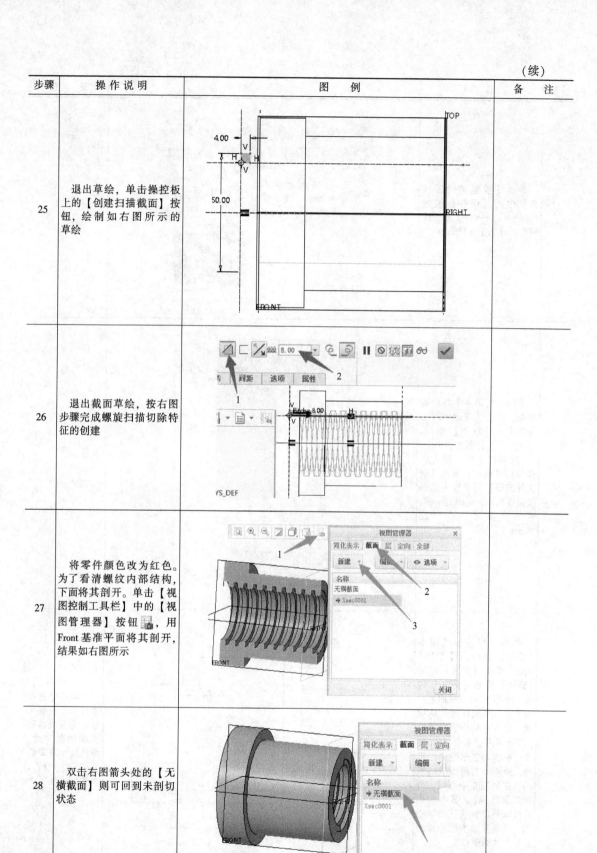

（续）

步骤	操作说明	图 例	备 注
25	退出草绘，单击操控板上的【创建扫描截面】按钮，绘制如右图所示的草绘		
26	退出截面草绘，按右图步骤完成螺旋扫描切除特征的创建		
27	将零件颜色改为红色。为了看清螺纹内部结构，下面将其剖开。单击【视图控制工具栏】中的【视图管理器】按钮，用 Front 基准平面将其剖开，结果如右图所示		
28	双击右图箭头处的【无横截面】则可回到未剖切状态		

（续）

步骤	操作说明	图　例	备　注
29	单击【快速访问工具栏】中的【保存】按钮（或按〈Ctrl+S〉），将三维模型保存至工作目录中	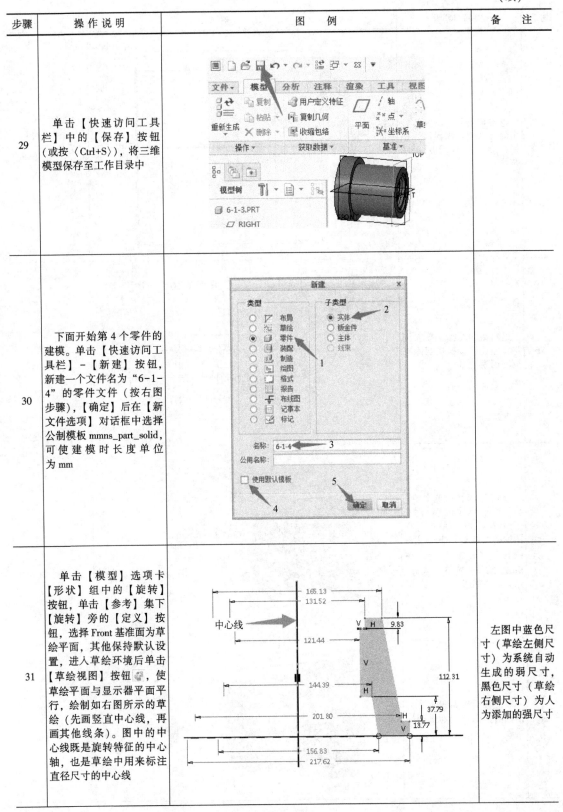	
30	下面开始第 4 个零件的建模。单击【快速访问工具栏】-【新建】按钮，新建一个文件名为 "6-1-4" 的零件文件（按右图步骤），【确定】后在【新文件选项】对话框中选择公制模板 mmns_part_solid，可使建模时长度单位为 mm		
31	单击【模型】选项卡【形状】组中的【旋转】按钮，单击【参考】集下【旋转】旁的【定义】按钮，选择 Front 基准面为草绘平面，其他保持默认设置，进入草绘环境后单击【草绘视图】按钮🔲，使草绘平面与显示器平面平行，绘制如右图所示的草绘（先画竖直中心线，再画其他线条）。图中的中心线既是旋转特征的中心轴，也是草绘中用来标注直径尺寸的中心线		左图中蓝色尺寸（草绘左侧尺寸）为系统自动生成的弱尺寸，黑色尺寸（草绘右侧尺寸）为人为添加的强尺寸

230

步骤	操 作 说 明	图 例	备 注
32	用鼠标框选全部尺寸，单击【草绘】选项卡【编辑】组中的【修改】按钮，取消勾选【重新生成】复选框，按工程图对应的尺寸进行修改	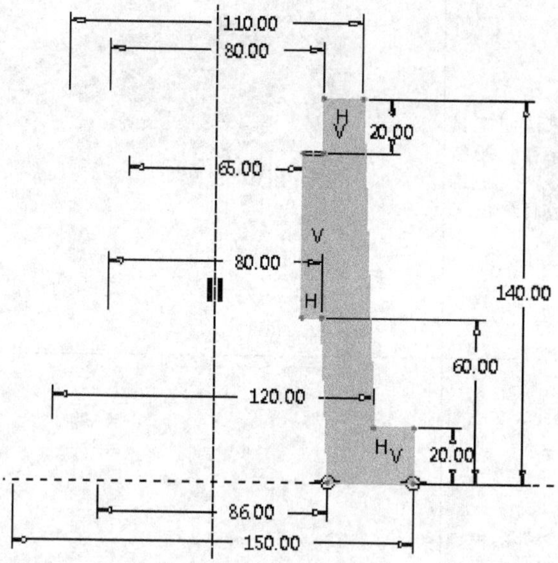	
33	退出草绘，完成旋转特征建模	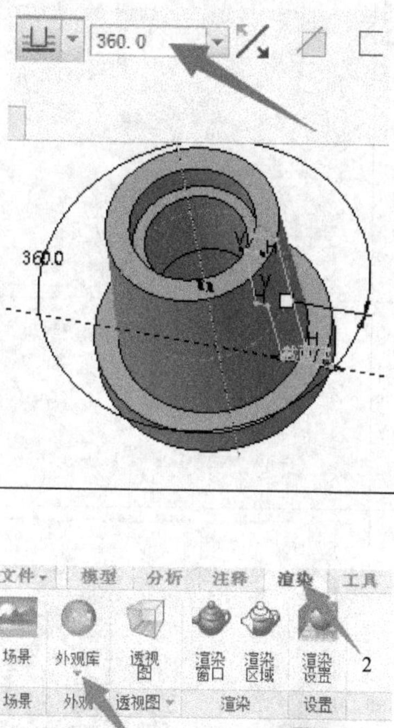	
34	按右图步骤将零件颜色改为黄色，其中第1步为在模型树中单击零件名称	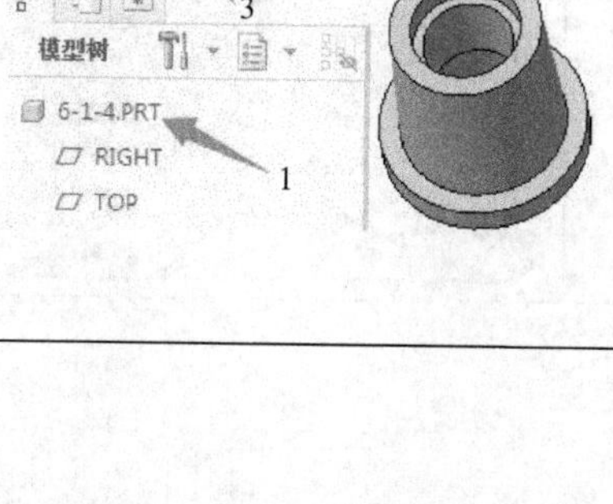	

步骤	操作说明	图　例	备　注
35	单击【快速访问工具栏】中的【保存】按钮（或按〈Ctrl+S〉），将三维模型保存至工作目录中	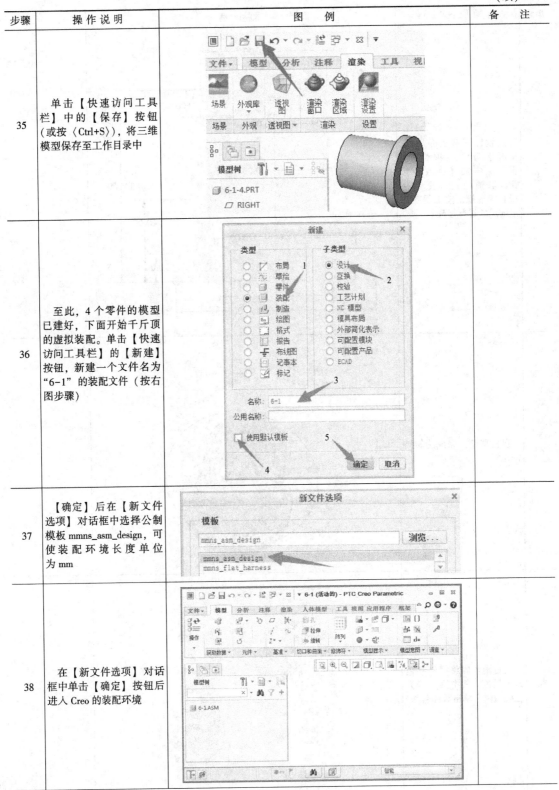	
36	至此，4 个零件的模型已建好，下面开始千斤顶的虚拟装配。单击【快速访问工具栏】的【新建】按钮，新建一个文件名为"6-1"的装配文件（按右图步骤）		
37	【确定】后在【新文件选项】对话框中选择公制模板 mmns_asm_design，可使装配环境长度单位为 mm		
38	在【新文件选项】对话框中单击【确定】按钮后进入 Creo 的装配环境		

步骤	操作说明	图　例	备　注
39	单击【模型】选项卡【元件】组中的【组装】按钮，弹出【打开】对话框，选中文件名 6-1-4. prt 的零件后单击【打开】按钮，将其作为第一个零件装进 Creo 的装配环境	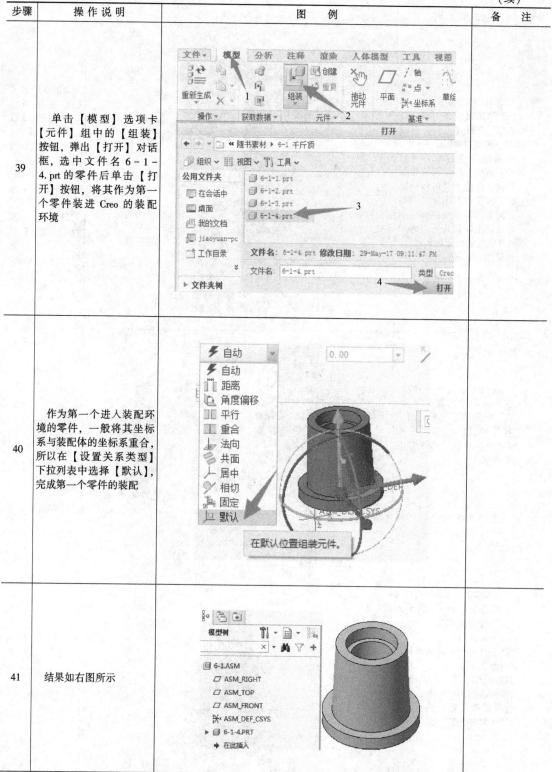	
40	作为第一个进入装配环境的零件，一般将其坐标系与装配体的坐标系重合，所以在【设置关系类型】下拉列表中选择【默认】，完成第一个零件的装配		
41	结果如右图所示		

步骤	操作说明	图　例	备　注
42	单击【模型】选项卡【元件】组中的【组装】按钮，弹出【打开】对话框，选中文件名 6-1-3.prt 的零件后单击【打开】按钮，将其调入装配环境。根据下达的任务要求，该零件与刚装入的零件同轴，所以用鼠标分别单击右上图箭头所指的两个零件的轴线，使其重合，结果如右下图所示	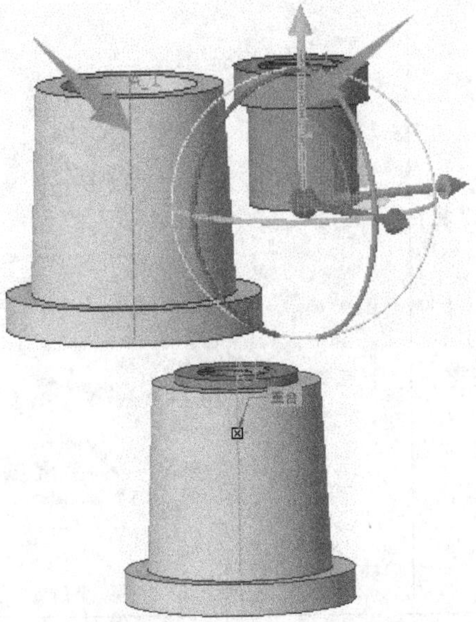	如果绘图区未显示零件的轴线，需勾选【视图控制工具栏】中【基准显示过滤器】下的【轴显示】复选框。若还不显示，则单击【模型树】下的【树过滤器】，在【显示】区域勾选【特征】复选框
43	根据下达的任务要求，这两个零件的顶面重合，所以分别用鼠标单击两个零件的顶面，添加平面【重合】约束，结果如右图所示	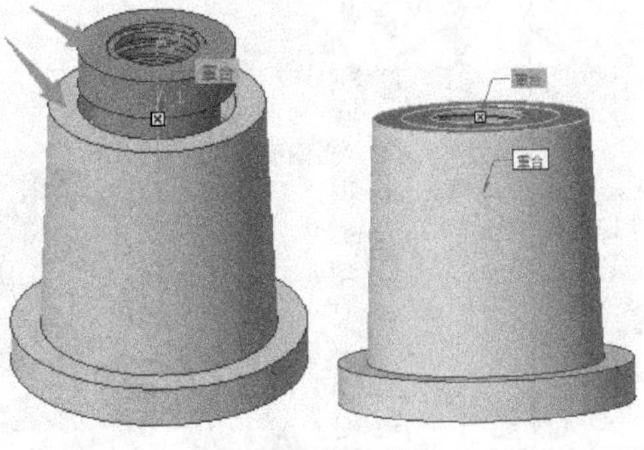	
44	此时操控板提示零件的装配状态是"状况：部分约束"，表明零件 6-1-3.prt还未完全约束，还有一个绕 6-1-4.prt 轴线旋转的自由度未约束。所以再添加两个零件各自的 Front 基准平面重合的约束，用【视图管理器】剖开，其结果如右下图所示	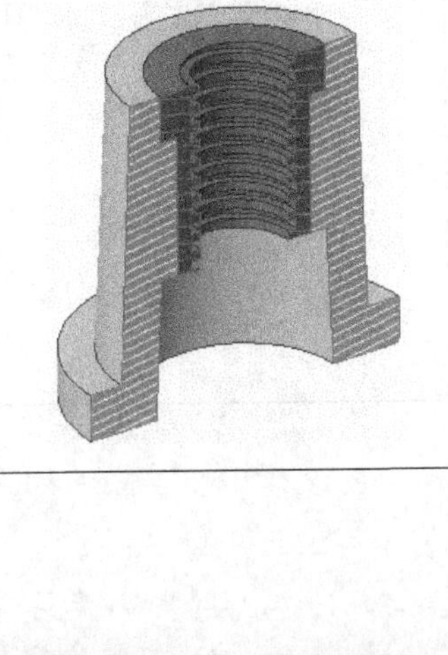	

步骤	操 作 说 明	图 例	备 注
45	同理，将零件 6-1-2.prt 装入，结果如右图所示	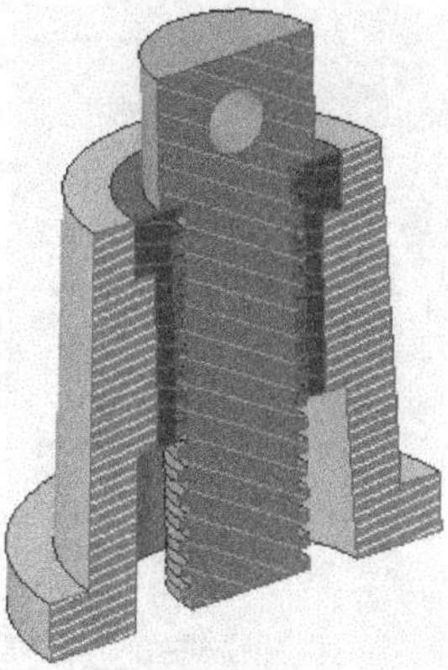	
46	最后装入零件 6-1-1.prt，首先约束其轴线与 6-1-2.prt 的孔的轴线重合，如右图所示	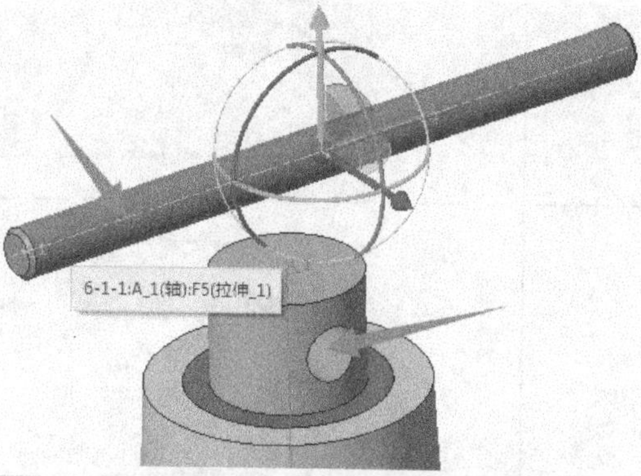 6-1-1:A_1(轴):F5(拉伸_1)	装配过程中可随时使用【3D拖动器】暂时调整新装入零件的大致方位，可使装配工作更容易
47	然后分别单击零件 6-1-1.prt 的 Right 基准平面与零件 6-1-1.prt 的 Front 基准平面，使其重合	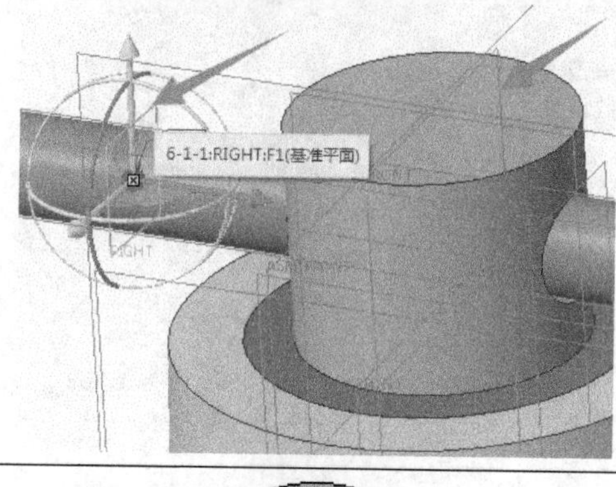 6-1-1:RIGHT:F1(基准平面)	
48	最终装配结果如右图所示。单击【快速访问工具栏】中的【保存】按钮（或按〈Ctrl+S〉），将三维装配模型保存至工作目录中	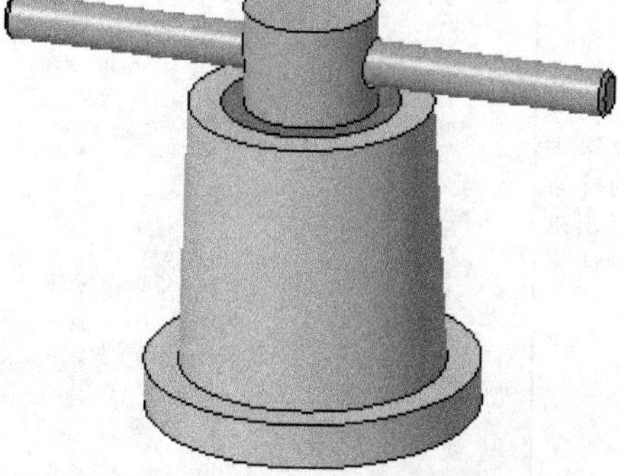	

（续）

步骤	操 作 说 明	图 例	备 注
49	下面将装配体三维模型转换为二维工程图。单击【快速访问工具栏】的【新建】按钮，按右图步骤新建一个文件名为"6-1"的绘图（即工程图）文件	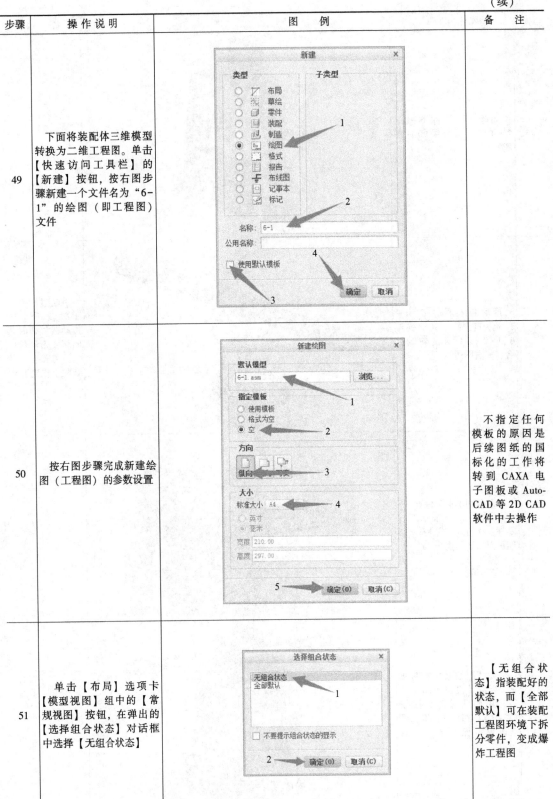	
50	按右图步骤完成新建绘图（工程图）的参数设置		不指定任何模板的原因是后续图纸的国标化的工作将转到 CAXA 电子图板或 Auto-CAD 等 2D CAD 软件中去操作
51	单击【布局】选项卡【模型视图】组中的【常规视图】按钮，在弹出的【选择组合状态】对话框中选择【无组合状态】		【无组合状态】指装配好的状态，而【全部默认】可在装配工程图环境下拆分零件，变成爆炸工程图

236

步骤	操作说明	图　例	备　注
52	根据状态栏的提示"选择绘图视图的中心点"，在空白图纸的左上角单击，在【模型视图名】中通过双击，发现 Right 视图可作为装配图的主视图，双击 Right 视图后【确定】，完成装配图主视图的配置	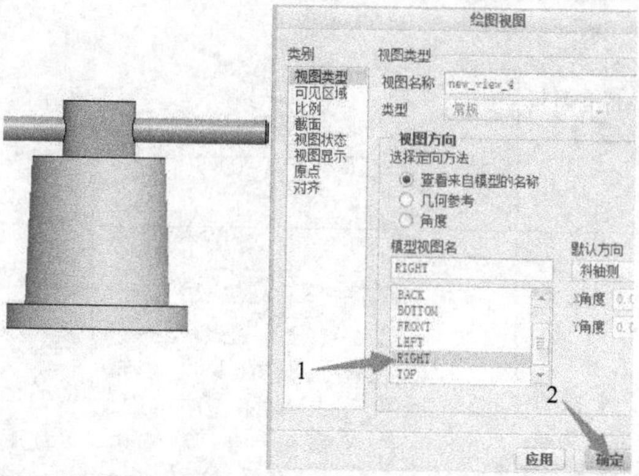	
53	单击刚刚创建的视图，弹起【布局】选项卡【文档】组中的【锁定视图移动】按钮，移动该视图至合适位置。选中该视图，单击【布局】选项卡【模型视图】组中的【投影视图】按钮，在主视图的上方单击，生成其俯视图，将其拖动，放置在主视图下方	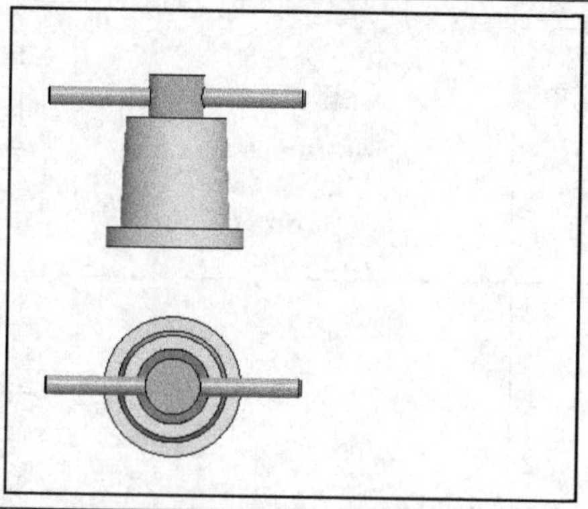	默认情况下，Creo 工程图的俯视图在主视图的上方，左视图在主视图的左方
54	继续单击主视图选择它，单击【投影视图】按钮，在主视图的左方单击，生成其左视图，将其拖动，放置在主视图右方	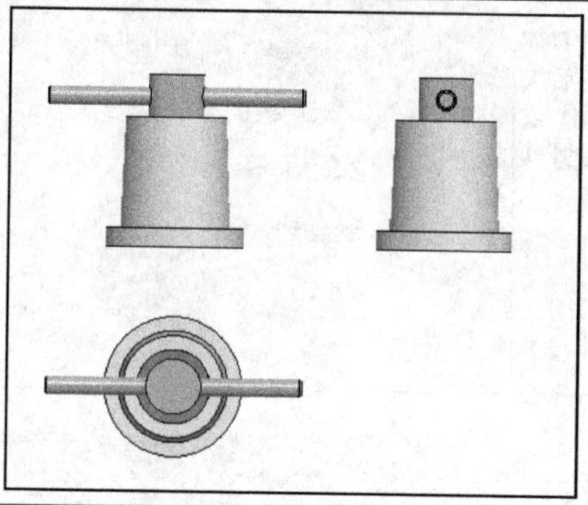	
55	在【视图控制工具栏】的【显示样式】中选择【隐藏线】样式，显示的工程图如右图所示	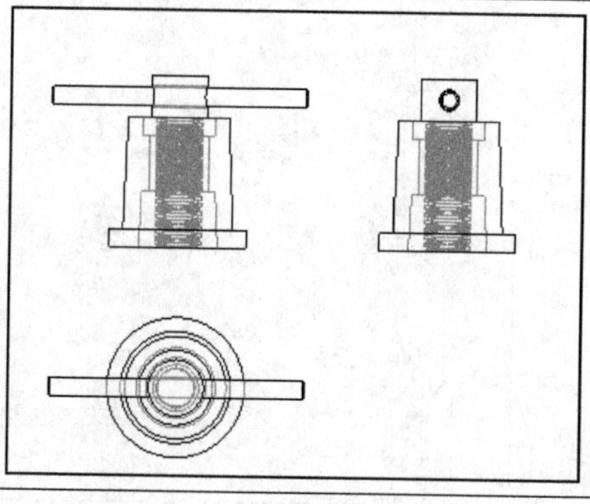	

237

（续）

步骤	操作说明	图　例	备　注
56	双击绘图区左下角的比例数字，将其修改为 1	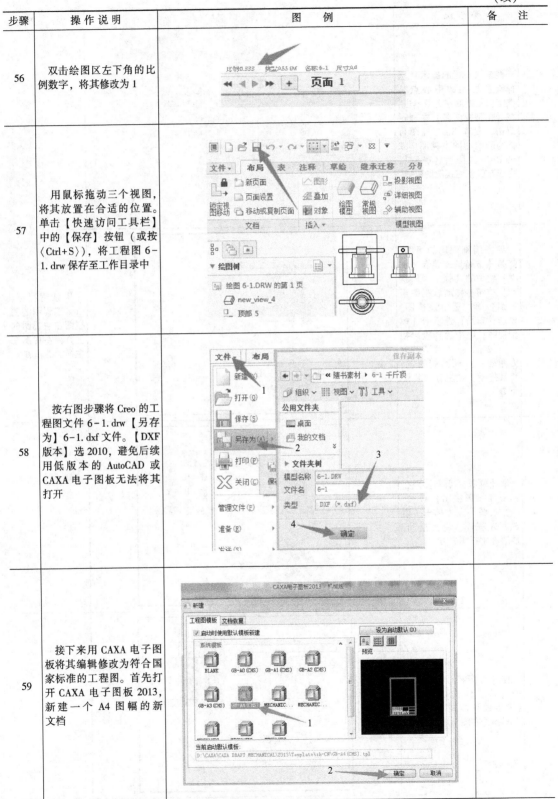	
57	用鼠标拖动三个视图，将其放置在合适的位置。单击【快速访问工具栏】中的【保存】按钮（或按〈Ctrl+S〉），将工程图 6-1.drw 保存至工作目录中		
58	按右图步骤将 Creo 的工程图文件 6-1.drw【另存为】6-1.dxf 文件。【DXF版本】选 2010，避免后续用低版本的 AutoCAD 或 CAXA 电子图板无法将其打开		
59	接下来用 CAXA 电子图板将其编辑修改为符合国家标准的工程图。首先打开 CAXA 电子图板 2013，新建一个 A4 图幅的新文档		

步骤	操 作 说 明	图 例	备 注
60	进入 CAXA 电子图板界面后，用〈Ctrl+O〉打开 6-1.dxf 文件。框选全部视图，单击【常用】选项卡【修改】组中的【缩放】按钮，将整个图形放大 25.4 倍	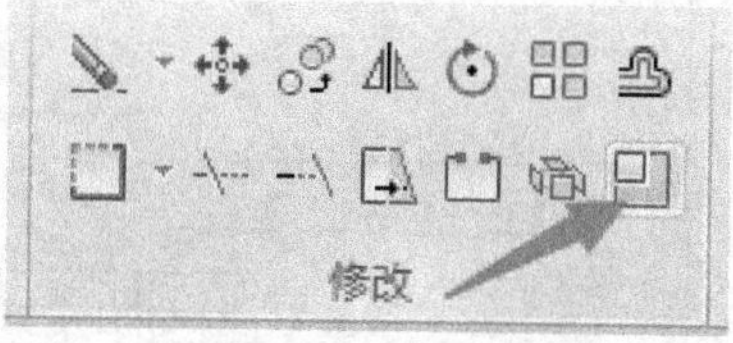 修改	1 in＝25.4 mm
61	框选放大后的全部图形，按〈Ctrl+C〉复制图形，打开此前新建的 CAXA 工程图文档 1，按〈Ctrl+V〉将图形粘贴到该文档中	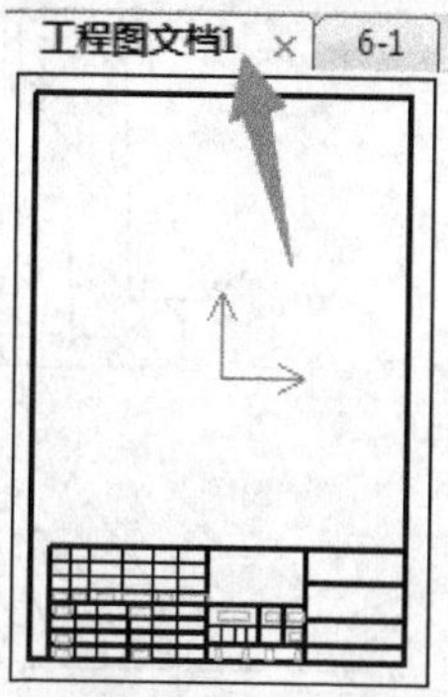 工程图文档1 × 6-1	
62	此时发现按照默认的 1：1 无法将图形全部放置在 A4 图幅中。按右图步骤，将比例修改为 1：3，同时为了使图纸符合国标要求，将图框改为机械专用	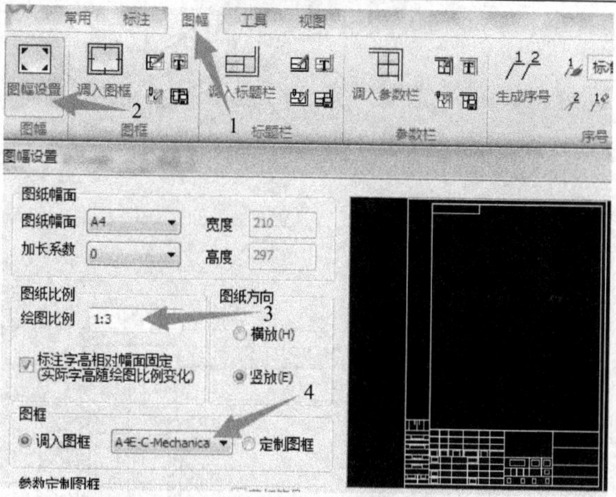 常用 标注 图幅 工具 视图 图幅设置 调入图框 插入标题栏 调入参数栏 生成序号 标 图幅 图框 标题栏 参数栏 序号 图幅设置 图纸幅面 图纸幅面 A4 宽度 210 加长系数 0 高度 297 图纸比例 图纸方向 绘图比例 1:3 ○横放(H) ☑标注字高相对幅面固定 （实际字高随绘图比例变化） ◉竖放(E) 图框 ◉调入图框 A4E-C-Mechanica ○定制图框 参数定制图框	
63	单击【常用】选项卡【修改】组中的【平移】按钮，将三视图放置在合适的位置（要预留明细栏的空间）。框选全部图形，将其放入粗实线层，线宽、颜色、线型均随层（By-Layer）	 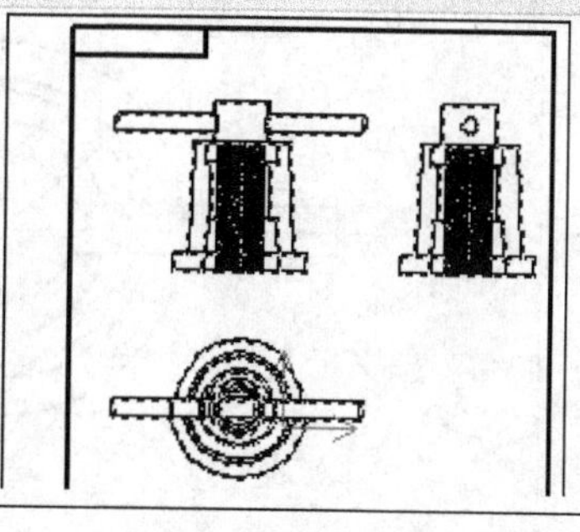 粗实 ByLay ByLayer ByLay 属性	

步骤	操作说明	图　例	备　注
64	根据国标中有关装配图的要求，删除多余的线条，并添加剖面线。单击【常用】选项卡【基本绘图】组中的【中心线】按钮，为对称结构添加必要的中心线。左视图也无存在的必要，需删除。结果如右图所示	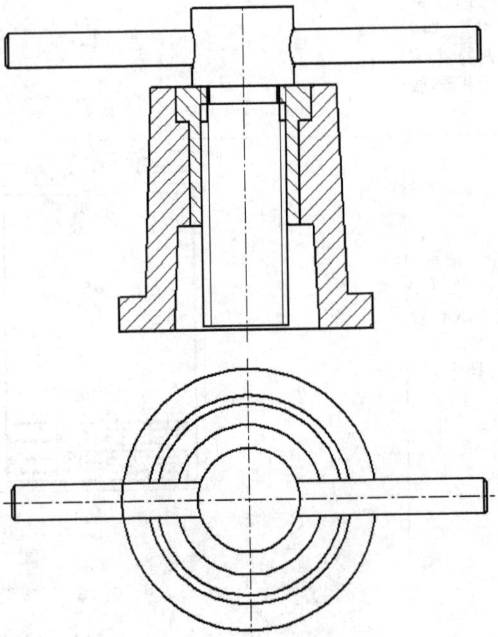	对于本例这种简单的装配图，单从出图角度看，直接用 2D CAD 软件绘图也不太费时间，但复杂装配图例外
65	单击【常用】选项卡【标注】组中的【尺寸标注】按钮，为装配图的两个视图添加必要的尺寸	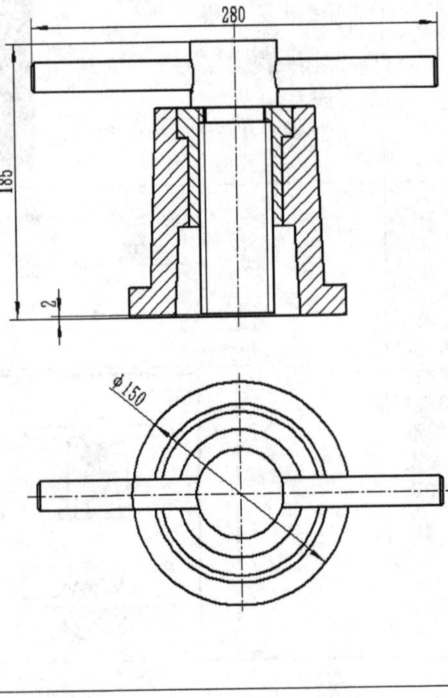	装配图一般只标注总体尺寸、因装配关系产生的新尺寸、有装配要求的尺寸等

步骤	操作说明	图　例	备　注
66	接下来添加明细栏。单击【图幅】选项卡【序号】组中的【生成序号】按钮，依次在主视图上标注4个零件的序号，此时，标题栏的正上方自动生成了空白明细栏	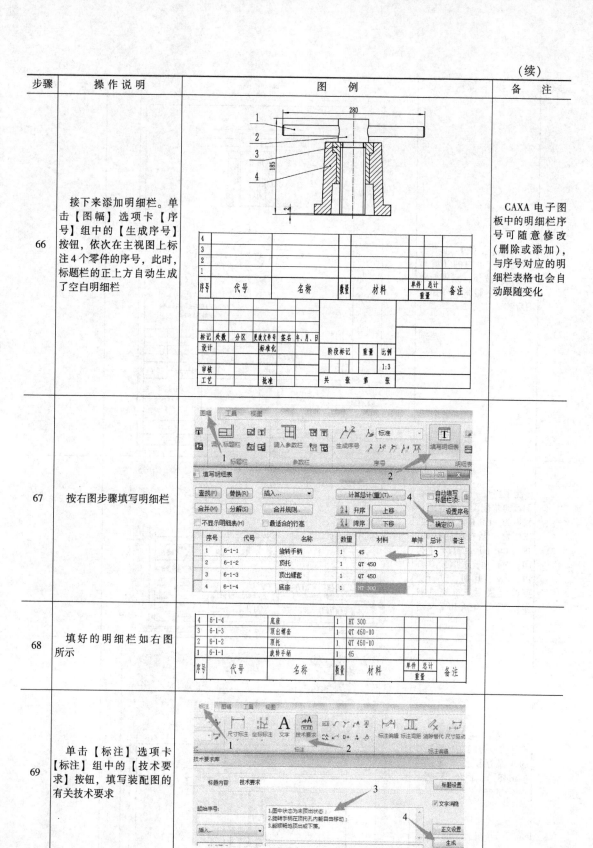	CAXA电子图板中的明细栏序号可随意修改（删除或添加），与序号对应的明细栏表格也会自动跟随变化
67	按右图步骤填写明细栏		
68	填好的明细栏如右图所示		
69	单击【标注】选项卡【标注】组中的【技术要求】按钮，填写装配图的有关技术要求		

步骤	操 作 说 明	图　例	备　注
70	单击【图幅】选项卡【标题栏】组中的【填写标题栏】按钮，完成标题栏的填写。整张图样如右图所示	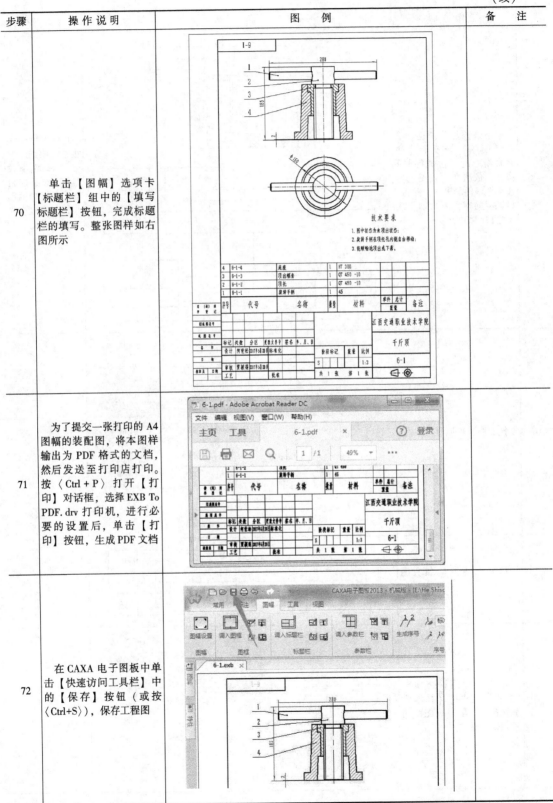	
71	为了提交一张打印的 A4 图幅的装配图，将本图样输出为 PDF 格式的文档，然后发送至打印店打印。按〈Ctrl＋P〉打开【打印】对话框，选择 EXB To PDF.drv 打印机，进行必要的设置后，单击【打印】按钮，生成 PDF 文档		
72	在 CAXA 电子图板中单击【快速访问工具栏】中的【保存】按钮（或按〈Ctrl+S〉），保存工程图		

四、任务评价

本任务给出的千斤顶是一个外形及内部结构较为简单的机械产品，其零件建模可快速完成，同时给出的装配轴测图说明了零件间的装配关系，所以只需利用 Creo 的虚拟装配功能即可完成三维装配模型的设计。最后利用 Creo 自身的工程图转换功能，能直接将三维模型转换成二维工程图所需的各种视图。为了使工程图符合国家标准的要求，本任务依然采用将 .drw 文档另存为 .dxf 文档，然后在 CAXA 电子图板中编辑打印的方式进行。

最后要注意的是，如果本机没有连接打印机，要将图纸文档复制到其他计算机上（如打印店的计算机）去打印的话，为了兼容起见，需将二维图纸文档 .exb 或 .dwg 等转换为 .pdf 格式，再去打印则不会发生无法打印图样或图样混乱等问题。

任务二　机用虎钳的虚拟装配

机用虎钳又叫机用平口钳，是一种用于机床加工时夹紧工件的通用夹具，常用于钻床、铣床和磨床等机床，其结构紧凑简单、夹紧力大，易于操作使用。工作时用扳手转动丝杠，通过丝杠螺母带动活动钳身移动，从而实现对工件的加紧与松开。

一、任务下达

本任务通过提供所有零件的数字化三维模型（在本书配套资源中）的方式下达，要求按如图 6-3 所示的装配结构完成虚拟装配，最后生成机用虎钳的爆炸图，并将爆炸图以 .jpg 格式存为图片文件

图 6-3　机用虎钳

机用虎钳

二、任务分析

本任务不需要做任何零件的三维建模，只需利用 Creo 的虚拟装配功能完成三维模型装配即可。完成该模型的创建、爆炸图的输出需用到 Creo 的【组装】、【分解】、【保存副本】

等命令。机用虎钳的主要装配流程如图 6-4 所示

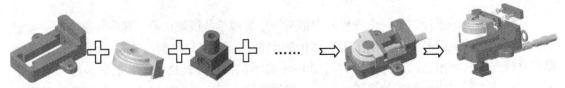

图 6-4　机用虎钳装配流程

三、任务实施

表 6-2 详细说明完成图 6-3 所示机用虎钳的虚拟装配步骤及注意事项

表 6-2　机用虎钳的虚拟装配步骤及注意事项

步骤	操 作 说 明	图　　例	备　　注
1	按学习情境一中任务一的讲解完成 Creo 的安装与配置	（略）	
2	打开 Creo 软件，在未新建任何文件之前，首先设置工作目录：单击【主页】选项卡【数据】组中的【选择工作目录】按钮，或选择菜单【文件】-【管理会话】-【选择工作目录】命令，选择硬盘中已存在的目录（或新建某目录）作为工作目录		设置工作目录是 Creo 中非常重要的理念，对于非单个零件的设计（如装配、模具设计等）此步骤不能省略
3	单击【快速访问工具栏】-【新建】按钮，新建一个文件名为"6-3"的装配文件（按右图步骤）		
4	【确定】后在【新文件选项】对话框中选择公制模板 mmns_asm_design，可使装配环境长度单位为 mm		

步骤	操作说明	图　例	备　注
5	单击【模型】选项卡【元件】组中的【组装】按钮，弹出【打开】对话框，选中文件名 gudingqianshen.prt 的零件后，单击【打开】按钮，将其作为第一个零件装进 Creo 的装配环境	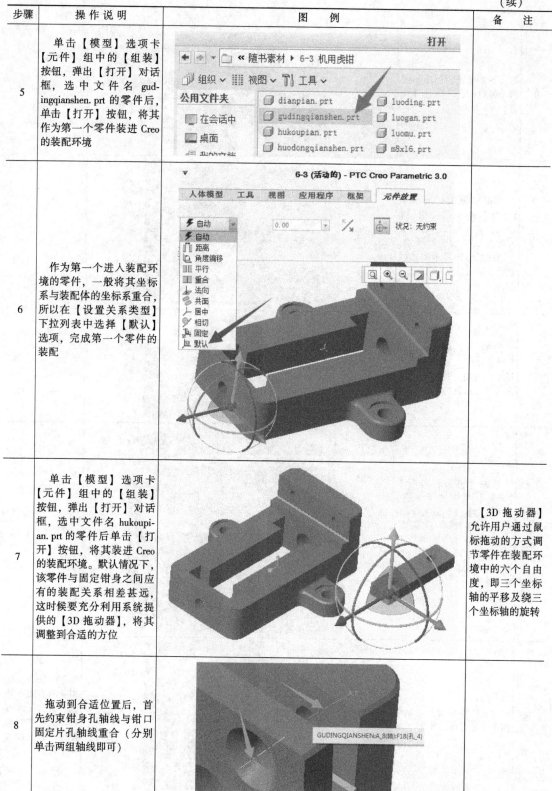	
6	作为第一个进入装配环境的零件，一般将其坐标系与装配体的坐标系重合，所以在【设置关系类型】下拉列表中选择【默认】选项，完成第一个零件的装配		
7	单击【模型】选项卡【元件】组中的【组装】按钮，弹出【打开】对话框，选中文件名 hukoupian.prt 的零件后单击【打开】按钮，将其装进 Creo 的装配环境。默认情况下，该零件与固定钳身之间应有的装配关系相差甚远，这时候要充分利用系统提供的【3D 拖动器】，将其调整到合适的方位		【3D 拖动器】允许用户通过鼠标拖动的方式调节零件在装配环境中的六个自由度，即三个坐标轴的平移及绕三个坐标轴的旋转
8	拖动到合适位置后，首先约束钳身孔轴线与钳口固定片孔轴线重合（分别单击两组轴线即可）		

步骤	操作说明	图　例	备　注
9	接下来单击右图所示的两个相对面，约束其【重合】	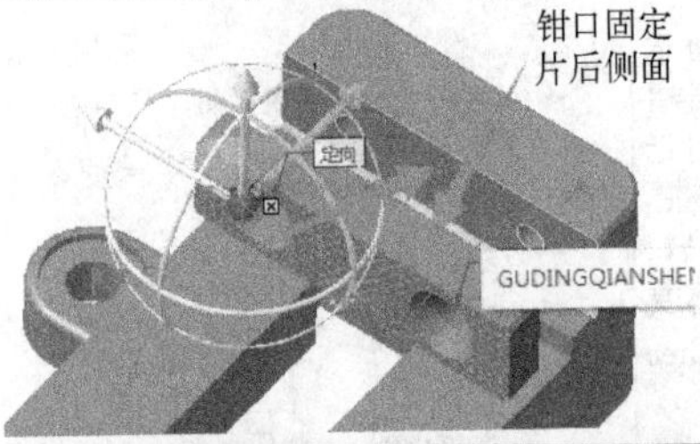 钳口固定片后侧面　定向　GUDINGQIANSHEN	
10	单击【模型】选项卡【元件】组中的【组装】按钮，将 m8x16.prt 的零件调入 Creo 的装配环境。分别约束右图所示的轴线重合、平面重合即可	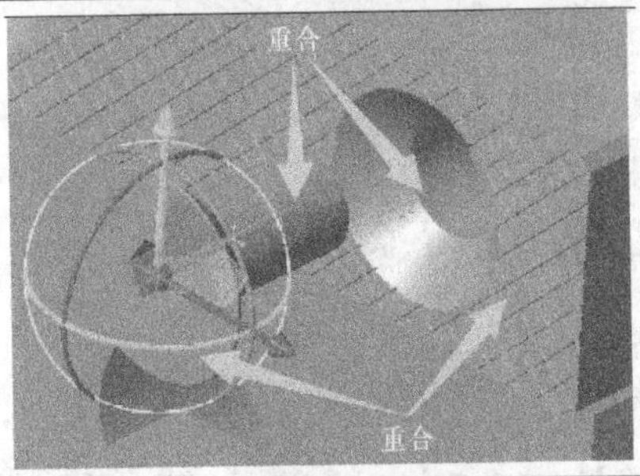 重合　重合	
11	同理，把 m8x16.prt 的零件再次调入 Creo 的装配环境，添加上述相同的装配约束，结果如右图所示		
12	单击【模型】选项卡【元件】组中的【组装】按钮，将 huodongqianshen.prt 的零件调入 Creo 的装配环境。约束活动钳身的 Right 基准平面与装配环境的 ASM_RIGHT 基准平面重合	 重合　HUODONGQIANSHEN:RIGHT:F1(基准平面)	
13	约束活动钳身的底面与固定钳身的顶面重合	 重合　重合	左图状态活动钳身的底面不好选择，这时候可按住滚轮并移动鼠标将底面翻转向上再选择

步骤	操作说明	图　例	备　注
14	仅添加上述两个约束还不能完全固定活动钳身，所以模型树上该零件名称前面有一个小长方形，表明该零件并未完全约束，事实上也不需要	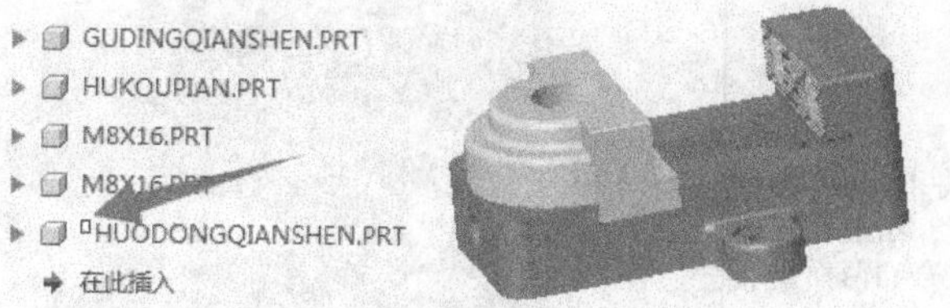 GUDINGQIANSHEN.PRT HUKOUPIAN.PRT M8X16.PRT M8X16.PRT HUODONGQIANSHEN.PRT 在此插入	
15	接下来将一个 hukoupian. prt 零件和两个 m8x16. prt 零件调入装配环境，并添加与前述相同的约束，结果如右图所示		
16	接下来将 luomu. prt 调入装配环境，添加孔的轴线重合和面重合两个约束	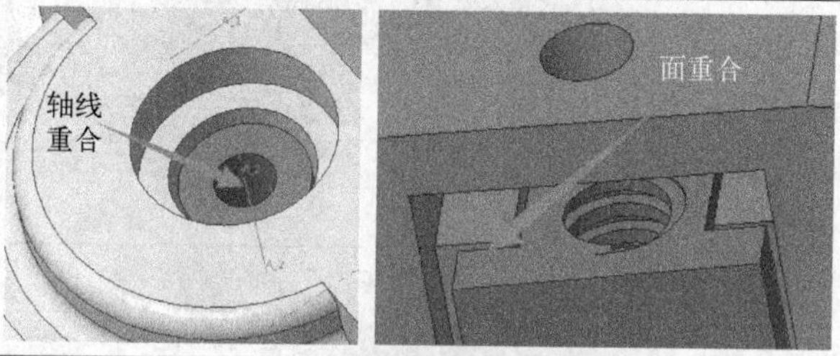 轴线重合　面重合	
17	接下来将 luoding. prt 调入装配环境，添加孔与轴的轴线重合和两面重合两个约束	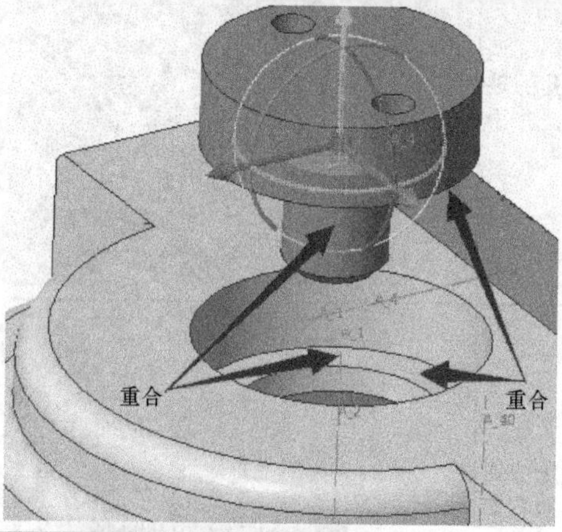 重合　重合	注意，螺母的孔与螺钉的轴均有装饰螺纹。单击【视图控制工具栏】的【注释显示】按钮即可看到
18	接下来将 dianpian. prt 调入装配环境，添加孔与孔的轴线重合和两面重合两个约束	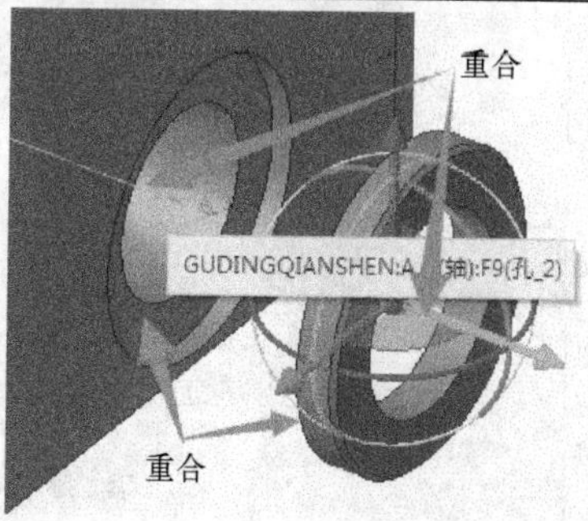 重合　GUDINGQIANSHEN:A_轴:F9(孔_2)　重合	

步骤	操作说明	图 例	备 注
19	接下来将 luogan. prt 调入装配环境，添加孔与螺杆的轴线重合和两面重合两个约束	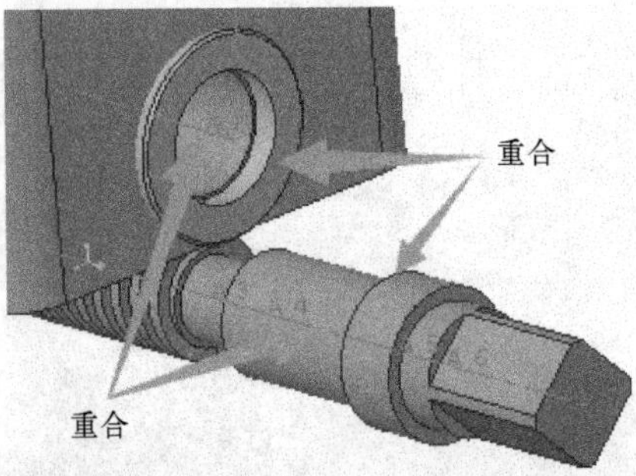 重合 重合	
20	接下来将 yuanhuan. prt 调入装配环境，约束两组轴线重合	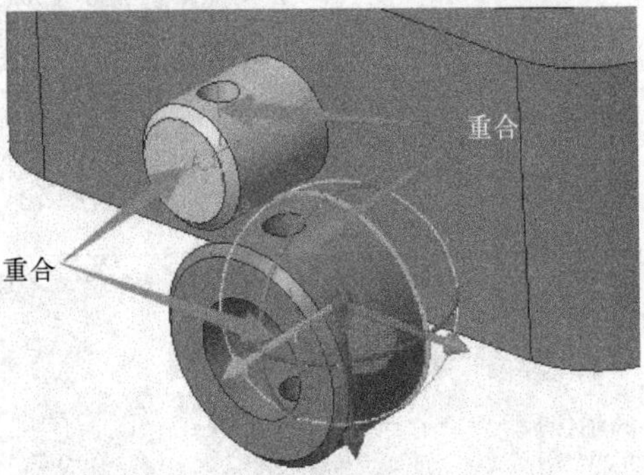 重合 重合	
21	接下来将 xiao4x16. prt 调入装配环境，约束孔的轴线与销的轴线重合，并手动调节销的上下位置	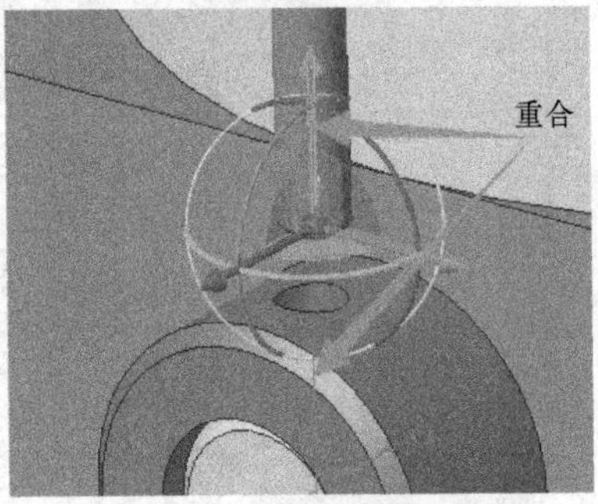 重合	
22	至此，完成了机用虎钳的虚拟装配，结果如右图所示	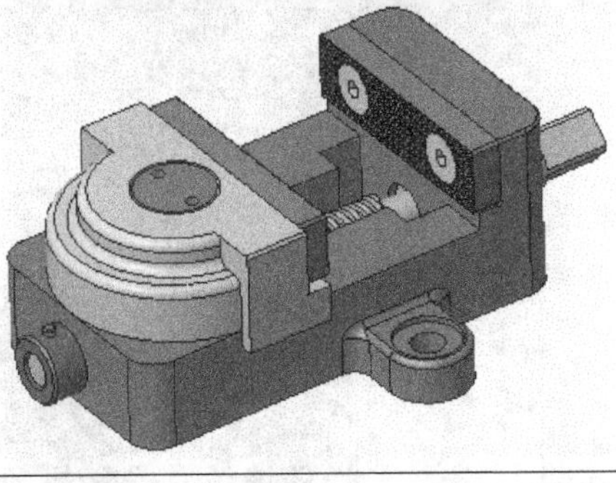	此前部分零件并未完全约束，可根据产品实际工作情况决定是否完全约束
23	根据任务要求，接下来生成机用虎钳的爆炸图。单击【模型】选项卡【模型显示】组中的【编辑位置】按钮，Creo 自动分解各零件的相对位置	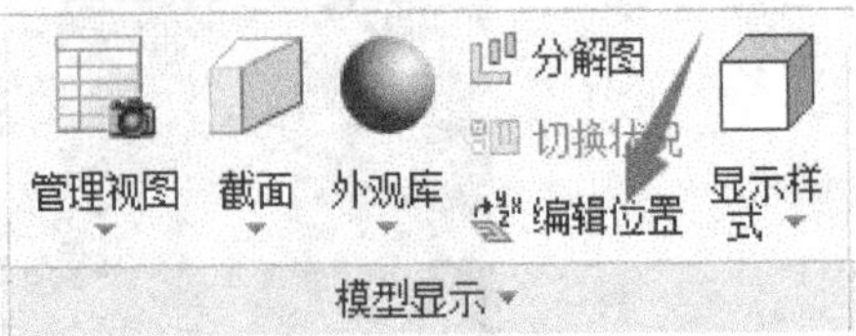 管理视图 截面 外观库 分解图 切换状态 编辑位置 显示样式 模型显示 ▾	自动分解（即爆炸）的效果并不理想，所以需要进一步手动调整

步骤	操作说明	图　例	备　注
24	单击需要分解的零件，并手动拖动其位置。——分解之后的效果如右图所示	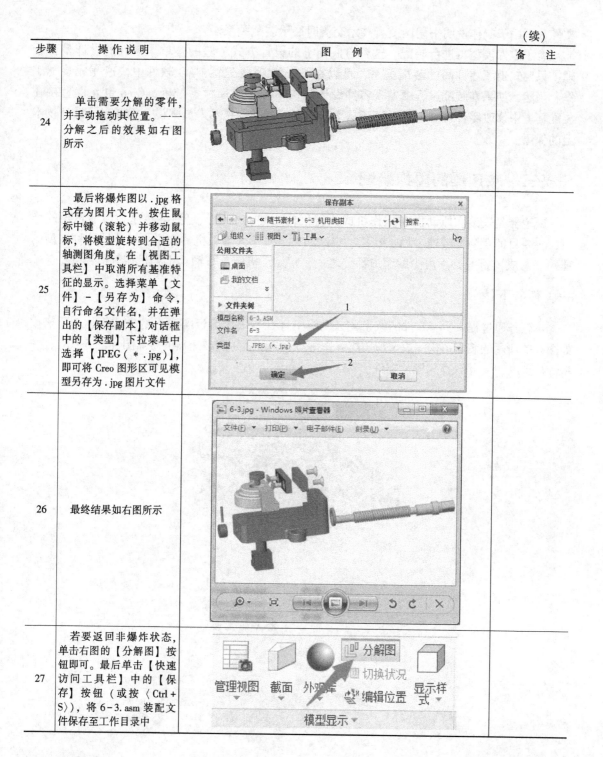	
25	最后将爆炸图以 .jpg 格式存为图片文件。按住鼠标中键（滚轮）并移动鼠标，将模型旋转到合适的轴测图角度，在【视图工具栏】中取消所有基准特征的显示。选择菜单【文件】-【另存为】命令，自行命名文件名，并在弹出的【保存副本】对话框中的【类型】下拉菜单中选择【JPEG（ * .jpg）】，即可将 Creo 图形区可见模型另存为 .jpg 图片文件		
26	最终结果如右图所示		
27	若要返回非爆炸状态，单击右图的【分解图】按钮即可。最后单击【快速访问工具栏】中的【保存】按钮（或按〈Ctrl + S〉），将 6 - 3.asm 装配文件保存至工作目录中		

四、任务评价

　　图 6-3 所示的机用虎钳作为一个典型的机械产品，单个零件的建模难度都不高，本任务主要完成三维虚拟装配，并生成机用虎钳的爆炸图，最后将爆炸图以 .jpg 格式存为图片

文件，可用于制作说明书附图或者技术交流时展示装配关系。

有了零件模型再进行装配，这种自底向上的设计方式考验的是单个零件的设计是否合理，只要知道了零件间的装配关系，可以在 Creo 之类的三维 CAD 软件中快速完成装配工作。当然，如果在装配过程中发现零件设计结构不合理或尺寸不准确，Creo 也允许直接在装配环境中修改零件模型，这对真正从事产品创新设计的技术人员来说，无疑有了设计技术上的保障。

任务三　减速器的虚拟装配

减速器是安装在原动机和工作机或执行机构之间的装置，起调整转速和传递转矩的作用，主要目的是降低转速、增加转矩、中断动力。对于大多数机器来说，减速器这种典型的部件（总成）都是必不可少的组成部分之一，常见于机床、车辆、工程机械等机器上。

一、任务下达

本任务通过提供所有零件的数字化三维模型（在本书配套资源中）的方式下达，要求按如图 6-5 所示的装配结构完成虚拟装配（图 6-5a），最后生成减速器的爆炸图（图 6-5b），并将爆炸图以 .jpg 格式存为图片文件。

a)

b)

图 6-5　减速器

a）装配图　b）分解图（爆炸图）

二、任务分析

本任务不需要做任何零件的三维建模，只需利用 Creo 的虚拟装配功能完成三维模型装配即可。完成该模型的创建、爆炸图的输出需用到 Creo 的【组装】、【分解】、【保存副本】等命令。减速器的主要装配流程如图 6-6 所示。

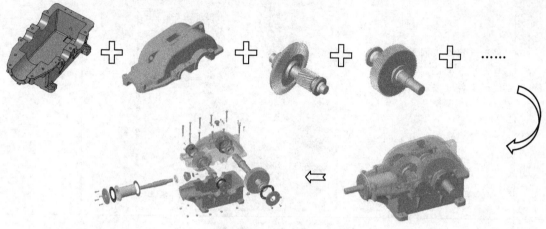

图 6-6 减速器装配流程

三、任务实施

因该减速器涉及 40 个零件以及 4 个子装配体（输入轴、中间轴、输出轴、上盖组件），限于篇幅，表 6-3 只说明主要零件和子装配体的装配过程及注意事项，其他零件由读者自行完成装配（可与给定的总装配体进行比对）。

表 6-3 减速器主要零件和子装配体的装配过程及注意事项

步骤	操 作 说 明	图　　例	备　　注
1	按学习情境一中任务一的讲解完成 Creo 的安装与配置	（略）	
2	打开 Creo 软件，在未新建任何文件之前，首先设置工作目录：单击【主页】选项卡【数据】组中的【选择工作目录】按钮，或选择菜单【文件】-【管理会话】-【选择工作目录】命令，选择硬盘中已存在的目录（或新建某目录）作为工作目录		

步骤	操作说明	图　例	备　注
3	单击【快速访问工具栏】-【新建】按钮，新建一个文件名为"6-5"的装配文件（按右图步骤）	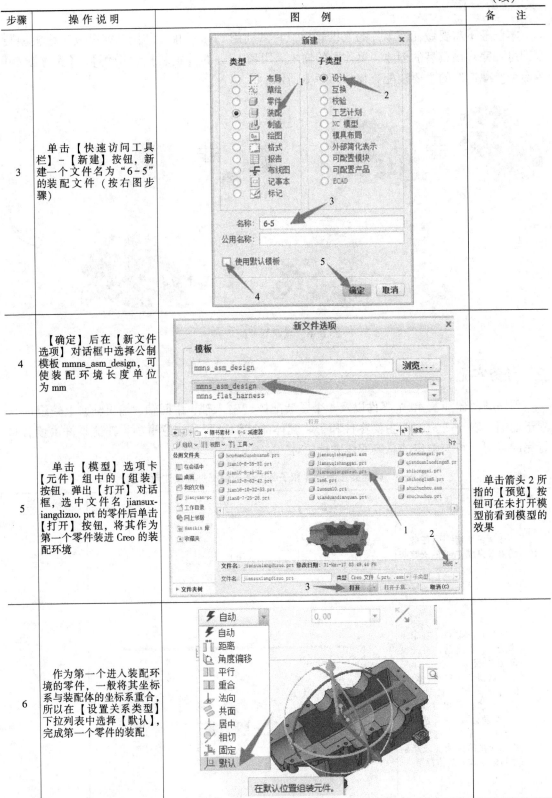	
4	【确定】后在【新文件选项】对话框中选择公制模板 mmns_asm_design，可使装配环境长度单位为 mm		
5	单击【模型】选项卡【元件】组中的【组装】按钮，弹出【打开】对话框，选中文件名 jiansux-iangdizuo. prt 零件后单击【打开】按钮，将其作为第一个零件装进 Creo 的装配环境		单击箭头 2 所指的【预览】按钮可在未打开模型前看到模型的效果
6	作为第一个进入装配环境的零件，一般将其坐标系与装配体的坐标系重合，所以在【设置关系类型】下拉列表中选择【默认】，完成第一个零件的装配		

步骤	操作说明	图　例	备　注
7	单击【模型】选项卡【元件】组中的【组装】按钮，弹出【打开】对话框，选中文件名 shuruzhou.asm 的组件后单击【打开】按钮（组件需事先装配好），将其装进 Creo 的装配环境。默认情况下，该零件与减速器底座之间应有的装配关系相差甚远，这时候要充分利用系统提供的【3D 拖动器】，将其调整到合适的方位	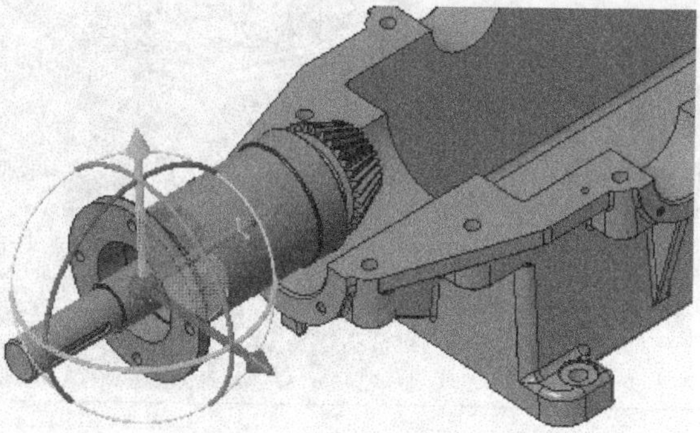	【3D 拖动器】允许用户通过鼠标拖动的方式调节零件在装配环境中的六个自由度，即三个坐标轴的平移及绕着三个坐标轴的旋转
8	拖动到合适位置后，首先约束输入轴的轴线与底座孔的孔轴线重合（分别单击两根轴线即可）	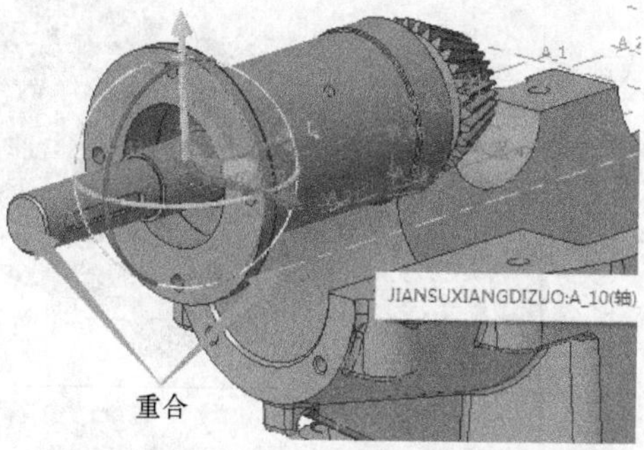 JIANSUXIANGDIZUO:A_10(轴)　重合	
9	接下来单击右图所示的两个相对面，约束其【重合】	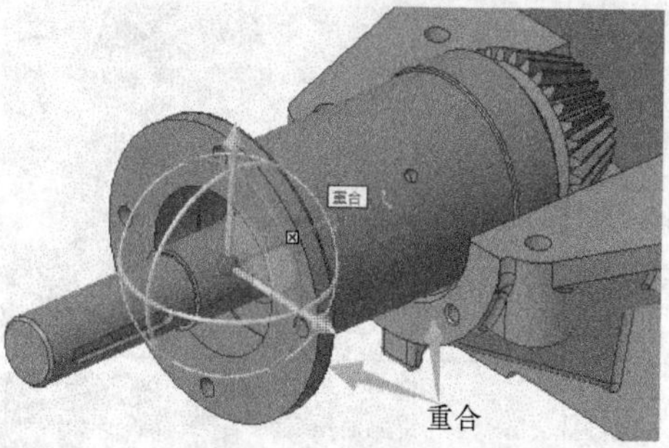 重合　重合	
10	单击【模型】选项卡【元件】组中的【组装】按钮，将 dierzhou.asm 的组件调入 Creo 的装配环境。约束右图所示的轴线重合	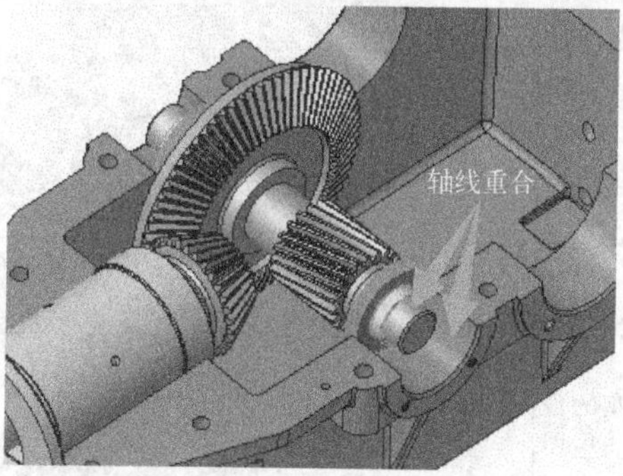 轴线重合	

253

步骤	操作说明	图　例	备　注
11	约束第二轴端面与减速器底座端面相距 20	 平面相距20	注意第二轴不能伸出底座端面。距离 20 是根据设计精确计算得到的数值
12	单击【模型】选项卡【元件】组中的【组装】按钮，将 shuchuzhou. asm 的组件调入 Creo 的装配环境。与第二轴类似的方法约束其与底座的相对位置	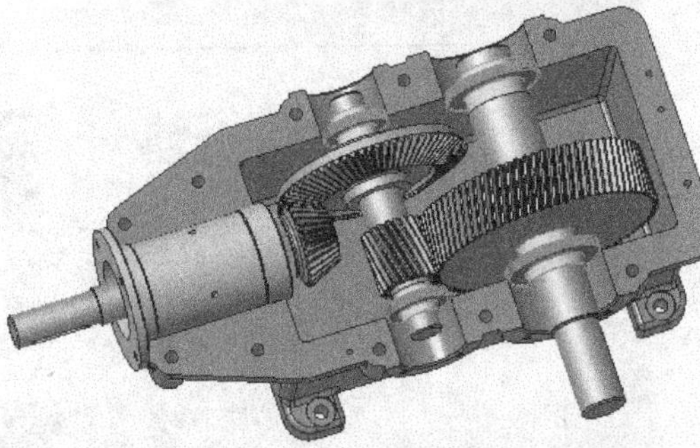	
13	单击【模型】选项卡【元件】组中的【组装】按钮，将 jiansuqishang-gai. asm 的组件调入 Creo 的装配环境。首先约束右图所示两根轴线重合	 重合	
14	约束右图所示两个端面重合	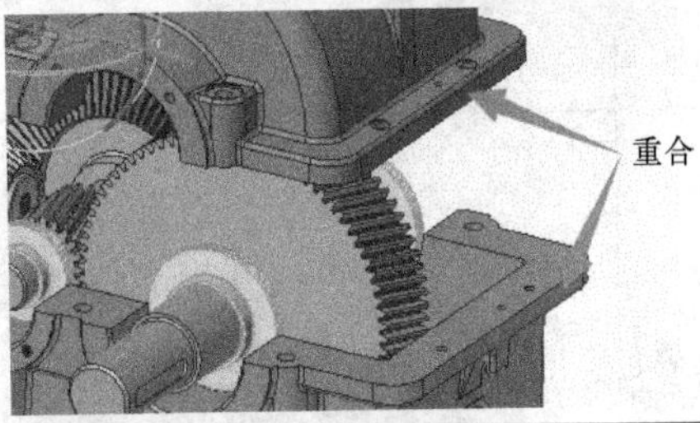 重合	
15	约束右图所示底座的顶面与减速器上盖的底面重合	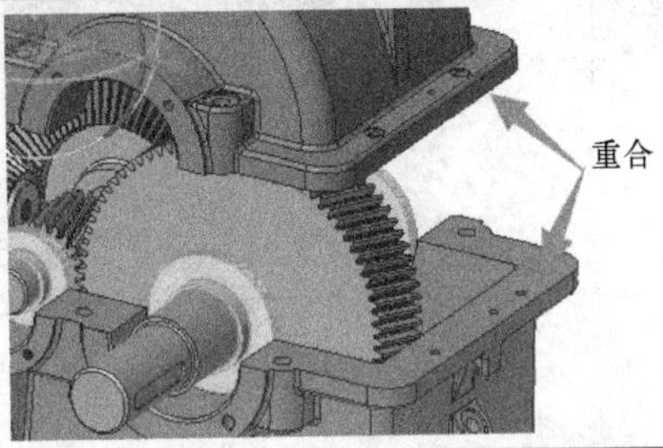 重合	

步骤	操作说明	图　例	备　注
16	合上上盖的结果如右图所示		
17	接下来装配端盖、螺钉、螺栓、螺母等其他零件，并在装配环境中着色，结果如右图所示		此前部分零件并未完全约束，可根据产品实际工作情况决定是否完全约束
18	根据任务要求，接下来生成减速器的爆炸图。单击【模型】选项卡【模型显示】组中的【编辑位置】按钮，Creo 自动分解各零件的相对位置	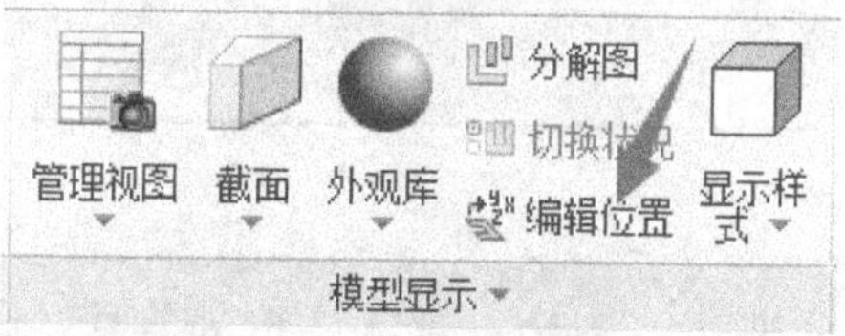	自动分解（即爆炸）的效果并不理想，所以需要进一步手动调整
19	单击需要分解的零件，并手动拖动其位置。一一分解之后的效果如右图所示		限于篇幅，40 个零件的分解过程就不再赘述
20	最后将爆炸图以 .jpg 格式存为图片文件。选择菜单【文件】-【另存为】命令，在弹出的【保存副本】对话框中的【类型】下拉菜单中选择【JPEG（*.jpg）】，即可将可见模型另存为 .jpg 图片文件	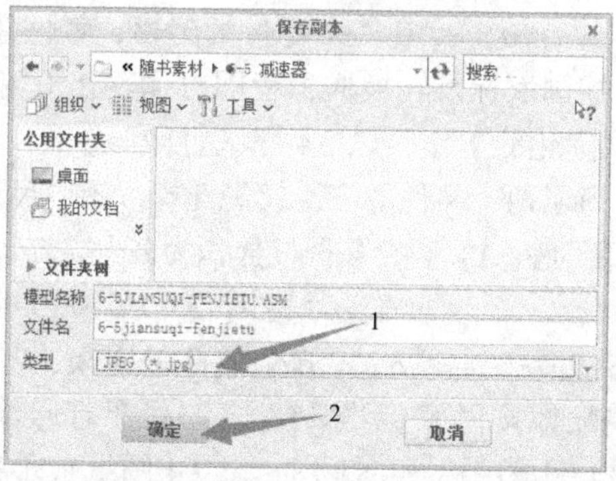	

步骤	操作说明	图　例	备　注
21	最终结果如右图所示	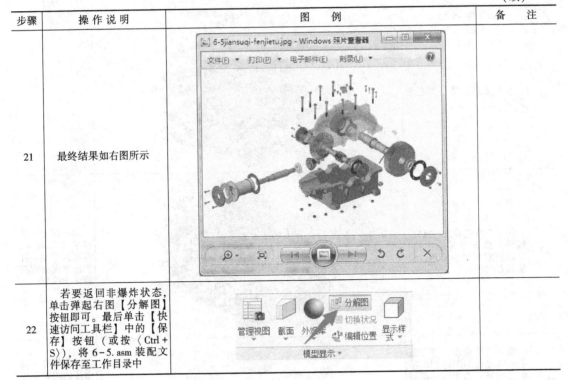	
22	若要返回非爆炸状态，单击弹起右图【分解图】按钮即可。最后单击【快速访问工具栏】中的【保存】按钮（或按〈Ctrl + S〉），将 6-5. asm 装配文件保存至工作目录中		

四、任务评价

图 6-5 所示的减速器是一个较为复杂的机械产品，其中既有底座、上盖等非标零件，也有螺栓、螺母、键、销、齿轮等标准件和常用件。不单零件建模比较复杂，装配也有一定难度，各零件间有严格的装配关系，所以要想准确完成安装，一般需要事先知道零件间的距离和角度等参数。当然，对于 Creo 来说，即使没有装配工程图，也可通过边装配、边调整、边修改的方式完成安装，以达到最终的效果，只是这种方式更费时间。

减速器爆炸图的生成也因数量较多，耗时较长，这一部分请读者自行完成。学好 Creo 别无他法，熟能生巧罢了。

强化训练题六

1. 依次完成图 6-7a、b、c、d 四个零件的建模，零件建模结束后按图 6-7e 结构完成虚拟装配，并将装配体按国家标准转换成工程图打印输出（建议采用 CAXA 电子图板 2013 或 AutoCAD 2014 完成国际化的工作，以 A4 图纸打印）。

2. 完成如图 6-8 所示两个零件的三维模型建模。图中尺寸 $A=60$，$B=20$，$C=20$，$D=32°$。注意原点坐标方位。请回答：1）整个装配体体积为多少立方毫米？2）参照题图坐标系，提取模型重心坐标，重心点 X、Y、Z 坐标值各为多少？3）P1 和 P2 点之间的距离为多少毫米？

3. 依次完成图 6-9a、b、c、d、e 五个零件的建模，零件建模结束后按图 6-9f 结构完成虚拟装配，并将装配体按国家标准转换成工程图打印输出（建议采用 CAXA 电子图板 2013 或 AutoCAD 2014 完成国标化的工作，以 A4 图纸打印）。

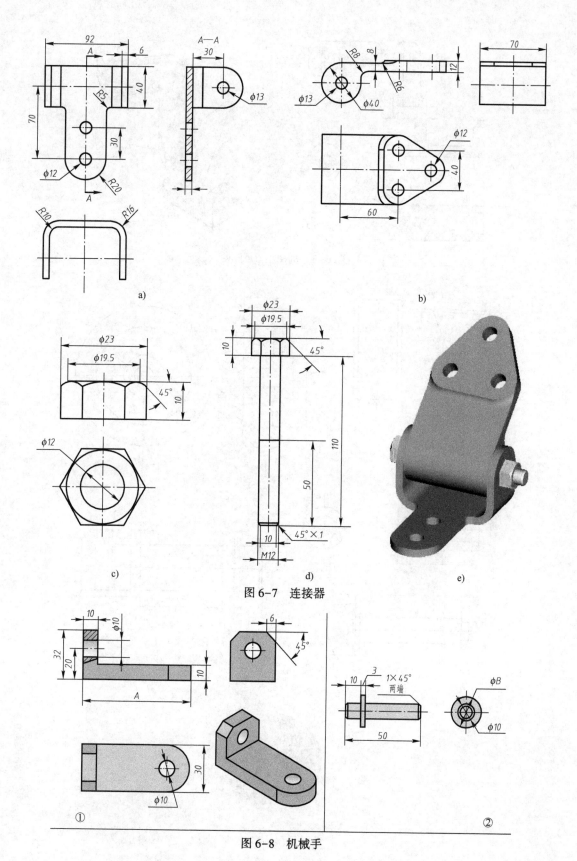

图 6-7　连接器

图 6-8　机械手

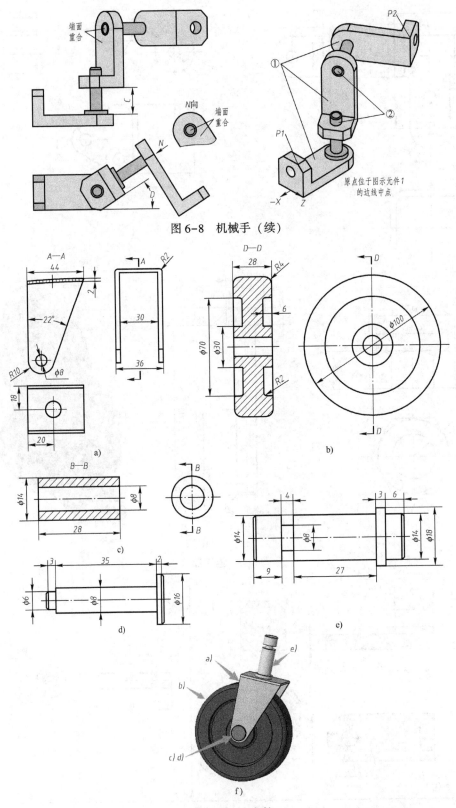

图 6-8 机械手（续）

图 6-9 万向轮

4. 完成如图 6-10a 和 6-10b 所示两个零件的三维模型建模，其中 6-10a 图的钣金壁厚为 2。零件建模完成后请按图 6-10c 完成虚拟装配，请问：整个装配体体积为多少立方毫米？

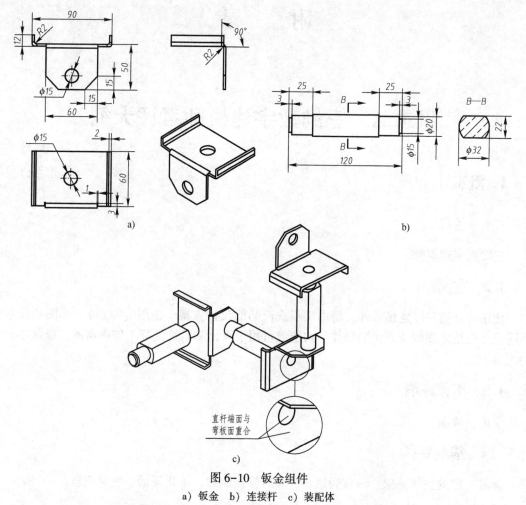

a)   b)

c)

图 6-10　钣金组件

a）钣金　b）连接杆　c）装配体

5. 将已有三维模型的零件按 6-11 所示的装配结构完成虚拟装配，最后生成爆炸图，并将爆炸图以 .jpg 格式存为图片文件。本题所需的零件数字化三维模型与"任务三 减速器的虚拟装配"所用的模型完全一样。

图 6-11　减速器输入轴组件

附　　录

附录 A　三维数字建模师考评大纲

1. 概况

1.1　名称

三维数字建模师。

1.2　定义

使用计算机三维建模软件，将由工程或产品的设计方案、正图（原图）、草图和技术性说明及其他技术图样所表达的形体，构造成可用于设计和后续处理工作所需的三维数字模型的人员。

1.3　工作环境

室内，常温。

1.4　基本要求

具有一定的空间想象、语言表达、计算机操作能力；手指灵活、色觉正常。

1.5　培训要求

1.5.1　培训期限

全日制学校教育，根据其培养目标和教学计划确定。晋级培训期限：三维数字建模师不少于 300 学时。

1.5.2　培训教师

培训三维数字建模师的教师应具有本职业高级以上技术职称或持有师资证。

1.5.3　培训场地设备

计算机及三维建模软件；采光、照明良好的房间。

1.6　考评要求

1.6.1　适用对象

从事或准备从事本技能的人员。

1.6.2 申报条件

三维数字建模师（具备以下条件之一者）

（1）达到本技能三维数字建模师正规培训规定的标准学时数。

（2）连续从事本技能工作 2 年以上。

（3）取得计算机绘图师证书者。

1.6.3 考评方法

采用现场技能操作方式，成绩达到 60 分以上者为合格。

1.6.4 考评人员与考生配比

考评员与考生配比为 1∶15，且不少于 2 名考评员。

1.6.5 考评时间

三维数字建模师技能操作考评时间为 180 min。

1.6.6 考评场所设备

计算机、三维建模软件及图形输出设备；采光、照明良好的房间。

2. 基本知识

2.1 制图的相关知识

（1）国家标准制图的基本知识。

（2）绘图仪器及工具的使用与维护知识。

2.2 二维计算机绘图的基本知识

（1）计算机绘图系统硬件的构成原理。

（2）计算机绘图的软件类型。

2.3 专业图样的基本知识

（1）投影法的概念。

（2）工程常用的投影法知识。

2.4 相关法律、法规知识

（1）劳动法的相关知识。

（2）技术制图的标准。

3. 考评要求

3.1 工业产品类三维数字建模师

考核内容	考核要求	能力要求
草图设计	1. 草图绘制	掌握草图设计的技能
	2. 草图约束	
	3. 草图编辑	
	4. 显示控制	

考核内容	考核要求	能力要求
特征造型	1. 基本体素的定义与绘制	掌握参数化实体造型的基本步骤和编辑三维实体的技能
	2. 基本特征和辅助特征的操作	
	3. 布尔运算的操作	
	4. 特征编辑	
曲面造型	1. 建立基本曲面	掌握生成各种三维曲面的方法
	2. 建立自由曲面	
	3. 曲面编辑	
装配建模	1. 基本装配约束方法	掌握利用各种约束关系，由三维实体组装成装配体的方法以及剖切、爆炸等表达方法
	2. 装配体的剖切、爆炸等表达方法	
工程绘图	1. 设置工程图样的绘图环境	1. 掌握由三维模型生成二维工程图样的方法 2. 对生成的工程图样进行编辑，使其符合国家标准
	2. 根据三维模型生成二维工程图样	
模型渲染	渲染的设置和模型渲染	掌握三维模型渲染的技能

3.2 土木工程类三维数字建模师

考核内容	考核要求	能力要求
绘图环境	1. 视口布局	掌握视口布局及使用
	2. 各视口显示方式	
	3. 视图调整工具的用法	
二维图形	1. 二维图形的绘制及编辑	掌握二维图形的绘制及编辑方法
	2. 二维图形布尔运算的操作	
三维建模	1. 基本体素的绘制及编辑	掌握根据尺寸建立三维实体、曲面模型的基本步骤和编辑三维模型的技能
	2. 布尔运算的操作	
	3. 基本特征和辅助特征的曲面	
	4. 特征编辑	
建筑物效果图	1. 材质编辑	掌握生成建筑物效果图所需各种工具的应用和设置方法
	2. 贴图功能的应用（表面、高光、透明度、凹凸、反射、折射等）	
	3. 贴图类型的选用	
	4. 光源的建立与调整	
	5. 摄像机的建立与调整	
	6. 渲染的基本方法	
后期图像处理	1. 图像处理软件的基本用法	掌握图像处理软件对建筑效果图进行后期处理的方法：调整图像的色彩、明暗、清晰度，插入花草树木、人物、车辆等配景，按所需幅面，输出效果图
	2. 图像文件的插入及调整	
	3. 效果图的输出	

4. 评分标准及比重

4.1 工业产品类三维数字建模师

考核内容	比重	评分标准
特征造型	50%	1. 绘制构建特征所需的草图 10分
		2. 基本特征和辅助特征的操作、基本体素的定义与绘制 35分
		3. 布尔运算 5分
曲面造型	10%	1. 基本曲面的造型及编辑 5分
		2. 自由曲面的造型及编辑 5分
装配建模	10%	1. 基本装配约束方法 8分
		2. 生成装配体的剖切视图、爆炸图等 2分
工程绘图	22%	1. 设置工程图样的绘图环境 5分
		2. 根据三维模型生成各种工程图样 10分
		3. 标注尺寸及技术要求（几何公差、文字） 7分
模型渲染	8%	1. 渲染的设置 5分
		2. 进行渲染（加入阴影、纹理、背景、光线、颜色、光源、面特性等） 3分

4.2 土木工程类三维数字建模师

考核内容	比重	评分标准
绘图环境	3%	1. 视口布局 2分
		2. 视图调整 1分
三维建模	55%	1. 基本体素的定义与绘制 13分
		2. 绘制构建特征所需的草图 10分
		3. 基本特征和辅助特征的操作 27分
		4. 布尔运算 5分
建筑物效果图	22%	1. 设置材质与贴图 14分
		2. 设置灯光与摄像机 5分
		3. 渲染并输出图形 3分
后期图像处理	20%	1. 效果图调整 17分
		2. 效果图的输出 3分

附录 B　全国大学生先进成图技术与产品信息建模创新大赛及其试题

1. 大赛简介

"高教杯"全国大学生先进成图技术与产品信息建模创新大赛由教育部高等学校工程图学课程教学指导委员会、中国图学学会制图技术专业委员会、中国图学学会产品信息建模专业委员会联合主办，是国内图学类课程最高级别的"国家级"赛事，大赛涵盖了大学工科主要类别，共有机械类、建筑类、水利类、道桥类等 4 个类别。自 2008 年开始，每年一届，受到全国许多高校的重视，吸引了普通本科高校和高等职业院校的学生参赛，每年参加的学校和学生人数众多。

2. 机械类竞赛大纲

2.1　竞赛目的

随着计算机应用技术的发展和普及，采用计算机绘制图形和处理图像技术已成为现代工程设计与绘图的主要手段，学习和掌握先进成图技术和机件信息建模技术已成为学习工程图学的重要目标。为适应信息处理技术的发展，重视提高"机械制图和计算机绘图"课程的教学质量，重视培养和提高学生的手工绘图技能和计算机绘图能力，发现和选拔创新人才，特制订本大纲。

2.2　竞赛内容

1. 尺规绘图（共 120 分钟）
（1）根据零件立体图绘制零件图（90 分钟）；
（2）智力构形并绘制轴测图（30 分钟）。
2. 计算机绘图（共 180 分钟）
根据给出的零件图、轴测图和文字说明绘制零件的三维模型、按要求装配成装配体并绘制零件图和装配图。

2.3　竞赛与知识技能要求

1. 基本知识与技能要求
（1）制图基本知识与绘图技能；
（2）正投影基础及投影图的绘制；
（3）轴测图画法（正等测图、斜二测图）；
（4）视图、剖视图、断面图等常用表达方法；

（5）标准件、常用件及其规定画法；

（6）国家标准《技术制图》和《机械制图》的相关规定（最新颁布标准）；

（7）零件图的绘制与识读，零件测绘；

（8）装配图的绘制与识读；

（9）读装配图拆画零件图；

（10）计算机绘图和三维建模。

2. 尺规绘图考试要求

（1）图纸幅面：尺规绘制零件图采用 A3 图纸，智力构形绘制轴测图直接在试卷上做题；

（2）比例：按指定要求选定；

（3）图线：严格遵守国家标准规定绘制；

（4）图面与字体要求：布图匀称、图面整洁、图形清楚、字体工整（汉字、数字和字母均应遵守国家标准规定的字体书写）；

（5）零件视图选择合理，做到表达完整、简洁，清楚；

（6）尺寸标注应符合国家标准的规定，做到标注完整、正确、清晰、合理；

（7）尺寸公差、几何公差、表面结构要求等技术要求的标注要符合国家最新标准。

3. 计算机绘图

用 Pro/E Wildfire、SolidWorks、Inventor、Solidedge、Creo 等软件，根据已知的零件图、轴测图绘制其三维模型并按要求进行装配，需掌握以下相关知识。

（1）草图设计。掌握草图绘制的基本技能（包括：二维草图绘制；三维草图绘制；草图约束；草图编辑；标注尺寸等）。

（2）三维建模。掌握三维建模的基本方法和步骤（包括：基本特征的绘制及编辑；掌握拉伸、旋转、切除、打孔、倒角、圆角、阵列、扫描、放样、抽壳等基本操作；能够添加各种辅助平面、轴线和点）。

（3）曲线、曲面造型。要求掌握生成各种三维曲面（曲线）的建模方法（包括：基本曲面、自由曲面；曲面编辑、螺旋线、分割线、投影线等）。

（4）装配建模。掌握"自下而上"或"自上而下"的装配方法，添加各种装配约束关系（包括：零件装配约束；零件阵列、装配体的剖切、爆炸、动画等）。掌握用软件自带的标准件库添加各种标准件的方法。

（5）其他。解决建模（装配）过程中出现的各种错误如草图过定义，装配干涉。确定零件的材料、体积、重量、表面积、重心等。

（6）工程图的生成。要求掌握由三维模型生成二维工程图（零件图和装配图）的方法以及对工程图进行编辑，使其符合国家标准对工程图样的要求。包括：零件图的表达（尺寸标注、技术要求、标题栏）和装配图的表达（必要的尺寸、技术要求、零件序号、明细栏及标题栏）。

（7）模型渲染。要求掌握三维模型的着色、渲染技能。包括：贴图、贴材质、模型渲染和设置等。

2.4 复习指导

1. 尺规绘图复习指导

（1）扎实掌握用正投影法图示形体的理论与方法，强化读图和画图基本技能的训练，提高空间思维能力、图示能力和尺规绘图技能；

（2）熟悉最新国家标准《机械制图》《技术制图》的基本规定及有关技术要求的注写方法；

（3）强化零件图的读图能力与绘图能力的训练和培养（中等以上复杂程度的零件）；

（4）熟悉视图、剖视图、轴测图的表达方式，根据已知条件进行构形设计和尺规绘制正等测图、斜二测图的训练；

（5）参考历届"高教杯"全国大学生先进成图技术与产品信息建模创新大赛的考试题型选择类似的习题练习。

2. 计算机绘图复习指导

可参照机械制图及习题集中零件图、装配图的部分进行练习，也可参考历届"高教杯"全国大学生先进成图技术与产品信息建模创新大赛的考题进行练习。

3. 三维建模试题

1. 说明：

（1）所有零件必须自己建模，不得调用标准件，否则该零件不得分。

（2）阀体及阀盖上的螺纹采用修饰螺纹。

（3）阀体前方凸台上应印有"高教杯图学大赛"字样，字体为黑体。

（4）二维装配图、零件图的标题栏按规定填写。

单位名称：高教杯图学大赛；考号填写在制图一栏，不得填写姓名，否则试卷作废。

2. 根据所给球阀各零件图建立三维模型（55′），并回答以下问题：

（1）阀体模型的体积 = _____。

（2）阀盖模型的体积 = _____。

（3）扳手模型的体积 = _____。

3. 根据装配图将已建好的零件三维模型进行三维装配。（6′）

4. 生成二维装配图（视图、尺寸、技术要求、序号、明细栏、标题栏）。（25′）

5. 生成三维分解图，并渲染。（4′）

6. 由阀盖模型生成二维零件图（视图、尺寸、技术要求、标题栏）。（10′）

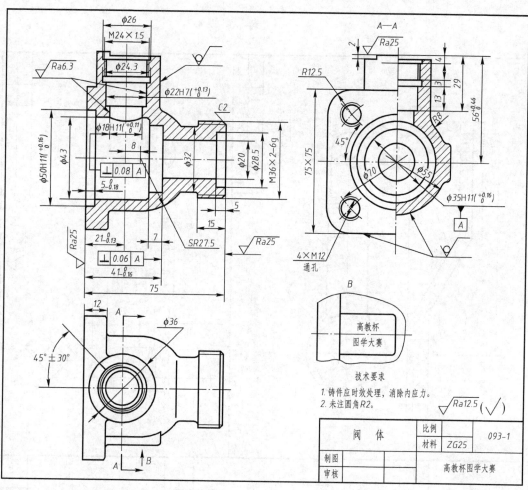

阀 体	比例		093-1
	材料	ZG25	
制图			高教杯图学大赛
审核			

技术要求
1. 铸件应时效处理，消除内应力。
2. 未注圆角R2。

$\sqrt{Ra12.5}(\sqrt{})$

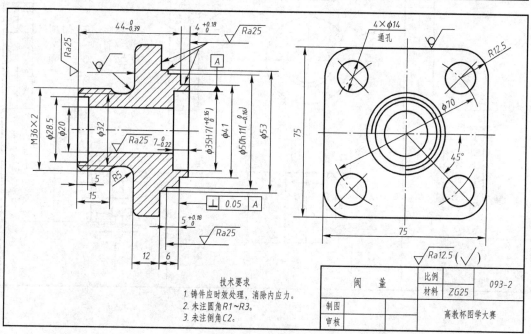

阀 盖	比例		093-2
	材料	ZG25	
制图			高教杯图学大赛
审核			

技术要求
1. 铸件应时效处理，消除内应力。
2. 未注圆角R1~R3。
3. 未注倒角C2。

$\sqrt{Ra12.5}(\sqrt{})$

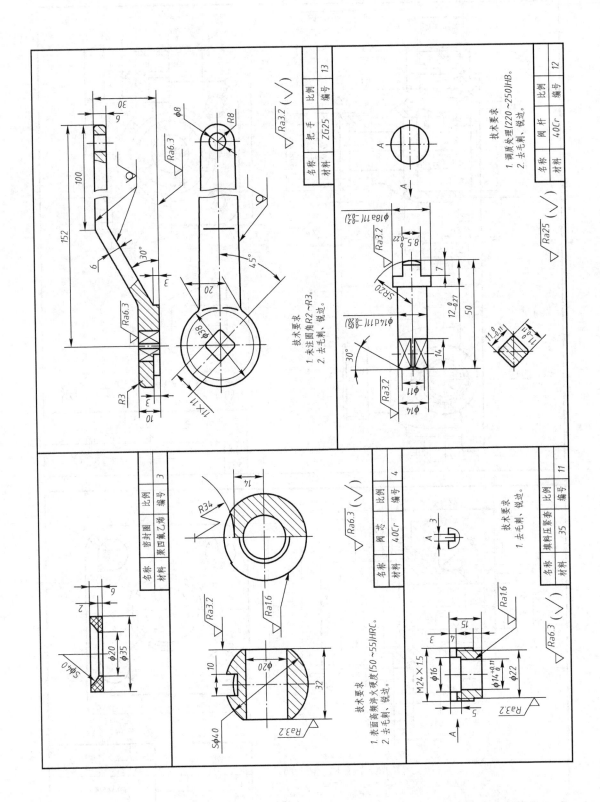

技术要求
1. 未注圆角R2~R3。
2. 去毛刺、锐边。

名称	把手	比例	
材料	ZG25	编号	13

技术要求
1. 调质处理220~250HB。
2. 去毛刺、锐边。

名称	阀杆	比例	
材料	40Cr	编号	12

名称	密封圈	比例	
材料	聚四氟乙烯	编号	3

技术要求
1. 表面高频淬火硬度[50~55]HRC。
2. 去毛刺、锐边。

名称	阀芯	比例	
材料	40Cr	编号	4

技术要求
1. 去毛刺、锐边。

名称	填料压紧套	比例	
材料	35	编号	11

268

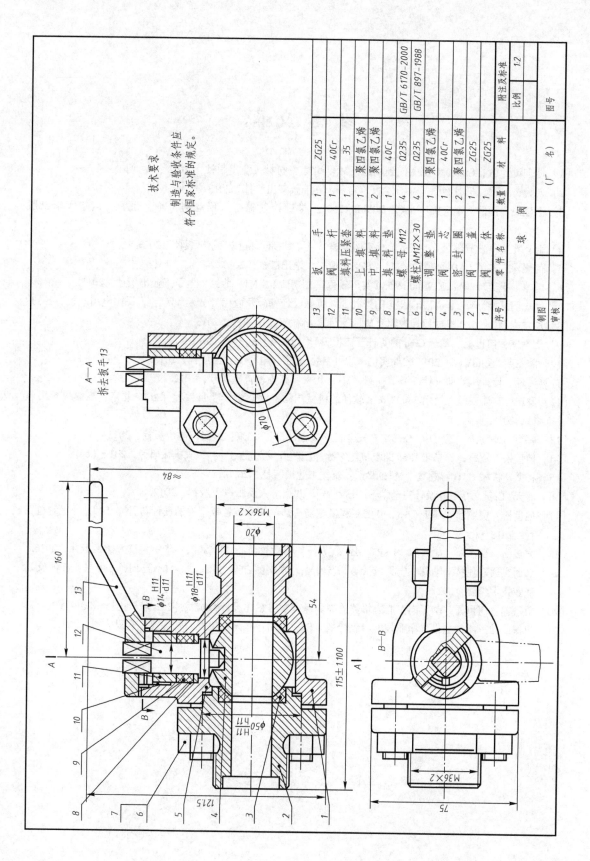

技术要求

制造与验收条件应
符合国家标准的规定。

A—A
拆去扳手13

13	扳 手	1	ZG25	
12	阀 杆	1	40Cr	
11	填料压紧套	1	35	
10	上 填 料	1	聚四氯乙烯	
9	中 填 料	2	聚四氯乙烯	
8	填 料 垫	1	40Cr	
7	螺柱 AM12×30 螺母 M12	4	Q235	GB/T 6170-2000 GB/T 897-1988
6	整 垫	4	Q235	
5	调 芯	1	聚四氯乙烯	
4	阀 芯	1	40Cr	
3	密 封 圈	2	聚四氯乙烯	
2	阀 盖	1	ZG25	
1	阀 体	1	ZG25	
序号	零件名称	数量	材 料	附注及标准

球 阀

| 制图 | | | （厂 名） | 比例 | 1.2 |
| 审核 | | | | 图号 | |

269

参 考 文 献

[1] 博创设计坊 . Creo 3.0 从入门到精通 [M]. 北京：机械工业出版社，2020.

[2] 刘力，王冰 . 机械制图 [M]. 4 版 . 北京：高等教育出版社，2013.

[3] 温建民，任倩，于广滨 . Pro/E Wildfire 3.0 三维设计基础与工程范例 [M]. 北京：清华大学出版社，2008.

[4] 北京兆迪科技有限公司 . Creo 1.0 实例宝典 [M]. 北京：机械工业出版社，2013.

[5] 何煜琛 . 三维 CAD 习题集 [M]. 北京：清华大学出版社，2012.

[6] 赵淳，王英玲 . Pro/E Wildfire 5.0 实用教程（图解版）[M]. 北京：电子工业出版社，2015.

[7] 武志明，姚涵珍 . Pro/ENGINEER 野火 5.0 机械设计基础及应用 [M]. 北京：人民邮电出版社，2013.

[8] 詹友刚 . Creo 2.0 机械设计教程 [M]. 北京：机械工业出版社，2013.

[9] 贾颖莲，何世松 . 基于 Creo 的臂杆压铸模设计 [J]. 铸造技术，2013（7）.

[10] 陈兆荣 . SolidWorks 2014 软件实例教程 [M]. 北京：电子工业出版社，2015.

[11] 周青 . 计算机辅助设计练习 100 例 [M]. 北京：高等教育出版社，2012.

[12] 罗广思，潘安霞 . 使用 SolidWorks 软件的机械产品数字化设计项目教程 [M]. 北京：高等教育出版社，2011.

[13] 韩炬，曹利杰，王宝中 . Creo 2.0 完全自学教程 [M]. 北京：人民邮电出版社，2013.

[14] 何世松，贾颖莲 . 基于 Creo 的农机随车冰箱塑模开发与应用 [J]. 农机化研究，2012（6）.

[15] 杨文 . 机械 CAD 习题集 [M]. 北京：航空工业出版社，2020.

[16] 海天 . Creo 2.0 工业设计完全学习手册 [M]. 北京：人民邮电出版社，2012.

[17] 何世松，贾颖莲 . 基于 Creo 3.0 的工程机械随车热电制冷装置钣金件的设计与研究 [J]. 现代制造工程，2018（09）.

[18] 方显明，祝国磊，胡玫瑰 . SolidWorks 2016 任务驱动教程 [M]. 武汉：华中科技大学出版社，2016.

[19] 江西交通职业技术学院 . 模具设计与制造专业人才培养方案与核心课程标准 [R]. 南昌：江西交通职业技术学院，2021.

[20] 贾颖莲，何世松 . 基于岗位能力培养的高职课程学习载体设计与实践 [J]. 职教论坛，2017（2）.

[21] 机械产品三维模型设计职业技能等级标准 [S]. 广州：广州中望龙腾软件股份有限公司，2021.